머리말

건축 관련 도서에는 여러 가지의 다양한 전문 용어가 나오는데, 의외로 특이한 단어가 많아서 이해하기 어려울 때가 많다. 이런 이유로 건축 용어 해설 사전을 갖고 싶다는 생각을 하게 된다. 하지만, 전반적인 내용을 망라한 것은 일반적으로 두껍기 때문에 휴대가 어렵고, 휴대하기 쉽게 만든 것은 해설이 빈약해서 이해하기 어려울 때가 있다. 그래서 본서는 그 중간 수준에 초점을 맞추어 구성했다. 또한, 각 분야에 걸쳐 기본적인 사항을 모으는 것은 어중간해질 수 있기 때문에 범위를 축소해서 광범위한 내용을 담고 있는 시공 용어를 다루기로 했다. 시공 용어란, 구조 용어를 포함한 건축을 배우는 과정에서 먼저 이해해야만 하는 중요한 내용이기 때문이다.

본서는 모든 용어를 도해하여 싣는 것을 원칙으로 정하기는 했지만, 그림으로 표현할 수 없는 것도 있으므로 이 점 양해해 주기 바란다. 대신 도해한 그림에 대해서는 가능한 한 이해가 쉽도록 했다.

대학에서 공부하는 건축학과 학생, 건설회사의 현장관리자나 기사 여러분들에게 조금이나마 도움이 되기를 바란다.

建築施工用語研究會

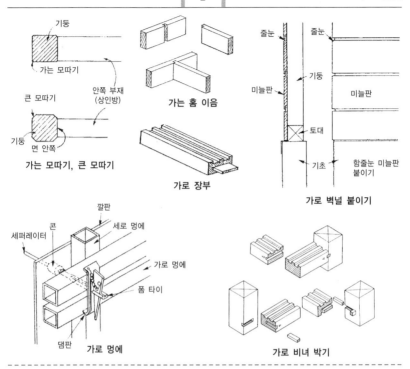

가로 모따기, 큰 모따기

가는 홈 이음

가로 장부

가로 벽널 붙이기

가로 멍에

가로 비녀 박기

ㄱ

가는 모따기 : 기둥이나 구조재 등의 모서리를 좁은 폭으로 깎은 것.

가는 홈 : 바닥판, 벽재 등의 판재 옆부분을 끼워 넣는 경우, 상대 재료쪽에 파낸 가늘고 긴 홈.

가는 홈 이음 : 가는 홈을 파내고, 여기에 판재를 끼워 넣는 일.

가로 널말뚝 : → 거푸집 널빤지

가로 벽널 붙이기 : 미늘판 붙이기의 일종으로 널빤지를 가로 방향으로 붙이는 것. 널빤지 옆면의 이음은 맞춤 홈파기, 또는 개탕붙임으로 한다.

가로 격자문 : → 격자문

가로 멍에 : 거푸집의 외주를 단단하게 고정시키는 각재로서 가로 방향으로 놓이는 멍에를 가로 멍에라 한다.

가로 비녀 박기 : 문지방을 기둥에 고정하는 경우에 사용하는 맞춤으로서, 양부재에 홈을 파고 옆에서 비녀(栓 : plug)를 박아 고정하는 방법.

가로 장부 : 문지방 등에 사용하는 장부로 가로 방향으로 긴 장부.

가로재 : 수평으로 건너 지른 구조 부재로, 보나 도리를 말한다. '횡가설재' 라고도 한다.

가로 줄눈 : 벽돌·타일 등의 수평 방향의 줄눈으로, '겹치기 줄눈' 이라고도 한다. 이에 대하여 수직 방향의 줄눈을 '세로 줄눈' 이라고 한다.

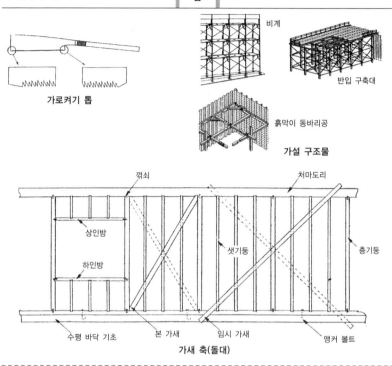

가로켜기 톱

비계

반입 구축대

흙막이 동바리공

가설 구조물

가새 축(돌대)

꺾쇠 / 처마도리 / 상인방 / 샛기둥 / 층기둥 / 하인방 / 수평 바닥 기초 / 본 가새 / 임시 가새 / 앵커 볼트

가로켜기 톱 : 목재를 나뭇결에 대하여 직각 방향으로 절단하기 위한 톱. 절단하는 재료의 종류에 따라 톱니의 형식이 다르지만 세로켜기에 비하여 톱니가 전반적으로 가늘다. → 톱

가새 : 건물의 굴대에 대각으로 넣은 보강재로, 토대, 기둥, 가로 가설재에 설치하여 트러스(truss) 모양으로 조립함으로써 풍압이나 지진 등의 수평력에 저항하게 한다. '브레이스(brace)' 라고도 한다.

가설 건축물(假設建築物) : 공사 기간 중에 현장 부지 내, 또는 그 주변에 가설되는 건물로, 재료 적치장(積置場), 창고(倉庫), 헛간, 현장 사무소, 작업 인부 숙소(宿所) 등을 말한다.

가설 공사(假設工事) : 공사를 완성하기 위해 필요한 일시적인 시설이나 설비 공사를 말한다. 측량, 지반 조사, 수평 측정, 파견 방법, 임시 울타리치기, 현장용 사무소, 헛간, 창고 등과 기타 기계 설비, 비계, 비계 디딤판(棧橋), 위험 재해 방지, 양생 설비(養生設備) 등을 말한다.

가설 구조물 : 일정 기간 임시로 설치되는 공작물.

가설 손료(─損料) : 공사용 설비 중에는 한 번의 사용으로 소모되는 전손 재료(全損材料)와 재사용(再使用)할 수 있는 손모재료(損耗材料)가 있다. 이 때 손모 가설 재료의 소모 비용을 가설 손료라 말하며, 이는 공사비 산출 항목 중 하나이다.

가스 압접기(gas pressure welding mach -ine) : 두 개의 철근을 가스 버너(gas

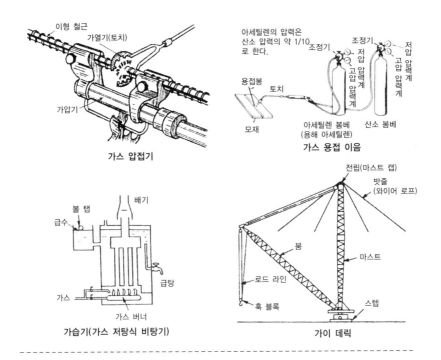

이형 철근
가열기(토치)
가압기
가스 압접기

아세틸렌의 압력은 산소 압력의 약 1/10로 한다.
조정기
조정기
저압
고압력계
저압
고압력계
용접봉
토치
모재
아세틸렌 봄베 (용해 아세틸렌)
산소 봄베
가스 용접 이음

볼 탭
배기
급수
급탕
가스
가스 버너
가습기(가스 저탕식 비탕기)

전립(마스트 캡)
밧줄 (와이어 로프)
붐
마스트
로드 라인
훅 블록
스텝
가이 데릭

burner)로 고르게 가열하면서 가압하여 접합하는 기계.

가스 용접 이음(gas welding joint) : 가스 버너로 철근의 이음부를 용융하고 접합부를 축방향으로 압축하여 용접하는 방법.

가습기(加濕器) : 공기조화용 기기의 하나로, 소형 공기세정기와 가습 팬(pan)이 사용된다. 가습 팬은 가습 탱크(tank)의 내부에 증기 코일(steam coil)이나 전열기를 담가 물을 가열하고, 이 때 발생하는 수증기에 의하여 가습을 한다.

가열 굽힘 : 상온에서 굽힘 가공이 곤란한 28mm 이상 되는 굵은 지름의 철근을 가스 버너(gas burner) 등으로 가열하여 구부리는 것.

가열 방식(加熱方式) : 보일러(boiler)나 열

탕기(熱湯器)의 가열법으로, 연료로 직접 가열하는 직접식과 증기로 가열하는 간접식이 있다. 또 저장 탱크를 갖는 저탕식(貯湯式)과 순간적으로 가열하여 급탕하는 순간식(瞬間式)이 있다.

가우 케이슨 공법(gaw caisson method) : 점성 지반에 깊은 기초를 만드는 경우, 원통 케이스를 박으면서 내부의 흙을 굴삭하고, 깊어지면 안쪽에 작은 원통 케이스를 넣으면서 파내는 깊은 기초 공법.

가운데 꺾어죄기 : 문단속용 철물 p.80참조.

가이(guy) : → 가이 데릭(guy derrick)

가이 데릭(guy derrick) : 마스트(mast)를 스텝 위에 고정시키고 망대에서 사방으로 당겨진 밧줄로 넘어지지 않도록 지탱하며, 마스트의 다리 부분에서 빔의 끝머리에 달

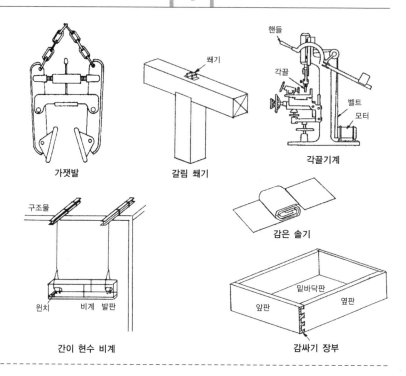

가잿발   갈림 쐐기   각끌기계

감은 솔기

간이 현수 비계   감싸기 장부

아맨 훅 블록으로 중량물을 달아 올리는 장치. 빔이나 블록의 상하 이동은 윈치(winch)에 의하여 이루어지고 마스트 자체는 데릭(derrick) 회전대의 회전에 의해 360° 회전된다. 간단하게 '가이(guy)' 라고도 한다.

가이드 롤러 : 부착형 개폐용 철물 p.103 참조.

가잿발 : 패널(panel) 등 짐을 올릴 때 매다는 도구로 사용되며, 클램프(clamp)와 같은 역할을 한다.

가조립(假組立) : 본조립을 하기에 앞서 한차례 임시로 공장이나 현장에서 조립해 보는 일.

각끌 기계 : 목재에 각(角) 구멍을 파낼 때 사용하는 기계로, 장부 구멍의 가공에 이용된다.

각층 유닛 방식 : 공기 조화 방식.

간이 주먹 장부 이음 : → 사모턱 사개부 이음

간이 현수 비계 : 건물의 옥상이나 도중에 훅(hook)을 달아 와이어(wire)로 연결한 권양기(卷揚機)로 승강(昇降)시키는 작업대. 외부 보수나 청소할 때 사용한다.

갈림 쐐기 : 맞춤을 튼튼히 하여 빠지지 않도록 장부의 선단을 잘라 박는 단단한 나무 조각.

갈림 쐐기 죄기 : 갈림 쐐기를 박아 조립하는 맞춤. → 갈림 쐐기

갈아내기(연마) : → 인조석 바름 갈아내기 다듬질

감싸기 장부 : 가구의 서랍 등에 사용되는 것으로, 개미 장부 걸이로 접합하여 앞면에 이음매가 보이지 않는 개미 장부 접합

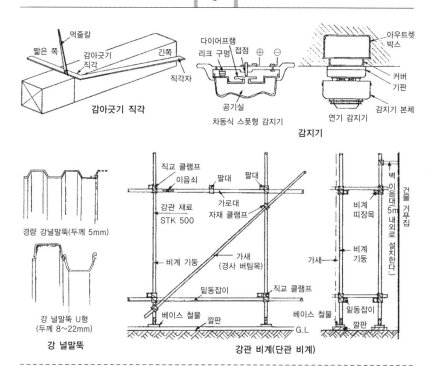

감아긋기 직각

차동식 스폿형 감지기
공기실
다이어프램
리크 구멍 접점 ⊕ ⊖

연기 감지기
아우트렛 박스
커버
기판
감지기 본체

감지기

경량 강널말뚝(두께 5mm)

강 널말뚝 U형
(두께 8~22mm)

강 널말뚝

강관 재료 STK 500
직교 클램프
이음쇠
팔대 팔대
가로대
자재 클램프
비계 기둥
가새
(경사 버팀목)
밑동잡이
직교 클램프
베이스 철물
깔판
G.L

강관 비계(단관 비계)

벽
이음대
5m 내외로 설치한다.
건물 거푸집
비계 띠장목
비계 기둥
가새
밑동잡이
깔판
베이스 철물

을 말한다.

감싸기 판 : 금속판 기와가락 잇기 지붕의 기와가락 부분에 입히는 금속판으로, '기와가락 입히기'라고도 한다. → 기와가락 덮개

감아긋기 직각 : 직각 긋기

감아쥐기 철물 : 홈통

감은 솔기 : 금속 박판의 끝부분을 서로 포개어 맞추고 감아 넣어 접합하는 이음의 한 가지.

감지기(感知器) : 화재의 발생을 자동적으로 검출하는 기구. 감지기에는 온도가 일정한 값에 도달하면 작동하는 정온식(定溫式) 감지기, 급격한 온도 변화에서 작동하는 차동식(差動式) 감지기, 이 두 가지의 기능을 갖추고 있는 보상식(補償式) 감지기, 연기가 들어가면 검지(檢知)하는 연기 감지기가 있다. 또 차동식 감지기에는 스폿(spot)형과 분포형 두 가지가 있다.

강관 말뚝 : 지반에 건물을 지지하기 위하여 사용하는 강관(鋼管)의 말뚝.

강관 비계 : 연강으로 만든 파이프(pipe)를 여러 가지 형태의 결합용 철물들을 사용하여 조립하는 비계로, '파이프 비계'라고도 한다.

강 널말뚝 : 강제(鋼製)로 만들어진 널말뚝으로, 단면 형에는 다양한 종류가 있으며, 강도, 내구성, 수밀성이 있어 단단한 지반(地盤)에 박거나 뽑기가 쉽다. 단면에 따라 U형, Z형, 플랫(flat)형 등이 있고, 소규모의 경우에는 얇은 경량판(輕量板)을 사용한다.

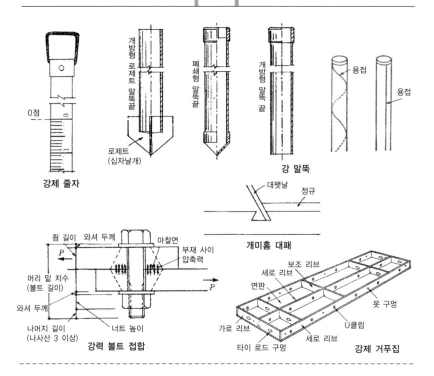

강제 줄자

로제트
(십자날개)

강 말뚝

개미홈 대패

강력 볼트 접합

강제 거푸집

강력 볼트 접합(high tension bolted connection) : 강력 볼트를 사용한 접합법을 말한다. 볼트 축의 인장력이 매우 큰 볼트로, 강재를 결합할 때 부재간의 마찰력에 의한 응력(應力)을 전달한다. '고장력 볼트 공법(high strength bolted method)', '하이텐션 볼트 접합(high-tension bolted connection)'이라고도 한다.

강 말뚝 : 강철제 말뚝으로, H형 또는 강관이 주이다. 운반이 용이하고, 용접에 의해 이음이 가능하며 긴 말뚝에 적합하다.

강제 거푸집(鋼製—) : 강제 또는 알루미늄제의 거푸집.

강제 단관 거푸집 : → 단관(單管) 비계

강제 줄자(鋼製卷尺) : 너비 10mm 정도의 박강판에 최소 1mm의 눈금을 새긴 거리 측정 기구로, 길이 20m, 30m, 50m짜리가 일반적으로 사용되고 있다. 인장(引張)에 의해 늘어나는 일은 적으나 온도 변화에 따른 신축과 녹이 슬기 쉬운 결점이 있다. → 스케일(scale)

강행 공사(强行工事) : 공정의 지연을 회복하기 위해 이루어지는 시급한 공사. 또는 단기간의 계약 때문에 주야(晝夜)로 행하는 공사. '긴급 공사(緊急工事)'라고도 한다.

개미 띠장 : 개미홈을 연결하는 띠장.

개미홈 대패 : 개미홈 파기용 대패.

개수구(改修口) : 지붕 속의 전기 배선 등을 수리하거나 점검하기 위해 설치한다. 천장 속에 올라갈 수 있는 출입구(出入口)로, '점검구(點檢口)'라고도 한다.

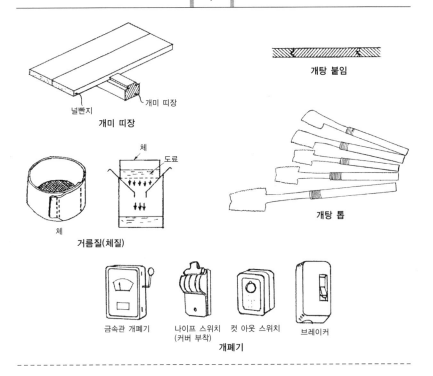

널빤지
개미 띠장
개미 띠장

개탕 붙임

체
도료
체

거름질(체질)

개탕 톱

금속관 개폐기   나이프 스위치   컷 아웃 스위치
(커버 부착)   브레이커
개폐기

개스킷(gasket) : → 글레이징 개스킷 (glazing gasket)

개탕 만들기 : → 장부 홈파기

개탕 붙임 : 판을 붙이는 방법의 일종으로, 판 옆의 한쪽에 돌기를, 다른 쪽에 홈을 만들어 붙이며, '은촉 붙임'이라고 한다.

개탕 톱 : 톱몸의 선단을 V형으로 하고, 톱니 길이를 짧게 하여 회돌림을 할 수 있는 세로켜기 톱.

개폐기(開閉器) : 전기 회로를 개폐하는 기구, 전동기용으로서 금속 상자(box) 개폐기나 커버(cover)붙이 나이프 스위치(knife switch), 가정용으로서 컷 아웃 스위치(cut-out switch) 등이 있다. 또 조명 기구용의 점멸기 등도 개폐기의 일종이다.

개폐 형식(開閉形式) : 창호의 개폐 방식. 도면 표시법으로, 한국산업표준규격에 창호의 평면 표시 기호(KF1051)가 있다.

객토(客土) : 불량 지반을 개량하기 위해 외부로부터 가져온 양질의 흙.

거나이트(gunite) : 건식(乾式) 모르타르 부착 공법으로, 시멘트 건(cement gun)을 사용하여 노즐(nozzle) 선단에서 물을 가하면서 작업한다.

거듭 비비기 : 한 번 비벼 섞은 재료를 사용할 때, 다시 비벼 섞는 일. '다시 비비기' 또는 '되비비기'라고 한다.

거름질(체질) : 도료를 사용하기 전에 체로 거르는 일. 도료가 자체의 무게에 의해 걸러지도록 하는 방법과 자연 낙하와 도료를 솔로 저어 섞으면서 체의 망에 문질러져 잘게 걸러지도록 하는 방법이 있다.

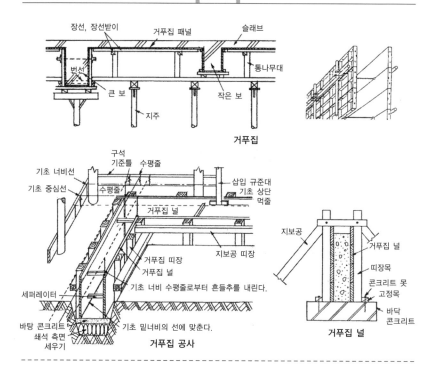

거북무늬 마름질 : 마름돌의 긴 면을 거북무
늬 모양으로 돌출하도록 다듬질하는 일.
또는 다듬돌의 면을 거북무늬 모양의 6각
형으로 마름질하는 일.

거친 갈기 : 석재(石材)의 표면 갈기 다듬질
로 가장 거칠게 가는 일. 쇳가루나 카보런
덤(carborundum)을 사용하여 원반(圓
盤)에 걸어서 가는 일. '황삭(荒削) 다듬
질'이라고도 한다.

거친 결 : → 바탕결 거칠기

거친 면 바르기 : 모르타르를 바를 벽 표면
을 거친 면으로 다듬질하는 것으로, 긁어
내기, 쓸어내기, 모양내기 등이 있다. 이
렇게 다듬질한 면을 가리켜 '거친면 다듬
기'라 한다.

거친 숫돌 : 거칠게 갈기 위한 숫돌로, 공구

칼날의 선단(先端)이 결손(缺損)된 경우에
날 끝을 일정하게 고르기 위해 사용하는
숫돌.

거푸집 : 콘크리트를 부어 굳힐 때, 사용하는
널빤지 틀로, 동바리공(支保工)을 조합한
가설재, 널빤지로는 목재, 합판, 강판이
많이 사용된다. '임시틀', '패널(panel)'이
라고도 한다.

거푸집 공사 : 거푸집의 설계·가공·조립 등
에 관한 공사.

거푸집 널 : 콘크리트에 직접 접하게 되는 거
푸집으로, 패널(panel), 합판 등의 목재가
많으나 강판, 알루미늄 합금판 등도 사용된
다. 또한, 기초 공사나 토공사에서 굴삭한
지반이 무너지는 것을 막기 위해 사용하는
시렁으로는 목재, 강판이 사용된다.

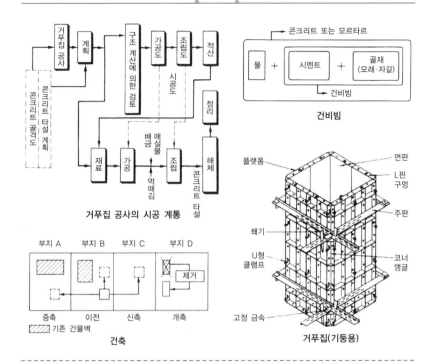

거푸집 공사의 시공 계통

건비빔

건축

거푸집(기둥용)

거푸집 존속 기간(—存續其間) : 콘크리트 (concrete)를 타설(打設)한 뒤에 거푸집을 뜯어내기까지 걸리는 기간.

거푸집 콘크리트 블록 구조(fill—up concrete block structure) : 비교적 얇은 콘크리트의 블록 판을 조합해서 만들어진 중공(中空) 부분에 철근을 넣고 콘크리트를 타설하여 벽이나 기둥을 만드는 구조, 소규모 건축에 쓰인다.

건(gun) : 도료, 모르타르 등을 뿜어내는 데 이용되는 기구.→시멘트 건(cement gun)

건 기술자(gun engineer) : 건(gun)을 사용한 뿜기칠 작업을 전문적으로 하는 작업자로, '건(gun)장이'라고도 한다.

건비빔 : 물을 가하지 않고 시멘트와 골재를 비비는 것.

건 뿜기(gun—) : 뿜기 재료 등을 스프레이 건으로 뿜어서 다듬질하는 일을 말한다. → 뿜기 칠

건축 : ① 건물을 그 목적에 맞게 설계하고 구성하며, 더불어 거기에 예술성을 갖게 하기 위한 예술과 과학을 말한다. 또, 그에 의해서 만들어진 것. 즉, 행위와 그 소산의 양자를 의미한다. 후자는 건물 중 예술성을 가진 것이라는 정의도 있고, 또 건축가가 설계한 건물이라는 정의의 방법도 있을 수 있다. ② 건축물을 신축·증축·개축 또는 이전하는 것.

건축 계획 개요서(建築計劃槪要書) : 건축 기준법 규정에 의한 확인 신청서의 하나로, 확인 신청서의 양식에 대해서는 건축 기준법 시행 규칙 제1조에 규정되어 있다.

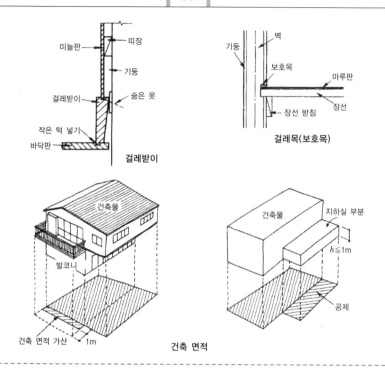

미늘판
띠장
기둥
걸레받이
숨은 못
작은 턱 넣기
바닥판
걸레받이

기둥
벽
보호목
마루판
장선 받침
장선
걸레목(보호목)

건축물
발코니
건축 면적 가산
1m

건축물
지하실 부분
$h \leqq 1m$
공제
건축 면적

건축 공사 신고(建築工事申告) : 건축 기준법 제9조, 영 제11조, 규칙 제12조에 규정하는 신고서.

건축 기준법(建築基準法) : 각개(各個) 건축물의 질(質)을 확보하거나 쾌적한 거리 환경을 만들기 위한 기술적 기준을 확보하기 위해 설정하는 건축에 관한 주요 법령.

건축 면적(建築面積) : 건축물(지하층이 지반면에서 1m 이하에 있는 부분은 제외함)의 외벽 또는 이것을 대신한 기둥의 중심선(처마, 차양, 쪽보 가장자리, 그 외에 이와 유사한 것으로, 해당 중심선에서 수평 거리 1m 이상 돌출한 것이 있는 경우는 그 끝에서 수평 거리 1m 후퇴한 선)으로 감싸지는 부분의 수평 투영 면적에 따른다. (건축기준법 73조, 영 제119조)

건축사법(建築士法) : 건축기사, 건축산업기사, 목조건축기사 등의 자격과 업무를 정하는 법률.

건축주(建築主) : 건축 공사의 의뢰주(依賴主)로, 청부 계약상의 주문자(注文者) 또는 발주자(發注者). → 시공주(施工主)

걸기와 : 팔작지붕의 박공단을 따라 얹는 당(唐)기와. → 기와

걸레목 : 도꼬노마의 바닥판과 벽의 굽도리 또는 받침 모퉁이의 바닥과 벽의 마무리에 사용되는 가로붙임대로, 걸레질할 때 닿는 부분이다. → 걸레받이

걸레받이 : 실내 벽의 가장 아랫부분에 부착하는 가로판으로, 벽 하부가 손상되는 것을 보호한다. 벽과 바닥이 만나는 끝머리 널빤지로, '보호판'이라고도 한다. → 걸레목

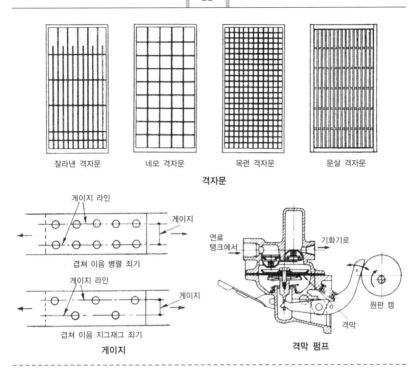

잘라낸 격자문　네모 격자문　목련 격자문　문살 격자문

격자문

게이지 라인
게이지
겹쳐 이음 병렬 죄기

게이지 라인
게이지
겹쳐 이음 지그재그 죄기

게이지

연료 탱크에서
기화기로
원판 캠
격막

격막 펌프

걸치기 띠장 기와 이기 : 뒷면에 촉이 붙은 띠장 걸침 기와를 사용하여 지붕을 이은 기와 지붕. 지붕 이기 흙을 사용하지 않고 지붕면에 박은 띠장에 기와의 턱을 걸치고 구리줄(銅線) 등으로 매어 붙인다.

게이지(gauge) : ① 치수(두께, 직경 등), 각도 등을 재기 위해 만들어진 표준 계기의 총칭. 또는 이것으로 잰 치수 또는 각도의 총칭. 예를 들면 한계 게이지, 각도 게이지, 블록 게이지, 철사 게이지 등. ② 형강의 모서리와 게이지 라인과의 사이 또는 게이지 라인 상호간의 거리.

게이지 라인(gauge line) : 리벳, 볼트, 강력 볼트 등을 배치하는 경우, 부재 축방향의 중심선.

격막 펌프(diaphragm pump) : 펌프막의 상하 운동에 의해 액체의 흡상(吸上), 배출 작용을 하는 형식의 펌프. 가솔린 기관의 연료 펌프 등으로 이용된다.→오뚝이 펌프

격자(格子) : 목재나 금속의 가느다란 부재를 가로세로의 격자 모양으로 조립한 것으로, 창문의 개구부(開口部)에 부착한다.

격자끌 : → 얇은 끌

격자문(格子門) : 격자를 사용한 창호를 말한다. 문살을 종횡 직각으로 교차시켜 짜 맞춘 것을 격자라 하고, 조립하는 방법에 따라 목련 격자, 창살 격자, 틈새 창살 격자, 쌍쌍 격자 등이 있다.

견적(見積) : 설계도와 시방서에서 공사에 필요한 자재의 수량, 필요 인원(工數) 등을 산출하고 여기에 값을 매겨 공사비 예산액을 산출하는 작업을 적산(積算)이라 하며,

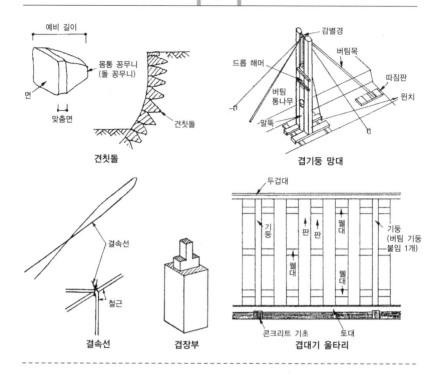

견칫돌

겹기둥 망대

결속선 겹장부 겹대기 울타리

공사 비용의 산출에 비중을 두는 경우를
견적(見積)이라 한다. → 적산(積算)
견칫돌 : 4각뿔 모양으로 가공한 석재(石材).
바깥쪽이 되는 부분을 앞면이라 하고 뒤쪽
의 뾰족한 부분을 꽁무니라고 한다. 꽁무
니를 뒤쪽으로 향하게 하고 '뒤끼움'을 하
여 돌담을 축조하는 돌로 사용한다.
결속구(結束具) : → 후커(hooker)
결속선(結束線) : 철근을 조립할 때, 그 철근
의 교점을 결합하는 데 사용하는 풀림한
철선.
겹기둥 망대(—望臺) : 2개의 각기둥으로 구
성하는 망대. 버팀대로 망대를 수직으로
지탱하면서 사각의 드롭 해머(drop
hammer)를 각기둥을 따라 상하로 움직
여 말뚝을 박는다.

겹걸기 : 겹 타일(tile)
겹걸은 지붕 이기 : 기와를 겹쳐 걸어 올리
는 지붕 이기.
겹대기 울타리 : 널빤지를 번갈아 겹쳐서 박
은 울타리.
겹바르기 : 바른 면에서 다시 한 번 두껍게
바르는 일.
겹보 : → 합성 보
겹비계 : 한쪽 비계 중간에 비계의 띠장목에
비계 기둥을 끼워서 두 개로 만드는 것을
말한다. → 외줄 비계
겹쐐기 : 양쪽에서 때려 박는 쐐기.
겹장부 : 2단으로 된 긴 장부로, 접어두기 구
조의 도리와 보를 꿰뚫는 기둥의 선단에
사용된다.
겹줄눈 : → 가로 줄눈

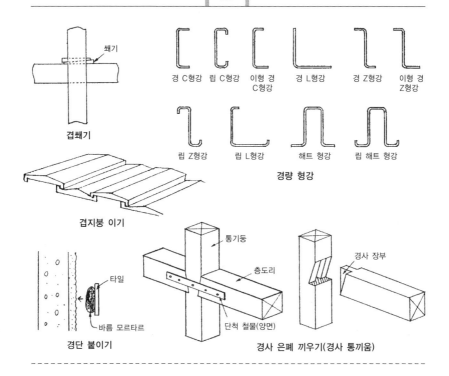

경 C형강 립 C형강 이형 경 C형강 경 L형강 경 Z형강 이형 경 Z형강

립 Z형강 립 L형강 해트 형강 립 해트 형강

경량 형강

쐐기

겹쐐기

겹지붕 이기

타일

바름 모르타르

경단 붙이기

통기둥

층도리

단척 철물(양면)

경사 장부

경사 은폐 끼우기(경사 통끼움)

겹지붕 이기 : 널빤지를 사용하는 지붕 이기 방법의 하나로, 수평 기울기의 방향으로 상하 교대하여 포개 겹치는 지붕 이기를 한다.

겹치기 이음 : → 랩 조인트(lap joint)

겹 타일(—tile) : 재래식 벽돌에서 유래되어 생긴 말로, 마구리를 2개 합친 크기의 타일. '겹걸기'라고도 한다. 마구리 크기가 같은 것을 '마구리 타일'이라고 한다.

경납(輕蠟) : 구리, 은, 알루미늄 등을 주성분으로 한 납땜용 용가재(溶加材)로, 경납은 연납(軟蠟)에 비하여 용융점이 450℃ 이상 되는 것을 말한다.

경단 붙이기 : 타일 뒷면에 경단 모양의 모르타르를 떠 붙여 밑바탕에 대고 누르면서, 가볍게 두들겨 붙이는 타일(tile) 붙임 방

법. 타일 뒤로 틈이 생겨 물이 들어가면 에 플로레슨스(efflorescence : 풍화물)가 생기기 쉬운 결점이 있다. '쌓아 올려붙이기'라고도 한다.

경량 형강(輕量形鋼) : 두께 4mm 미만의 얇은 강재 형강으로, 같은 중량의 보통 형강에 비하여 단면 성능이 좋다. 그러나 재료 두께가 얇아서 부분적인 휨(局部座屈)이나 녹막이에 주의가 필요하다. 경 C형강, 경 L형강, 경 Z형강 등이 있다.

경사 끼우기 : → 경사통 끼움

경사 솔 : 자루에 대하여 틸끝의 방향이 경사져 있는 솔. → 솔

경사 은폐 끼우기 : → 경사 통째 끼우기

겉대패 : 상인방, 문지방 등의 홈통 옆면이나 홈파기 널빤지의 옆면 등을 다듬깎기 하는

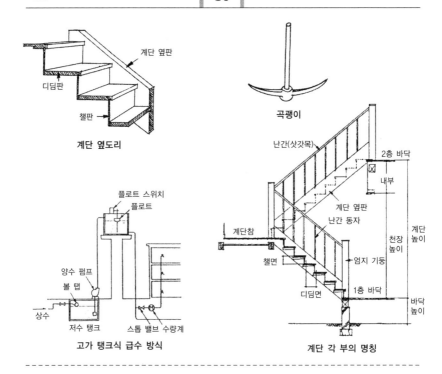

계단 옆도리

곡괭이

고가 탱크식 급수 방식

계단 각 부의 명칭

대패로, 대패대의 옆면에 날을 낸 것이다. '홈턱 대패', '옆 대패' 라고도 한다.

계단(階段) : 아래층과 위층을 연결하는 충계 모양의 통로(通路). 목조 계단에는 상자형 계단, 배다리형 계단 등이 있다.

계단 높이 : 계단 한 단의 높이. 또는 계단의 수직 부분.

계단 옆판 : 계단을 지지하는 부재로, 계단 모 양으로 파내어 계단 판을 지탱하는 도리.

고가 탱크식 급수 방식 : 급수 방식

고르기 기준대 : 나무나 금속으로 만든 곧은 자로, 타설한 콘크리트의 상단을 평면으로 다듬는 기준대.

고리꽂이 : → 가름장 맞춤

고리꽂이 장부 : 2장 또는 3장의 장부를 만 들어 고정하려는 부재를 끼워 넣는 형태의 장부.

고장력 볼트 공법(high strength tension bolted method) : 접합부에 강력 볼트를 사용한 공법. → 강력 볼트 접합

고저 측량(高低測量) : 부지(敷地) 내에서 각 점의 고저를 측량하는 일. 예전에는 수준 대(水準臺)에 고무관을 접속하고 선단에 유리관을 끼워 각 측점의 말뚝에 그 수면 의 높이를 표시하였으나, 지금은 거의 레 벨(level)과 함척(函尺)을 사용하여 측량 한다.

고착 장선 : 콘크리트 바닥에 모르타르 등으 로 고정한 장선.

곡괭이 : 단단한 지반을 파내는 데 사용하는 도구(道具)로, 양끝을 뾰족하게 만든 것과 한쪽만 뾰족하게 만든 것이 있다.

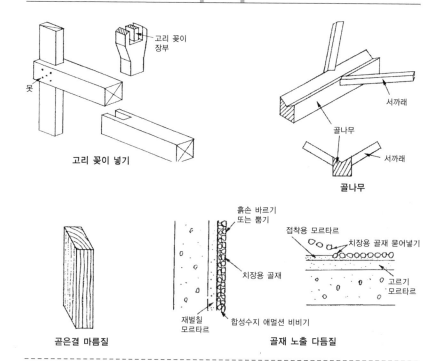

고리 꽂이 넣기

서까래

골나무

서까래

골나무

곧은결 마름질

흙손 바르기
또는 뿜기

접착용 모르타르

치장용 골재 묻어넣기

치장용 골재

고르기
모르타르

재벌칠
모르타르

합성수지 애멀션 비비기

골재 노출 다듬질

곤돌라(gondola) : → 간이 현수 비계
곧은 결 마름질 : 통나무 재료에서 보이는
면이 곧은결이 되도록 제재하는 일. '곧은
결 따기' 라고도 한다.
곧은 날 가위 : → 판금 공구 p.233 참조.
골기와 : → 골소매 기와
골깎기 : 석재의 절단 가공법으로, 주위의 가
장자리를 비스듬히 깎아내어 골 모양으로
만들고 이음매 부분이 V형이 되도록 다듬
질하는 일.
골나무 : 2개의 지붕면이 내려와 만나는 곳
이 골이며, 이 골을 받치는 지붕틀 구조재
를 말한다.
골대패 : 대패대의 단면이 원숭이 얼굴처럼
아래가 홀쭉하게 생겼으며, 하단 전체에
칼날이 있어서 평대패로 깎을 수 없는 부

분이나 홈 바닥을 깎을 때 사용한다.
골띠장 : 기와 지붕면 골 부분의 양쪽에 붙이
는 기와 고정용 띠장 나무.
골방 : 주택 내에서 의복, 세간 등을 넣어 두
는 장소.
골소매 기와 : 기와 지붕의 골 부분에 사용하
는 삼각형의 소매붙이 기와로, '골기와' 라
고도 한다. → 기와
골쌓기 : → 내려쌓기
골재(骨材)→모르타르(mortar)나 콘크리트
(concrete)에 혼합하는 모래나 자갈을 말
한다. 크기에 따라 자갈을 조골재, 모래를
세골재라고 하며, 천연 골재와 인공 골재
(쇄석)로 나뉜다.
골재 노출 다듬질 : 모르타르(mortar) 중재
벌칠, 콘크리트(concrete) 등의 표면에 치

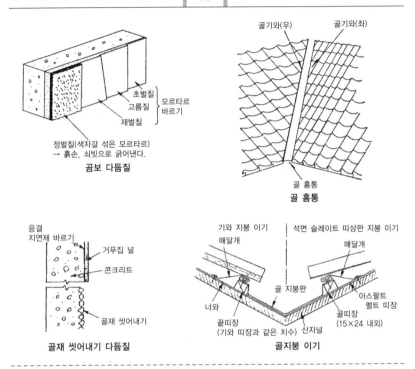

골기와(우) 골기와(좌)

초벌칠
고름질 모르타르 바르기
재벌칠

정벌칠(색자갈 섞은 모르타르)
→ 흙손, 쇠빗으로 긁어낸다.
곰보 다듬질

골 홈통
골 홈통

응결
지연제 바르기
거푸집 널
콘크리트

골재 씻어내기
골재 씻어내기 다듬질

기와 지붕 이기 석면 슬레이트 띠상판 지붕 이기
매달개 매달개
골 지붕판
너와 아스팔트 펠트 띠장
끝띠장 골띠장
(기와 띠장과 같은 치수) 산자널 (15×24 내외)
골지붕 이기

장용 골재를 바르고, 표면을 분사하거나 또는 씻어냄으로써 골재를 노출시켜 거친 면으로 만드는 마감질.

골재 씻어내기 다듬질 : 거푸집 면에 응결 지연제(凝結遲延劑)를 바른 뒤에 콘크리트를 비벼 넣고 틀을 벗긴 다음 물로 씻어 골재를 노출시켜 마감질한다. 또는, 틀을 벗긴 다음 염산(鹽酸)으로 표면층의 모르타르를 녹여 골재를 노출시킨 후 물 씻기 하는 마감질을 말한다.

골재 플랜트(aggregate plant) : 콘크리트용 골재의 다듬돌을 생산하는 장치.

골조(骨組) : 구조체(構造體)의 몸체. 토공사, 기초 공사, 철근 콘크리트 공사, 철골 공사 또는 목조 건물의 골격 공사 등을 골조 공사(骨組工事)라 한다.

골지붕 이기 : 지붕의 골 부분을 각종 지붕이기 재료를 사용하여 지붕을 이는 일.

골 홈통 : 지붕이 교차하는 골 부분에 설치하는 홈통.

곰보 거친면 마무리 : → 줄긋기 곰보 다듬질.

곰보 다듬질 : 모르타르 바르기 마감질의 일종. 색 모르타르를 사용하여 정벌칠을 한 다듬면이 굳어질 즈음에 표면을 흙손이나 쇠 빗으로 고르게 되도록 고르게 긁어서 거친 면으로 만드는 다듬질. 줄긋기 곰보 거친면 마무리라고도 한다.

곰보 자국 : 정크(junk).

곰보판(豆板) : → 정크

곱자 : → 직각 손

곱자 눈금 : → 뒷눈금

공기 렌치(air pneumatic wrench) : 압축

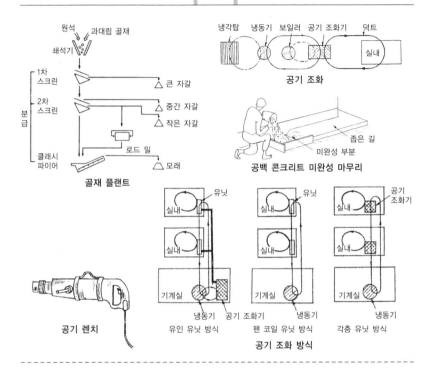

골재 플랜트

공기 조화

공백 콘크리트 미완성 마무리

공기 렌치

공기 조화 방식

유인 유닛 방식　　팬 코일 유닛 방식　　각층 유닛 방식

공기를 이용해 볼트를 강력하게 조이는 도구로, 임팩트 렌치(impact wrench)라고도 한다.

공기 리베터(air riveter) : → 리베팅 해머(riveting hammer)

공기 손해머(air hand hammer) : → 리베팅 해머(riveting hammer)

공기 조화(空氣調和) : 공기를 환기시켜 실내 환경을 쾌적하고 양호하게 유지하는 것으로, '에어컨디셔닝(air conditioning)'이라고도 한다.

공기 조화 기기(空氣調和機器) : 공기 조화를 위한 장치. 그 구성 요소는 여과기, 세정기 및 냉각 코일, 가습기, 가열 코일 및 송풍기 등이 있다. 에어컨디셔너(air conditioner) 또는 '에어컨(aircon)'이라

고도 한다.

공기 조화 방식(空氣調和方式) : 공기 조화 기기와 실내를 연결하는 열의 운반 방법에 의한 공기 조화의 방식(덕트 방식 : duct type), 공기와 물을 병용하는 공기-물 방식(팬 코일 유닛 방식 : fan coil unit type), 냉매 방식(패키지 방식 : package type) 등으로 분류된다.

공백 콘크리트 : 공사의 미완성 부분에 타설하는 콘크리트.

공법(工法) : 건축물의 시공 방법, 또는 골조의 구성 방법.

공사 관리(工事管理) : 공사를 설계도, 시방서, 청부 계약서에 근거하여 지체 없이 완성시키기 위한 시공자 측의 현장업무. 공사 관리자의 업무로는 시공법의 계획 및

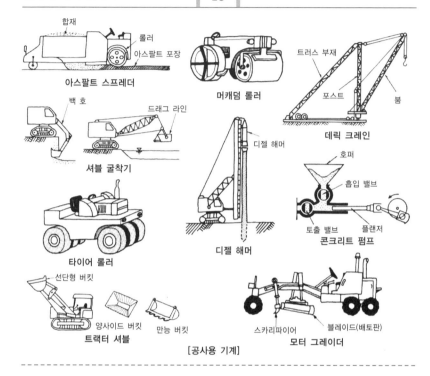

합재
롤러
아스팔트 포장
아스팔트 스프레더

머캐덤 롤러

트러스 부재
포스트
붐
데릭 크레인

백 호
드래그 라인
셔블 굴착기

디젤 해머

호퍼
흡입 밸브
토출 밸브
플랜저
콘크리트 펌프

타이어 롤러

디젤 해머

선단형 버킷
양사이드 버킷
만능 버킷
트랙터 셔블

스카리파이어
블레이드(배토판)
모터 그레이더

[공사용 기계]

관리, 재무 관리, 노무 및 자재 관리, 안전, 위생 등의 현장 관리가 있다.

공사비 내역 명세서(工事費內譯明細書) : 건축 공사비의 내용을 총액, 종목별(동별, 용도별), 과목별(각종 공사별) 그리고 세목별로(재료, 노무, 손료 등) 차례로 기재한 비용 산출서.

공사 완료 신고서(工事完了 申告書) : 건축기준법에 의한 신고서. 해당 건축물은 완료 신고서에 근거한 감독관청의 검사를 받아 검사필증(檢査畢證)을 교부받지 않으면 원칙적으로 사용할 수 없다.

공사용 기계(工事用機械) : 건축 공사용 기계류로, 재료 운반용, 물자 올림용, 굴삭용, 배수용, 말뚝 박기용, 철근용, 철골용, 콘크리트용 등 각각의 용도에 따라 여러 가지 기계가 있다.

공사장(工事場) : 돌을 자르는 돌자르기 장소나 돌쌓기 등의 공사 현장.

공사 청부 계약(工事請負契約) : 청부인은 공사를 완성할 것을 약속하고, 건축주는 그 결과에 대하여 보수를 지불할 것을 약속하는 것. 청부 계약서에 명기되는 주된 사항으로는 공사 내용, 청부 대금, 공사 기간, 대금 지불 방법, 이들에 변경이 있는 경우의 약정, 분쟁에 관한 해결 방법 등이 포함되어 있다.

공장 조립(工場組立) : 공장에서 가공한 부재를 공장에서 조립하는 것.

공정 관리(工程管理) : 공사 관리의 하나로, 정해진 공기(工期) 내에 건축물을 완성하기 위해 미리 계획한 공정표를 바탕으로

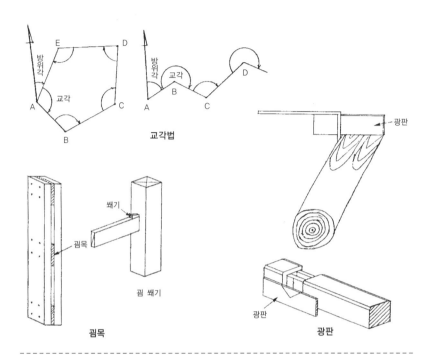

교각법

쐐기

낌목

낌 쐐기

광판

광판

광판

낌목

공사 진행의 조정을 도모하는 일.

공정표(工程表) : 설계 도서에 표시했던 건축물을 정해진 공기와 예산 내에서 완성시키기 위해 각 공사의 시공 순서, 방법을 계획하여 하나의 표로 모아 놓은 것. 공정표에는 종합 공정표, 각종 공사별 공정표가 있고, 표시 방법으로서 열거식(列擧式), 횡선식(橫線式), 그래프식, 네트워크 방식(network)에 의한 허용 다이어그램식(allow-diagram) 공정표가 있다.

공조(空調) : → 공기 조화

공통 가설(共通假設) : 공사에 필요한 가설물 가운데 간접적인 역할을 하는 가설로, 임시 울타리, 현장 사무소, 작업장 창고, 재료 보관장, 숙소, 공사용 전력, 급배수 설비 등이 있다.

관기와(冠─) : → 타발(打拔) 장부

광판(光板) : 지붕보 통나무를 처마도리에 가설하게 되는 경우, 통끼움하게 되는 지붕보의 가공부 모양을 도리 재료에 본뜨기 위해 사용하는 얇은 원형 판(原型板). 이 판을 사용한 먹줄 작업을 '광내기'라고 한다.

낌목 : 합성 보에서 두 부재의 간격을 유지하는 데 사용하는 나무, 또는 틈새에서 물건의 안정을 도모하는 나무.

낌쐐기 : 부재를 고정하기 위해 틈새에 끼워 메우듯이 사용하는 쐐기. 벽 꿸대를 기둥에 고정시키는 경우에 사용한다.

교각법(交角法) : 트래버스(traverse) 측량에 사용되는 것으로, 기준선(基準線)과 측선(測線)이 이루는 각(角)을 교각이라 하

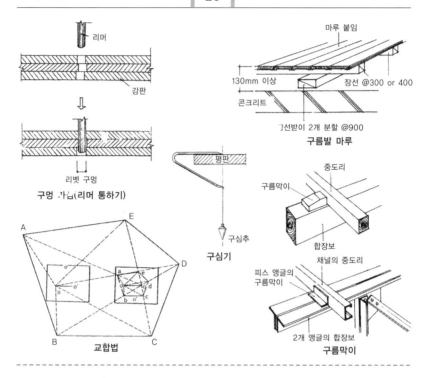

리머

강판

리벳 구멍

구멍 가심(리머 통하기)

평판

구심추

구심기

마루 붙임

130mm 이상

콘크리트

장선 @300 or 400

장선받이 2개 분할 @900

구름발 마루

중도리

구름막이

합장보

채널의 중도리

피스 앵글의
구름막이

2개 앵글의 합장보

구름막이

교합법

A E B C D

고, 순차로 교각과의 거리를 측정하여 측
량을 해나가는 방법을 교각법(交角法)이라
한다.

교차 가새 : 틀비계의 부재로, 비계 기둥과
기둥 사이에 가새 모양으로 경사진 버팀목
을 가설하여 고정시킨 것. 1.8m 스팬
(span)용과 1.5m 스팬용이 있다.

교합법(交合法) : 평판 측량법의 일종. 측량
구역 내에 적당한 위치 두 곳을 정하여 그
거리를 측정하고, 이것을 기선(基線 : 기준
으로 되는 측정선)으로 하여 각 측점(測點)
의 위치를 구하는 방법.

구름(뜬) 가새 : → 지붕 가새

구름막이 : 양식 지붕틀 구조의 합장목(合掌
木)에 중도리를 고정시키는 경우, 중도리
가 움직이지 않도록 하는 받침목.

구름발 마루 : 최하층의 마룻바닥 구조로,
장선 받침을 콘크리트 바닥이나 호박돌 위
에 놓고 장선을 가설하는 마루 구조.

구멍 가심 : 리벳이나 볼트 구멍을 리머로
고르게 다듬는 것으로, '리밍', '구멍 고르
기'라고도 한다.

구멍 고르기 : → 구멍 가심

구석 : 두 개의 재료가 만나서 이루는 안쪽
구석. 또는 벽에 굴절부의 안쪽.

구석 기준틀 : 기준틀의 위치에 따른 명칭으
로, 네 귀퉁이 부분이나 모서리, 구석 등
에 설치하는 틀.

구석용 마루 : 지붕면이 능선상(稜線狀)으로
교차하는 마루로, 팔작집, 모임지붕의 마
루, 직사각형 지붕의 모서리에 보이는 비
스듬한 마루를 말한다.

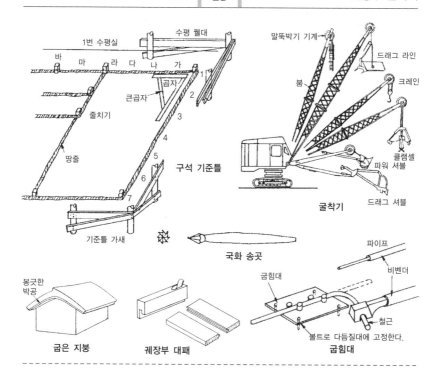

수평 궬대
1번 수평실
바 마 라 다 나 가
곱자
큰곱자
줄치기
땅줄
구석 기준틀
기준틀 가새
국화 송곳
말뚝박기 기계
드래그 라인
붐
크레인
클램셸
파워 셔블
굴착기
드래그 셔블
봉긋한 박공
굽은 지붕
궤장부 대패
파이프
비벤더
굽힘대
철근
볼트로 다듬질대에 고정한다.
굽힘대

구심기(求心器) : 평판 측량에 사용되는 기구
의 하나로, 구심추(求心錘)를 내려서 지상
의 측점과 평판면상의 측점을 동일한 수직
선상에 맞추는 기구.

국화 송곳 : 나사못의 머리가 재료의 표면에
나오지 않고 못 머리가 묻히도록 구멍을
넓히는 송곳.

굴착 공사(excavating work) : 토공사 가
운데 흙의 굴착, 적재, 운반, 배토 등의 작
업. 굴착기에 의한 경우는 전진 굴착, 후진
굴착, 수직 굴착이 있다.

굴착기(掘鑿機) : 토사를 굴착하는 토공용 기
계. 360° 회전하는 회전대에 고정된 붐
(boom) 또는 지브(jib)에 버킷(bucket)
을 붙인 것으로 파워셔블(power shovel),
트럭 셔블(truck shovel), 트럭 라인

(truck line), 클램셸(clamshell) 등이
있다.

굵은 장부 : 장부의 두께와 단면 나비의 비가
보통 장부보다 큰 것으로, '큰 뿌리 장부'
라고도 한다.

굽은 지붕 : 흐름면이 직선이 아니고 위쪽으
로 볼록한 모양으로 구부러진 모양의
지붕.

굽힘대 : 철근의 벤딩에 사용하는 대.

굽힘 철근(─鐵筋) : 벤드 철근(bend rein-
forcement)

궤장부 대패 : 빈지문 등의 귀틀을 장부 홈파
기로 깎는 대패.

궤장부 홈파기 : 부재의 맞춤매가 보이지 않
도록 홈을 파내는 방법으로, '개탕 만들
기'라고도 한다.

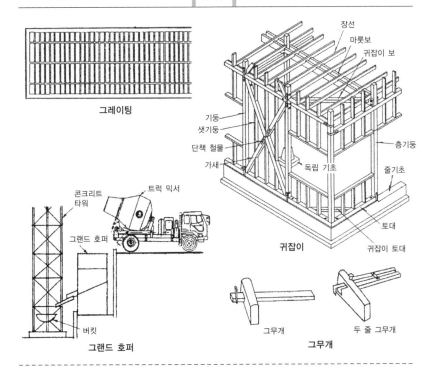

그레이팅

장선
마룻보
귀잡이 보
기둥
샛기둥
단책 철물
가새
층기둥
독립 기초
줄기초
귀잡이
토대
귀잡이 토대

콘크리트
타워
트럭 믹서
그랜드 호퍼
버킷
그랜드 호퍼

그무개
두 줄 그무개
그무개

귀붙이 널빤지 : 통나무를 판재로 제재하는 경우, 양측이 둥그런 상태 그대로인 널빤지.

귀잡이 대 : 토대, 도리, 보 등의 수평재(水平材)가 직교하는 부분을 보강하는 경사진 부재로, 수평력에 저항하는 부재이다.
보면에 사용하는 것을 '귀잡이 보', 토대면에 사용하는 것을 '귀잡이 토대'라고 한다.

귀틀 : 마룻바닥이 층져 있는 경우, 상부의 마룻가에 부착하는 가로재로, 현관의 오름 귀틀, 툇마루 귀틀 등이 있다. 또한 창호의 세로틀이나 가로틀을 말하는 경우도 있으며, 이때는 '문틀'이라고 한다.

귀틀 마루 : 마루방 형식의 하나로, 귀틀이 붙은 마룻바닥으로 마루판이 장판 면보다

한 단 높게 되어 있다. → 마루방

그라우팅 공법(grouting method) : 시멘트 페이스트(cement paste), 모르타르(mortar), 벤토나이트(bentonite) 용액, 약액(藥液) 등의 그라우트(grout : 묽은 반죽)를 지반 강화를 위해 흙 속에 주입하는 지반 조성 공법을 말한다.

그라운드 앵커(ground anchor) : → 타이백 공법(tie-back method)

그라인더(grinder) : 연마기(研磨機).

그랜드 호퍼(grand hopper) : 레미콘 차나 믹서(mixer)에서 받은 콘크리트를 콘크리트 엘리베이터(concrete elevator)의 버킷(bucket)에 넣을 때 사용하는 정치식(定置式) 호퍼.

그레이팅(grating) : 배수구(排水溝)의 뚜껑

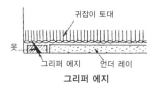

그리퍼 에지

글레이징 개스킷

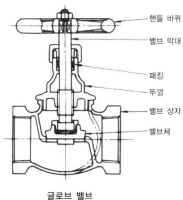

글로브 밸브

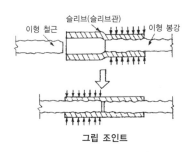

그립 조인트

에 사용하는 주철제의 격자 모양 철물.

그루브(groove) : → 홈 내기

그리퍼 에지(gripper edge) : 융단(carpet)을 장착하기 위해 못을 붙인 판을 실내의 둘레에 부착한다.

그립 조인트(grip joint) : 굵은 이형 철근(異形鐵筋)에 적합한 이음으로서, 슬래브(slab)에 철근을 삽입하여 유압식 잭(jack)으로 조여 접합시킨다.

그무개 : 대패질하는 부분을 표시하거나 나무판을 쪼갤 때 금을 긋는 공구로 사용한다. 나무판으로 가운데 손잡이를 끼워 마치 십자가 형태를 하고 있는데, 상을 설계할 때 쓰임새가 중요한 공구이다.

글레이징 개스킷(glazing gasket) : 섀시(chassis)에 유리를 부착하기 위한 쿠션(cushion) 재료로, 합성 고무 제품이기 때문에 수밀성, 기밀성이 우수하다. '개스킷(gasket)'이라고도 한다.

글로브 밸브(glove valve) : 일반적으로 공 모양의 밸브 몸통을 가지며, 입구와 출구의 중심선이 일직선 위에 있고 유체의 흐름이 S자 모양으로 되는 밸브.

금긋개 : → 금긋기 낫

금긋기 낫 : 부재에 깊은 금 긋기를 할 때 사용하는 도구. 부재의 옆면에 금 긋기 기준대를 대고 옆면과 평행하게 깊은 금을 긋거나 홈을 붙이거나 한다. '금긋개'라고도 한다.

금긋기 바늘 : 판금 도구 p.233 참조.

금속관 : 전기 배선을 보호하기 위한 금속관. 콘딧 파이프, 콘딧 튜브라고도 한다. 강철

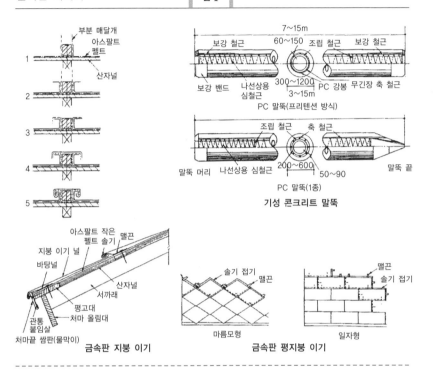

기성 콘크리트 말뚝

금속판 지붕 이기

금속판 평지붕 이기

제 및 경질 비닐계가 있다.

금속판 개폐기 : 개폐기

금속판 지붕 이기 : 동판 등의 금속판으로 본기와 이기와 비슷하게 지붕 이기를 하는 방법.

금속판 평지붕 이기 : 아연 도금 철판 또는 구리판, 알루미늄 판 등의 금속판으로 지붕을 이는 방법. 보통 산자널 위에 방수재, 열재 등을 깔고, 그 위에 금속판을 일(一)자로 지붕 이기를 한다.

급수관(給水管) : 물을 부지나 건물 내에 공급하기 위한 관. 급수관으로 사용되는 것은 주철관, 아연 도금 강관(백관이라고도 함), 납관, 구리관, 경질 염화비닐관 등이 있다.

급수관 이음 연결재 : 급수관의 위치, 방향을 연장하고 전환하기 위한 커플러.

급수 방식(給水方式) : 수도 본관(本管)이나 우물에서 건물 내로 급수하는 방법. 본관의 수압이나 우물의 흡상 펌프압에 따라 직접 급수하는 직결식(直結式), 물을 양수 펌프로 뿜어 올려 일시적으로 고가 탱크에 저장하여, 그 중력에 의해 필요한 장소에 급수하는 고가(高架) 탱크식, 압력 탱크 내에 물을 압입하고 공기의 압력을 이용하여 급수하는 압력 탱크식이 있다.

급탕 방식(給湯方式) : 가열 장치를 설치하여 열탕을 필요한 장소에 공급하는 방법. 급탕 장소마다 가열 장치를 설치하는 국부(局部)식 급탕법과 가열 장치를 한 곳에 설치하고 필요한 장소에 배관하여 급탕하는 중앙식 급탕법이 있다. 중앙식에는 이송관

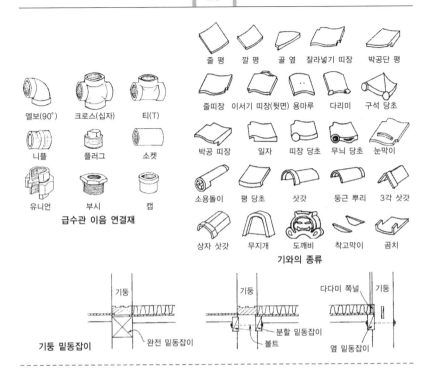

엘보(90°) 크로스(십자) 티(T)
니플 플러그 소켓
유니언 부시 캡
급수관 이음 연결재

줄 평 깔 평 골 옆 잘라넣기 띠장 박공단 평
줄띠장 이서기 띠장(뒷면) 용마루 다리미 구석 당초
박공 띠장 일자 띠장 당초 무늬 당초 눈막이
소용돌이 평 당초 삿갓 둥근 뿌리 3각 삿갓
상자 삿갓 무지개 도깨비 착고막이 곰치
기와의 종류

기둥 완전 밑동잡이 기둥 밑동잡이
기둥 분할 밑동잡이 볼트
다다미 쪽널 기둥 옆 밑동잡이

(移送管)만 있는 단관식(單管式)과 귀환관 (歸還管)을 설치하는 복관식(複管式)이 있다.

기경성(氣硬性) : 공기 중에서 탄산가스를 흡 수하여 경화(硬化)하는 성질. 시멘트처럼 물과 반응하여 경화하는 성질을 수경성(水 硬性)이라 한다.

기계 대패 : → 대패 기계

기공(起工) : 공사를 착수하는 일. 공사 착수 시의 기념식을 기공식(起工式)이라 한다.

기능공(技能工) : 장인(匠人).

기다림 : → 대기(待期)

기둥 뽑기 해머 : → 파일 익스트랙터(pile extractor)

기둥 끼우기 : → 문선

기둥 밑동잡이 : 기둥과 기둥의 밑을 서로 연

결하여 기둥 다리 부를 보강하는 부재.

기름 갈기 : 나무 부분에 투명 도료를 칠한 바탕을 고르는 일로, 물 뿜기로 떨어지지 않는 더러운 것을 기름을 사용하여 입자가 가는 내수 연마지(耐水研磨紙)로 갈아내 는 일.

기성 콘크리트 말뚝(prefabricated con- crete pile) : 공장 또는 현장에서 미리 만 들어져 있는 콘크리트 말뚝. 중공(中空) 원 통형 단면이 많고, 그밖에 삼각형 또는 육 각형 단면이 있으며, 턱붙임 말뚝도 있다. '콘크리트 파일(concrete pile)', 'PC 말 뚝' 이라고도 한다.

기와 : 지붕 이기 재료의 한 가지이며, 제조 원 료에 따라 점토 기와, 시멘트 기와, 금속 기 와 등이 있고 양식에 따라 한국형을 비롯하

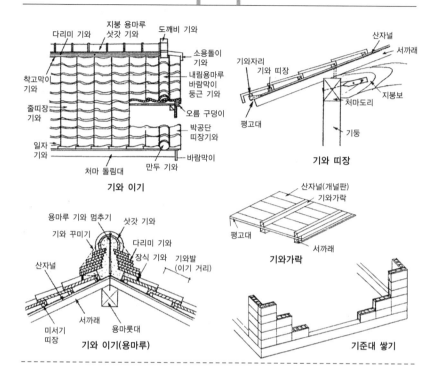

다리미 기와 / 지붕 용마루 / 삿갓 기와 / 도깨비 기와 / 소용돌이 기와 / 착고막이 기와 / 내림용마루 바람막이 둥근 기와 / 줄띠장 기와 / 오름 구덩이 / 일자 기와 / 박공단 띠장기와 / 처마 돌림대 / 만두 기와 / 바람막이

기와 이기

산자널 / 기와자리 / 기와 띠장 / 서까래 / 처마도리 / 지붕보 / 평고대 / 기둥

기와 띠장

용마루 기와 멈추기 / 삿갓 기와 / 기와 꾸미기 / 다리미 기와 / 장식 기와 / 기와발 (이기 거리) / 산자널 / 서까래 / 미서기 띠장 / 용마룻대

기와 이기(용마루)

산자널(개널판) / 기와가락 / 평고대 / 서까래

기와가락

기준대 쌓기

여 일본형, 프랑스형, 에스(S)형, 스페인형, 이탈리아형 등의 서양식 기와가 있다.

기와 가락 : 금속판 지붕의 기와 가락 지붕 이기에서 흘러내리는 방향의 조인트 (joint) 부분에 설치하는 36mm 정도의 가는 오리목(角材). 조인트 부분의 중심목 (中心木)을 사용하지 않는 것도 있다.

기와 가락 덮개 : → 감싸기 판

기와 가락 이기 : 지붕의 물매에 따라 기와 가락을 설치하고, 이 사이에 금속판을 이 는 금속판 지붕 이기의 일종으로 기와 자 락에 중심목을 사용하는 경우와 금속 굽힘 판을 사용하는 경우가 있다.

기와 감기 : → 관(冠)기와

기와 띠장 : 띠장 걸기 기와 이기에 사용되 는 가는 나무로 된 띠장. 산자널 위에 아

스팔트 루핑(asphalt roofing)을 깔고, 그 위에 수평으로 간격을 두어 부착시킨 다.

기와 이기 : 기와 지붕을 이는 일. 지붕을 이 는 방법으로는 본기와 이기, 띠장 걸기 기 와이기 등이 있고, 기와 재질에 따라 점토 (粘土) 기와, 도자기 기와, 슬레이트 기와, 시멘트 기와, 금속제(金屬製) 기와, 합성 수지제 기와가 있다.

기와 자락 : 기와를 이는 경우, 상부가 되는 가장자리.

기와 자리 : 처마 끝을 따라서 평고대 위에 박는 띠장으로, 처마 끝의 깔기와나 당초 무늬 기와를 받쳐 안전도를 좋게 하기 위 해 사용한다.

기준대 고르기 : 바닥 콘크리트(콜타르)를 타

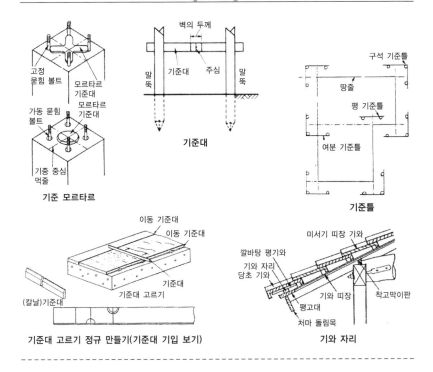

기준 모르타르

기준대

기준틀

기준대 고르기 정규 만들기(기준대 기입 보기)

기와 자리

설한 후에 소정의 폭으로 만든 기준대 위에 직선 자를 이동시키면서 울퉁불퉁한 콘크리트를 제거하여 수평으로 다듬는 작업.

기준대 만들기 : 철골 공사의 현도(現圖)에서 리벳 간격이나 절단할 길이를 금긋기를 하기 위해 기준대를 만드는 일. '대칼 만들기' 라고도 한다.

기준대 밀기 : 모르타르를 바른 면을 기준대로 밀어 돌출한 부분을 깎아 매끈한 면으로 만드는 작업.

기준대 바르기 : 바를 면의 규준이나 기준대 밀기할 곳의 기준을 잡기 위해 먹줄에 맞추어 뚝 모양이나 밤톨 모양으로 바르는 일.

기준대 쌓기 : 콘크리트 블록(concrete block) 구조나 벽돌 구조 등의 조적 구조(組積構造) 공사를 할 때, 네 구석을 다른

부분보다 먼저 쌓아서 기준으로 삼는 일.

기준 모르타르 : 기준 먹줄에 맞추어서 바르는 모르타르. 거푸집, 돌, 블록 등의 부착이나 고정, 바름벽의 바르기, 철골의 베이스(base)를 정할 때 사용한다.

기준틀 : 터파기나 기초 공사에 앞서 기둥, 벽 등의 중심선이나 수평선을 설정하기 위해 필요한 장소에 수평 말뚝을 박고, 여기에 수평 펠대를 수평으로 박은 가설물(架設物)을 말하며, 그 위치에 따라 구석 기준틀, 평 기준틀, 느슨한 기준틀 등이 있으며, '티(T)자 붙임' 이라고도 한다.

기준틀 펠대 : → 수평 펠대

기준틀 말뚝 : → 구석 말뚝

기중기(起重機) : → 크레인(crane)

기초(基礎) : 구조물의 하중(荷重)을 지반(地

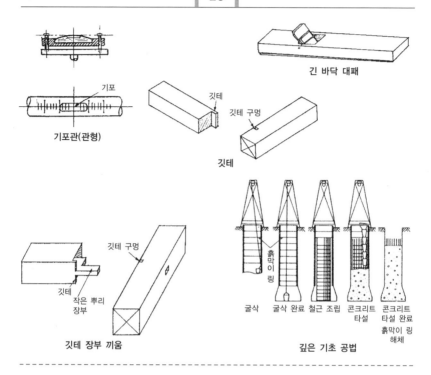

긴 바닥 대패

기포

기포관(관형)

깃테

깃테 구멍

깃테

깃테 구멍

깃테

작은 뿌리
장부

깃테 장부 끼움

흙막이 링

굴삭　굴삭 완료　철근 조립　콘크리트　콘크리트
　　　　　　　　　　　　　　타설　타설 완료
　　　　　　　　　　　　　　　　　흙막이 링
　　　　　　　　　　　　　　　　　해체

깊은 기초 공법

盤)으로 전하기 위한 하부구조. 형식에는 독립 푸팅(footing) 기초, 연속 푸팅 기초, 복합 푸팅 기초, 전면 기초 등이 있다.

기초 보 : 기둥 아래의 독립기초를 연결하여 다리 부분의 모멘트(moment)나 전단력(剪斷力)에 저항하게 하는 땅속의 수평보.

기포관(氣泡管) : 내면을 정확하고 일정하게 구부린 유리관에 알코올(alcohol)이나 에테르 액을 넣고 기포를 남겨 밀봉한 장치를 말한다. 트랜싯(transit)이나 레벨(level) 등을 수평으로 놓는 데 사용한다.

긴바닥 대패 : 주로 가구나 창호공이 사용하는 대(臺)가 긴 대패.

긴 장부 : 보통 장부보다 긴 것. 장부의 길이가 접합 부재의 속 깊이까지 거의 같은 평장부를 말한다.

길이쪽 쌓기 : 반장 쌓기.

깃테 : 맞춤의 하나로, 토대 구속 부분의 맞춤 틀에 이용되며, 마구리의 한 변이 돌출된 부분.

깃테 구멍 : 깃테의 돌출부가 들어가는 구멍.

깃테 장부 끼움 : 맞춤의 한 가지로, 토대의 구석 부분을 접합할 때 사용되며, 작은 장부와 장부축을 병용한 것이다.

깊은 기초 공법 : 지름 3m 정도까지의 원 또는 타원형의 구멍을 파고, 거기에 흙막이로 파형 강판(波形鋼板)을 대어 안쪽을 링(ring)으로 보강하면서 파들어 간다. 그리고는 예정된 밑면을 필요한 크기로 넓히면서 콘크리트를 타설하고, 흙막이 링을 해체하면서 완성하는 공법이다.

깊은 우물 공법 : 터파기를 시작하기 전에

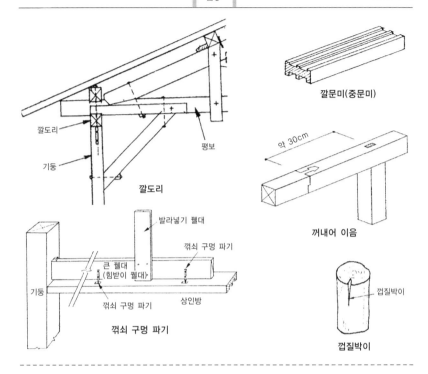

깔문미(중문미)

약 30cm

꺼내어 이음

깔도리

평보

기둥

깔도리

발라넣기 펠대

꺾쇠 구멍 파기

큰 펠대
(힘받이 펠대)

기둥

꺾쇠 구멍 파기

상인방

껍질박이

껍질박이

꺾쇠 구멍 파기

미리 터파기 밑바닥 이하의 깊이까지 우물을 파고 깊은 우물용 펌프로 지하수를 뿜어 올려서 수위를 낮추는 공법.

깔대판 : 비계의 기둥이나 거푸집의 지주(支柱) 등이 흙 속에 파고 들어가지 않도록 까는 널빤지로, '깔널판', '접시 널빤지' 라고도 한다.

깔도리 : 기둥의 상부에 있으면서 지붕 보를 받치는 부재. 도리 길이에 걸친 외벽 면의 가로 가설재로 서양식 지붕의 도리를 말한다.

깔때기 시렁 : → 양생 나팔 시렁

깔 모르타르(bed mortar) : → 깔 반죽

깔문미 : 같은 재료로 문지방과 상인방을 겸한 것. 난간의 문지방이나 천장 밑에 작은 벽장이 있는 받침 등에 사용된다.

깔 반죽 : 돌이나 벽돌 등을 쌓을 때, 하단에

미리 깔아놓은 모르타르.

깔판 : → 깔대판

깔 퍼티(bed putty) : 유리와 창호 틀이 잘 맞도록 소량의 퍼티를 미리 바르는 것. '깔 모르타르' 라고도 한다.

꺼내어 이음 : 지지하고 있는 부재보다 끌어내어 설치하는 이음. 도리나 중도리를 이을 때, 아래 나무쪽을 지지대에 얹어 놓고 이음부를 약간 꺼내어 위 나무가 포개지도록 하는 경우를 말한다.

꺾쇠 구멍 파기 : 구멍 꺾쇠를 박을 수 있게 구멍을 파내는 일. 꺾쇠의 한쪽 끝을 못을 박을 수 있도록 띠 모양으로 만들고, 다른 쪽 끝을 꺾어서 뾰족하게 만든 철물을 구멍꺾쇠라 한다.

껍질박이 : 목재가 손상을 입어 나무껍질이

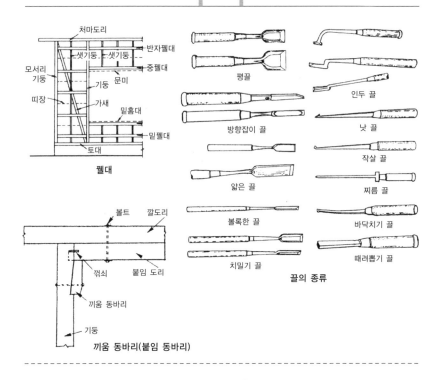

펠대

끼움 동바리(붙임 동바리)

끌의 종류

변재부(邊材部)에 끼어들어가 박힌 것.

꼬리 끼움 : → 통맞춤

꼬리 끼움 끌 : → 통맞춤 끌

펠대 : 두께 약 15mm, 폭 약 1000mm, 길이 약 4m의 폭이 좁은 판재. 벽 바탕의 골조에 사용하는 외에 사용 개소에 따라 각종의 명칭을 붙여서 사용한다. 고정 위치에 따라 평펠대, 몸통 펠대, 인방 펠대, 천장 펠대 등이 있다.

펠대 묶기 : → 펠대 싸기

펠대 싸기 : 외엮기 바탕의 흙벽에서는 펠대의 위치에서 균열이 생기기 쉬워지므로, 이를 방지하기 위하여 펠대 재료 위에 마포나 종려(棕櫚) 나뭇잎 등을 중바르기 흙으로 발라 싸 넣는 일.

끌(釘) : 목재를 깎거나 홈 구멍을 파내거나

하는 공구(工具)로, 사용법에 따라 밀기 끌, 치기끌 등이 있다.

끝대기 이음 : 통나무 비계에 사용되는 세로 비계 기둥의 이음으로, 두 개의 비계 기둥을 30cm 정도 떨어뜨려 세우고, 각각 끝마구리와 밑마구리를 맞춰 이어 가로 통나무로 2개의 기둥을 연결한 것으로, 높은 비계나 중작업(重作業)에 사용한다.

끝대패 : → 대패

끝막음 : → 끝막음 접합

끝막음 자 : 끝막이 맞춤 가공을 위하여 마구리를 45°로 자르는 경우 금긋기하는 자.

끝막음 접합 : 가구, 천장 돌림대, 돌림띠, 액자틀 등에 사용되는 맞춤으로, 마구리가 보이지 않도록 2개의 재료를 직각으로 접

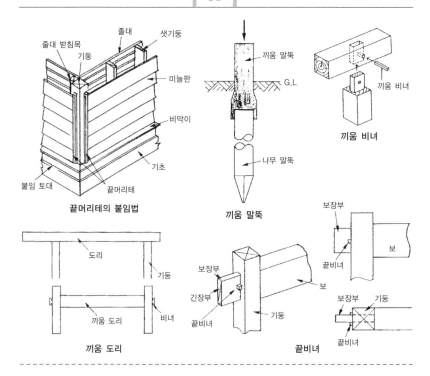

끝머리테의 붙임법

끼움 말뚝

끼움 비녀

끼움 도리

끝비녀

합하는 방법. 목재의 마구리를 45°로 잘라서 접합부가 나타나지 않도록 한 맞춤. '끝막이'라고도 한다.

끝머리테 : 내외부의 다듬질 면이 변하는 경계선에 사용되는 부재.

부분과 부분이 바뀌는 부분을 감추는 부재(部材)로 돌림테, 문골테, 코너 비드(corner bead), 기타 각종 나무테를 총칭하여 일컫는다.

끝비녀 : 비녀장 이음

끼우기 : → 끼움 문지방

끼울 반죽 : → 주입 반죽

끼움 개탕붙임 : 판재의 나무 끝을 접합하게 되는 경우, 다른 얇은 나무로 만든 '끼움 개탕'을 끼워 판을 붙이는 방법. → 널빤지 잇기

끼움 도리 : 재료의 양단을 장부로 만들어 기둥에 고정시키는 도리.

끼움 동바리 : 동바리나 기둥의 겨드랑이에 붙여 마룻보 등의 가로 가설재를 지지하는 보강재(補剛材). '덧대공'이라고도 한다.

끼움 말뚝 : 말뚝박기에서 말뚝 머리가 지반면에 가까워져 직접 박기가 어려울 때, 다른 말뚝을 얹어 끼우는 박기 보조 말뚝.

끼움 문지방 : 한 짝 밀기의 미닫이문을 벽을 따라 설치하는 데 사용하는 하나의 홈이 있는 문지방으로 '끼우기'라고도 한다. → 한쪽 덮개 기둥

끼움 비녀 : 장부 끼움에서 맞춤 부분을 튼튼하게 하기 위해 양 재료를 관통하여 박아 넣는 막대. 떡갈나무와 같은 단단한 나무가 사용된다.

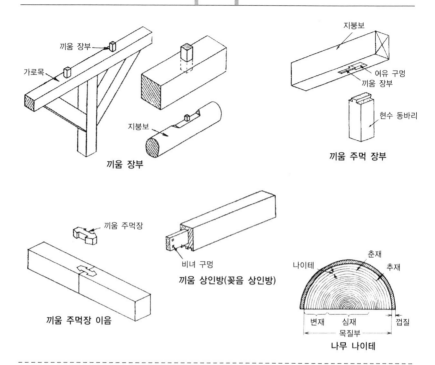

끼움 장부

끼움 주먹 장부

끼움 주먹장 이음

끼움 상인방(꽂음 상인방)

나무 나이테

끼움 상인방 : 보통의 상인방보다 단면이 큰
상인방. 기둥에 장부 끼움을 하기 위하여
부착하는 일은 건립할 때 실시한다. 현관
의 입구 상인방이나 상부에 가로 창문이
있는 경우에 사용한다.
끼움 솔기 : 솔기 접기
끼움장 : 제재목이나 판재류를 사용하여 조
립하는 가구나 창호.
끼움 장부 : 문지방을 기둥에 고정시키는 경
우에 사용하는 것.
끼움 주먹 장부 : 달대공으로 상인방을 매달
때 사용하는 맞춤으로서, 주먹 장부를 여
분의 구멍에서 장부 구멍으로 끼워서 조합
하는 맞춤.
끼움 주먹장 이음 : 토대(土臺) 등에 사용하
는 이음의 일종. 양끝에 사개를 갖는 다른

별도의 나무를 접합할 두 개의 부재에 끼
워 넣어 잇는 방법이다.
끼워 내림 기준대 : 기초공사 등에 사용되는
형장용의 역 T자 모양을 한 간단한 목재
기준대로, 터파기 밑바닥, 잡석 기초 상
단, 기초 콘크리트 상단 등의 높이를 기준
틀에 쳐진 수평실에서 아래쪽으로 측정할
때 사용한다.
끼워 붙기 : 접합의 일종. 보를 기둥의 측면
에 부착시키는 경우에 목턱을 만들어 박아
넣고, 나사못을 박아 고정시키는 접합.
끼워 앉히기 : 문짝이나 창을 문틀의 위 홈
에 끼워 넣은 다음, 아래 홈에 내려 앉혀
세워지도록 만든 것. 목제의 고정된 창호
나 오르내리기 창문의 장지, 목제 배달 상
자의 뚜껑 등에 이용된다.

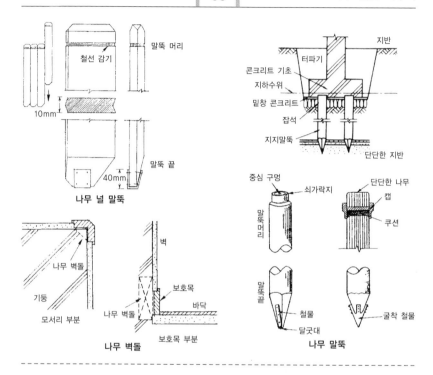

나무 널 말뚝

나무 벽돌

나무 말뚝

나무 나이테 : → 나뭇결

나무 널 말뚝 : 두께 4cm 이상의 소나무 재료로 만든 널 말뚝으로, 터파기 깊이 5m 정도까지의 흙막이에 사용한다. 폭 20~30cm, 길이 5m 정도의 목재를 사용하며, 용수(湧水 : 솟는 물)가 있는 경우에는 맞댐 자리를 화살촉 모양으로 하여, 박을 때 파괴되지 않도록 머리 부분을 철선으로 감고, 선단은 칼날 모양으로 깎아내어 사용한다.

나무 마름질 : 목재를 가공할 때 필요한 단면으로 절단하거나 분할하는 치수를 계측하는 것.

나무 말뚝 : 소나무, 미송 등 잘 썩지 않는 생나무 말뚝. 밑마구리가 12cm 이상으로, 다소 굽힘성은 좋지만 상하단의 중심선에서 밖으로 나오지 않을 정도의 통나무가 사용된다.

나무 망치 : → 판금 공구 p.233 참조.

나무메 : 나무 말뚝을 박거나 세워넣기 등에 사용하는 단단한 나무로 만든 커다란 메.

나무 벽돌 : 목재를 콘크리트 벽에 부착시키기 위한 바탕을 만들기 위해, 미리 거푸집 내면에 부착하여 콘크리트에 매입하는 나무 조각.

나무 후리질 : 문지방, 상인방의 짧은 장부를 장부 구멍에 집어넣기 쉽도록 하기 위해 쇠망치로 두들겨서 압축하는 것.

나무 흙손 마무리 : 나무흙손으로 고르게 문

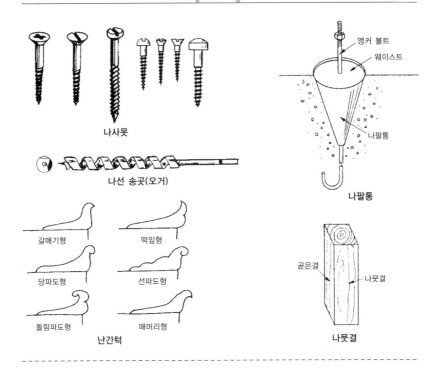

나사못

나선 송곳(오거)

갈매기형　떡잎형

당파도형　선파도형

돌림파도형　매머리형

난간턱

앵커 볼트
웨이스트

나팔통

나팔통

곧은결

나뭇결

나뭇결

질러서 평탄하게 다듬는 일로, 미장 공사 시, 뽑어 다듬기의 바탕 면에 적합하다.

나뭇결 : 목재를 제재한 경우에 나타나는 나이테의 모양, 또는 섬유 방향이 흐르는 모양으로, 나이테 나비의 관계를 말한다.

나사못 : 축부가 나선상으로 가공된 못.

나사 송곳 : 목재에 둥근 구멍을 뚫는 T자 모양의 대공이 긴 송곳. →나선 송곳.

나선 송곳 : 크랭크 송곳이나 목공용 드릴에 부착하여 사용하는 송곳 끝머리로, 송곳 끝부터 나사 모양으로 되어 있으며, 6~24mm 정도의 구멍을 뚫을 때 사용한다. '비틀린 송곳', '나사 송곳' 이라고도 한다.

나이프 스위치 : 개폐기

나팔통 : 앵커 볼트(anchor bolt)를 매입한 다음, 약간의 위치 조정이 가능하도록 콘크리트 속에 넣어 두는 박강판제 또는 플라스틱제의 나팔 모양으로 가공한 것.

낙성(落成) : 공사가 완료되는 것을 말하며, 완성을 기념하는 의식(儀式)을 '낙성식(落成式)' 이라 한다. → 준공(竣工)

낙찰(落札) : 입찰(入札) 결과, 최저 가격의 입찰자가 공사를 따내는 것. 낙찰자는 입찰 공사 가격을 건축주 측의 최저 한계 가격과 예정 가격의 범위 내에서 결정할 수 있으며, 최저 입찰 가격으로 낙찰 한다.

낙하추(落下錘) : → 드롭 해머

난간 : 계단이나 발코니 등 높은 난간이나 허리 벽으로, 그 전체나 또는 상부에 있는 두겁대. → 계단

난간턱 : 선반이나 정리대 등의 가장자리에 부착하여 물건이 떨어지지 않도록 하기 위

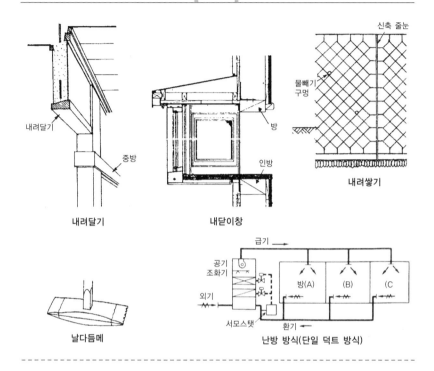

내려달기　　　　　　내닫이창

날다듬메　　　　　　난방 방식(단일 덕트 방식)

한 턱으로, 그 단면의 모양에 따라 수직 파
도, 회돌림 파도, 매머리 등의 명칭으로 분
류된다.
난방 방식(暖房方式) : 개별식과 중앙식으로
구분된다. 난방하는 실내에서 불을 피워
가열하는 개별식에는 화로, 전기난로, 석
유 난로, 스토브(stove), 온돌 등이 있고,
1개소의 보일러에서 각 실내로 열을 공급
하는 중앙식에는 증기 난방, 온수 난방, 온
풍난방, 방사 난방 등이 있다.
날다듬메 : → 다듬메
납땜 : 땜납(주석과 납의 합금)을 용해시켜
금속판을 접착하는 방법. 땜납 중 용융점
이 450℃ 이하인 땜납을 연납이라 하고,
그 이상인 땜납을 경납이라 한다.
납땜 인두 : → 판금용 공구 p.243 참조.

낮은 비계 : → 카트(cart) 비계
내닫이 장부 : 장부 맞춤의 한 가지로 돌출은
없으나 장부가 상대 재료의 끝부분까지 나
오는 것. 돌출 장부와 구별되며, '관통(貫
通) 장부'라고도 한다.
내닫이창(—窓) : 건물의 외벽으로부터 돌출
시켜 만든 창문으로, 주방 등에 사용된다.
내려 걸기 : 맞춤의 한 가지로, 서로 부재가
겹쳐 교차할 때, 위 또는 아래의 재료를 조
금 잘라내어 내린 맞춤. → 잘라넣기
내려 달기 : ① 마루의 정면에 부착하는 가로
재로서, 상인방 및 중인방 둘레에서 보아
조금 위쪽에 부착한다. ② '내려 쌓기'
내려 쌓기 : 돌담에서 돌 면의 대각선이 수직
이 되도록 쌓는 것. '수직걸치기', '골쌓기',
'오늬쌓기'라고도 한다.

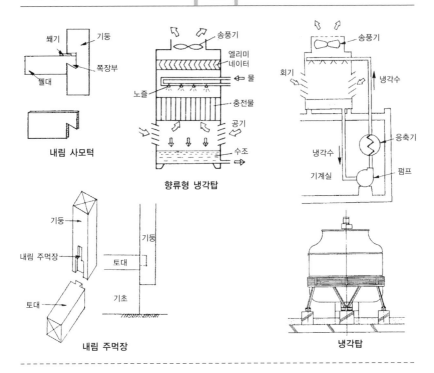

내림 사모턱

향류형 냉각탑

내림 주먹장

냉각탑

내림 사모턱 : 펠대를 기둥에 고정시키는 경우의 맞춤으로, 한쪽 장부로 가공하여 맞추고, 기둥 구멍의 틈새에 쐐기를 박아 고정시킨다.

내림 주먹장 : 기둥면에 토대가 부딪치는 경우의 맞춤으로, 건물 출입구 기둥의 하단을 토대로 하여 아래로 내리면서 맞출 때 사용한다.

내방수(內防水) : 지하층 등의 방수 시공법의 일종으로, 외벽 안쪽에서 방수층을 시공하는 방법. 지하수가 적을 때 사용한다.

내부 비계 : 건물 내부에 조립하는 비계.

내부 진동기(內部振動機) : 막대 모양의 진동기로, 콘크리트 내부에 진동을 주어 치밀하게 다지기 위한 기계.

내수 연마지(耐水研磨紙) : 연마재를 질긴 종이에 내수성의 접착제로 접착한 것으로, 물갈기에 사용한다.

내장 공사(內裝工事) : 천장, 바닥, 내벽 등 건물 내부의 마감 공사의 총칭. 융단, 커튼, 블라인드 등도 포함된다→interior finish

냉각탑(冷却塔) : 공기 조화용 냉동기에 있어서 응축기용 냉각수의 온도를 낮추는 장치. 응축기의 순환수를 옥외에 설치된 탑의 상부에서 분무시키고, 송풍기에 의한 외기를 공급함으로써 물의 온도를 약 5℃ 정도 낮춘다. '쿨링 타워'라고도 한다.

냉동기(冷凍機) : 액체를 증발시킴으로써 주위에서 열을 빼앗아 기화한 저압 가스는 압축기에서 고압 가스로 되고 응축기로 보내져, 또 다시 액화되는 냉동 사이클을 갖

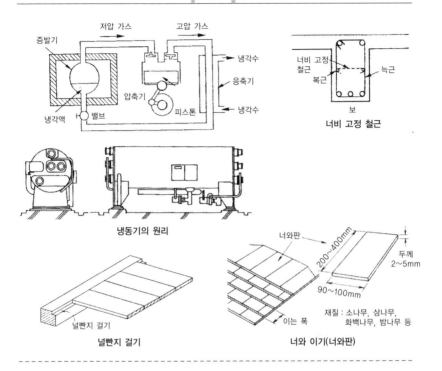

너비 고정 철근

냉동기의 원리

널빤지 걸기

너와 이기(너와판)

는 장치이다. 사이클 내에서 순환하는 액체를 냉매(冷媒)라 하고, 응축기를 냉각시키는 물을 냉각수라 한다.

냉매(冷媒) : 증발, 압축, 응축과 같은 냉동 사이클 내에서 순환하면서, 액체에서 기체, 기체에서 액체로 상태 변화가 용이하도록 주위로부터 열을 빼앗는 유체를 말한다. 암모니아와 불화 할로겐화 탄화수소 등이 있고, 건설 설비용으로서는 프레온이 후자의 것으로 많이 사용되고 있다.

너구리 파기 : → 밑파기

너비 고정 철근 : 보의 배근(配筋)으로 늑근(肋筋)의 너비를 정확하게 유지하기 위하여 복근(腹筋) 사이에 걸치는 보강 철근.

너와 이기 : 두께 3mm 전후의 너와라는 얇은 널쪽을 사용하여 지붕을 이는 일을 말

한다. 너와는 길이 30cm 정도의 삼나무나 노송나무 등의 박판으로, 처마 끝에서부터 순차 종횡으로 두툼하게 겹쳐 이어 지붕이기를 한다. '지저깨비 지붕 이기' 라고도 한다. → 밑바탕 지붕 이기

널결 마름질 : 원목에서 널빤지를 켜는 경우, 널결로 이루어지도록 제재하는 일.

널겹치기 : 천장판이나 외벽의 미늘판을 붙이는 경우, 널빤지 옆을 서로 조금씩 겹쳐 포개는 것.

널 뒷면 : 목재를 판재로 만들었을 때 수심(樹心)에 가까운 쪽의 면.

널 말뚝 : 연약지반을 굴삭할 때 토압을 지지하고 물의 침입을 막기 위해 연속적으로 박아놓은 말뚝→시트 파일(sheet pile)

널 바닥 : 마룻바닥을 조금 높게 마감한 곳으

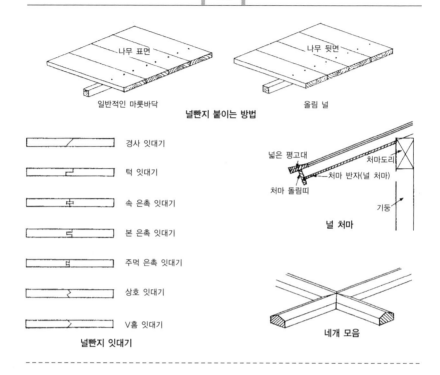

일반적인 마룻바닥 올림 널

널빤지 붙이는 방법

경사 잇대기

턱 잇대기

속 은촉 잇대기

본 은촉 잇대기

주먹 은촉 잇대기

상호 잇대기

V홈 잇대기

널빤지 잇대기

널 처마

네개 모음

로, 이 널빤지를 지판(地板)이라 한다.

널빤지 걸기 : 널빤지의 끝부분을 집어넣는 방법에 있어, 툇마루 귀틀 등에 사용되는 도려내기. 널빤지 도려내기라고도 한다.

널빤지 깎아내기 : → 널빤지 걸기

널빤지 누르기 : 널빤지를 고정시키는 가는 띠장목.

널빤지 도려내기 : → 널빤지 걸기

널빤지 바닥 : 널빤지를 깐 마룻바닥.

널빤지 울타리 : 널빤지로 마감한 판자 울타리.

널빤지 잇대기 : 널빤지를 나비방향으로 접합하는 방법. 목조 마룻바닥을 까는 데는 개탕붙임이 이용된다.

널빤지 자르기 : → 널빤지 걸기

널 앞면 : 목재를 판재로 만든 경우, 나무껍질에 가까운 쪽의 면을 말한다.

널 엇새김 : 마루판 까는 방법으로 바둑판 모양으로 까는 일.

널 옆면 : 판재의 마구리가 아닌 재료의 옆면으로, 섬유 방향에 평행인 옆쪽 면.

널 차양 : 널빤지로 지붕이기를 한 차양.

널 창문 : 문틀 및 띠장에 널빤지를 붙인 창호(窓戶). 합판을 사용한 창문을 베니어 문(veneer door), 가는 동살을 여러 개 사용한 널빤지 창문을 동살 문이라 한다.

널 처마 : 처마의 천장을 널빤지로 마감한 것으로, 서까래의 하단에 널빤지를 붙여 마감한다.

네개 모음(십자 교차) : 볼록한 부분이 있는 부재를 교차시켜 조합하는 맞춤으로, 손잡이의 삿갓목에 사용된다.

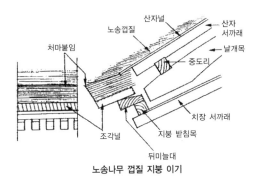

노송나무 껍질 지붕 이기

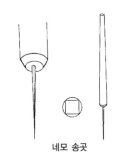

네모 송곳

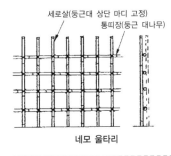

네모 울타리

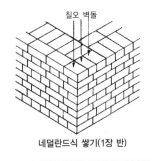

네덜란드식 쌓기(1장 반)

네덜란드식 쌓기(Dutch bond) : 외관은 영국식 쌓기와 같으나 모서리 등에 길이가 3/4인 칠오벽돌을 사용하는 벽돌쌓기이다.

네모격자문 : → 격자문 p.11 참조.

네모 송곳 : 송곳 끝의 단면이 정사각형으로 된 것. 송곳 끝이 삼각형으로 된 것을 세모 송곳이라 한다.

네모 울타리 : 통나무 기둥을 파묻어 세우고, 통대나무 띠장에 세로살을 엇모로 부착시켜 종횡으로 거친 네모 눈으로 짜 맞추는 대나무 울타리.

네모 파기 : → 독립 기초 파기

네트워크(network) : 공사 공정표를 표시하는 방법의 하나. 각 작업의 시작과 완료 예정일을 표시하는 ○표와 각 작업의 진행 관계 소요 일수를 화살표로 표시한다. 종합 공정표나 공사별 공정표에 이용되고, 계획에 있어서도 더욱 합리적인 최단 공사 기간을 찾아낼 수 있는 좋은 수단이다.

네트워크 공정표 : → 공정표

노무 관리(勞務管理) : 건설 현장의 노무자에 관한 고용, 배치, 급여 등의 관리 및 작업 지도, 안전 지도, 위생 지도 등의 관리를 말한다.

노멀 벤드 : → 전기 배선용 기구

노무자 숙소(勞務者宿所) : 현장 노무자를 위한 식사와 숙소용 가설 건물(假設建物)로 현장 내, 또는 그 근처에 가설된다. '합숙소(飯場 ; 한바)'라고도 한다.

노송껍질 이기 : → 노송나무 껍질 지붕이기

노송나무 껍질 지붕 이기 : 작은 직사각형으로 성형된 노송나무 껍질을 사용하여 이는

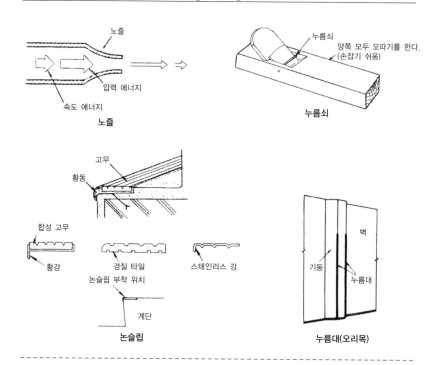

노즐

누름쇠
양쪽 모두 모따기를 한다.
(손잡기 쉬움)

고무
황동
합성 고무
황강
경질 타일
논슬립 부착 위치
스테인리스 강
계단

논슬립

벽
기둥
누름대

누름대(오리목)

지붕. 1장씩 대나무 못이나 도금 못으로 박아 붙이며, 이음발을 짧게 하여 몇 겹이고 포개어 이는 방법을 사용한다.

노즐(nozzle) : 출구 끝을 좁게 죈 방출구로, 소화 호스(hose)의 출구 끝부분, 살수(撒水) 또는 분무 헤드, 공기 조화 덕트(duct)의 취출구(吹出口) 등이 있다.

녹막이 : 금속의 녹을 방지하는 것으로, 표면 처리, 녹막이 페인트 등의 도장에 의한 방법이 있다.

녹벽 : 나중에 발생할 녹의 효과도 생각하여 토벽의 위바르기용 흙에 철분을 섞어 마감하는 벽.

논슬립(non-slip) : 계단 밟음 면의 모서리 부분에 부착하는 미끄럼 방지를 위한 물건으로, 모서리 부분의 파손, 밟음 면의 마모 방지 목적도 있다. 철제, 황동제, 스테인리스(stainless)강제, 알루미늄(aluminium) 합금제, 기타 경질 타일(tile) 고무제, 합성수지 제품이 사용된다.

누름대 : 널빤지나 합판의 이음매를 감추기 위해 부착하는 가느다란 재료를 말한다. 누름판으로 이음매를 덮는 판붙임을 '오리목 판벽'이라 한다. → 미늘판

누름대 미늘판 붙이기 : → 미늘판

누름 벽돌 : 평지붕 방수층의 세로 부분 또는 지하 방수층의 보호를 위해 쌓는 벽돌로, 모르타르 등으로 고정. → 방수 공사

누름쇠 : 대패의 뒷쇠를 누르고 있는 쇠막대로, '뒷정 누르개'라고도 한다.

눈구멍 막대 : → 아이 바(eye bar)

눈높이 : 수목(樹木) 등의 줄기 굵기를 눈높

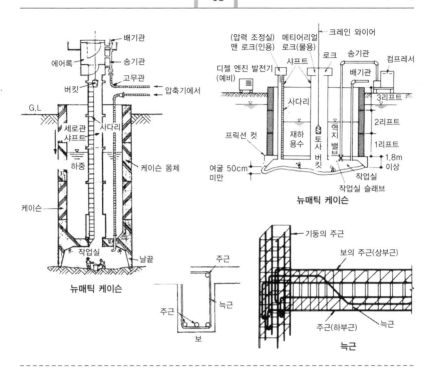

뉴매틱 케이슨

뉴매틱 케이슨

늑근

이의 위치에서 계측한 것. 일반적으로 지상 1.2m 높이의 위치로, 눈높이 지름 몇 cm라든가, 눈높이 주위 몇 자 하는 식으로 말한다.

눈막음 : 도료의 얼룩을 방지하기 위해 나왕(lauan : 羅王) 도관(導管)의 나무 바탕 구멍에 황토가루 등 눈막음제(目止劑)를 솔이나 나무주걱으로 눌러 넣어 도료를 바를 바탕 면을 판판하게 하는 일.

눈막이 누르기 : 눈막음제가 칠 위로 번지는 것을 방지하기 위해 눈막이 억제제를 솔로 바르거나 뿜기칠하는 일.

눈어림 : 눈으로 본 느낌으로 감정(鑑定)하는 눈어림으로, '눈어림 감정(鑑定)'이란 뜻이다.

뉴매틱 케이슨 공법(pneumatic caisson method) : 수중이나 솟아오르는 물이 많은 경우, 케이슨(caisson) 내부의 작업실을 밀폐하고 압축 공기를 보내 기압을 크게 하면 침수가 억제되며, 하부를 굴삭하여 케이슨을 침하시키는 공법. 작업실의 최고 기압은 3.5~4.0kg/mm² 정도이다. '잠함공법(潛函工法)'이라고도 한다.

뉴매틱 해머(pneumatic hammer) : → 리베팅 해머(riveting hammer)

늑근(肋筋) : 철근 콘크리트 보의 상하 주근(主筋) 둘레에 넣어서 보에 생기는 전단력에 저항하게 하는 보강 철근.

니스 칠(varnish) : 나무를 밑바탕을 고른 다음 니스를 손 솔로 바르고, 숫돌가루를 사용하는 '통갈기 다듬질'이나 '무광택 다듬질'로 하는 일.

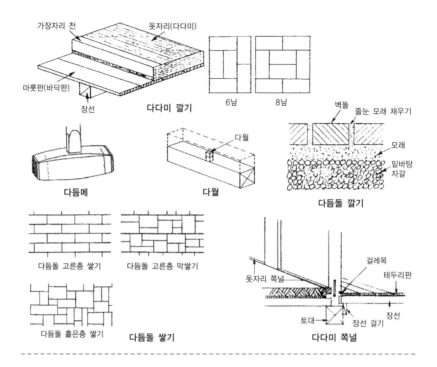

가장자리 천　　돗자리(다다미)

마룻판(바닥판)

장선　　다다미 깔기

6닢　　8닢

벽돌　　줄눈 모래 채우기

다듬메

다월

모래

밑바탕 자갈

다듬돌 깔기

다듬돌 고른층 쌓기　　다듬돌 고른층 막쌓기

걸레목

테두리판

돗자리 쪽널

다듬돌 흩은층 쌓기　　다듬돌 쌓기

토대　　장선 걸기　　장선

다다미 쪽널

ㄷ

다다미 : 도꼬노마에 까는 돗자리. 일본식 돗자리를 널빤지 위에 까는 것.

다다미 가르기 : 다다미를 깔 실내의 크기를 측정하여 다다미를 까는 방법. 각 다다미의 크기를 나누어 붙이는 일.

다다미 깔기 : 다다미를 깔아서 바닥 마무리를 하는 일.

다다미 만들기 : 다다미 가름에 의해 다다미 바닥을 잘라 맞춰 다다미 표면과 가장자리를 꿰매어 붙이는 일.

다다미 쪽널 : 벽과 다다미의 경계에 사용하는 띠장목으로, 기둥과 기둥의 안쪽에 넣어 틈새를 메우는 가늘고 긴 나무.

다듬돌 깔기 : 여러 모양(정사각형, 직사각형, 삼각형 등)의 다듬돌을 사용한 돌깔기 작업.

다듬돌 쌓기 : 돌 쌓기

다듬메 : 손 해머(hand hammer) 형태의 석공용 공구로, 망치의 타격면에 바둑판 모양의 돌기(突起)가 있고, 이 돌기의 눈 수에 따라 해머 마무리 다듬질 면을 변화시킬 수 가 있다.

다듬메 다듬질 : → 망치(메) 잔다듬질

다듬메 두들기기 : 다듬메로 두둘기는 작업.

다듬메 잔다듬질 : 정으로 자른 면에 잔 다듬질 공구를 사용하여 평평한 거친 면으로 만드는 다듬질, 망치(메)의 눈에는 25목, 64목, 100목 등이 있다. 능률은 좋으나 표면 박리의 원인이 되므로 고급 다듬질에는

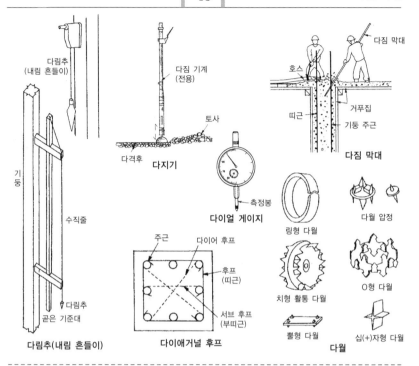

다림추
(내림 흔들이)

다짐 기계
(전용)

다짐 막대

호스

거푸집

토사

띠근

기둥 주근

다격후　**다지기**

다짐 막대

측정봉

다이얼 게이지

다월 압정

링형 다월

기둥

수직줄

주근　　다이어 후프

후프
(띠근)

치형 활통 다월

O형 다월

서브 후프
(부띠근)

다림추
곧은 기준대

뽈형 다월

십(+)자형 다월

다림추(내림 흔들이)　　　　**다이애거널 후프**　　　　　　　**다월**

사용하지 않는 것이 좋다. '도드락 다듬
기', '다듬망치 다듬기' 라고도 한다.
다림추(一錘) : 실의 선단에 원뿔 모양의 추
를 거꾸로 매달고, 이것을 늘어뜨려 수직
으로 조사하는 도구. 구심추(求心錘)라고
도 한다.
다시 비비기 : → 되비비기. 거듭 비비기
다월(dowel) : 2개의 목재가 접촉하는 면이
미끄러지는 것을 방지하기 위해 접촉면 내
부에 들어가는 단단한 나무로 된 촉. 또한
붙임돌에 사용되는 이음재로, 개별 재료가
서로 어긋나는 것을 막기 위해 양 재료에
걸치듯이 삽입하는 작은 쇳조각이나 짧은
철근을 말한다.
다이애거널 후프(diagonal hoop) : 철근 콘
크리트 기둥의 주근(主筋) 상호간을 대각

선으로 연결하는 보강 철근으로, 간단히
'다이어 후프(dia hoop)' 라고도 한다.
다이어프램 펌프(diaphragm pump) : →
오뚝이 펌프
다이어 후프(dia hoop) : 다이애거널 후프
(diagonal hoop).
다이얼 게이지(dial gauge) : 재료의 변형량
을 측정자(測定子)의 축 방향을 이동시켜
측정하고, 그 미소한 움직임을 회전 바늘
로 표시하는 변위 측정기로, 측정자의 움
직임은 1/100mm 또는 1/1,000mm까지
읽을 수가 있다.
다지기 : 흙돋음(盛土)이나 콘크리트를 막대
나 기계 등으로 다지는 일.
다짐 막대 : 거푸집 속에 콘크리트를 타설(打
設)하여 다지는 데 사용하는 막대.

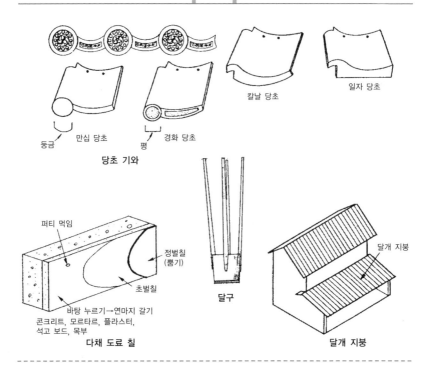

칼날 당초

일자 당초

둥금　만십 당초　평　경화 당초

당초 기와

퍼티 먹임

정벌칠
(뿜기)

초벌칠

바탕 누르기→연마지 갈기
콘크리트, 모르타르, 플라스터,
석고 보드, 목부

다채 도료 칠

달구

달개 지붕

달개 지붕

다채 도료 칠(多彩塗料—) : 2색 이상의 색알 갱이가 녹아 섞여져 균일하게 분산된 액상 도료를 뿜어서 색을 퍼뜨리는 도장 마감질로, '조라코트(zoracot)'가 대표적이다.

단관 비계(單管飛階) : 강제 단관 비계를 말하는 것으로, 필요한 길이의 강관을 결속하는 철물이나 이음쇠를 사용하여 통나무 비계와 같이 현장에서 조립하는 비계. 틀 비계와 대비되는 용어→ 강관 비계

단이음 : → 사모턱

단지어 지붕 : 지붕을 엮을 풀을 다발채를 사용하여 자른 면이 보이도록 단 모양으로 지붕을 이는 초가지붕 이기를 말한다. → 짚풀 이기

달개 지붕 : 건물의 외벽에 달아낸 한쪽으로만 경사진 지붕. → 부섭집

달구 : 지름 45~60cm, 높이 30~60cm 정도로 다듬은 통나무 2~4개의 손잡이를 붙인 것으로, 깬돌을 다지거나 짧은 나무 말뚝 등을 때려 박을 때 사용하는 도구. 보통 2~4명의 사람들이 손잡이를 잡고 올렸다 내렸다 하면서 사용한다.

달대 : 천장에 매달아 고정하기 위한 부재로, 상부는 지붕보에 가설하여 고정하고, 하단은 천장의 반자틀에 고정시킨다.

달대공 : 상인방을 도리 또는 보에 매다는 부재로, 진벽 구조의 경우에는 기둥과 동일한 치수의 치장재가 사용된다.

달대받이 : 천장 상부에서 매단 막대를 지지하는 부재.

당겨돌리기 톱 : 당겨돌리며 자르는 톱.

당초 기와 : 처마 끝에 이는 기와로, 덩굴무

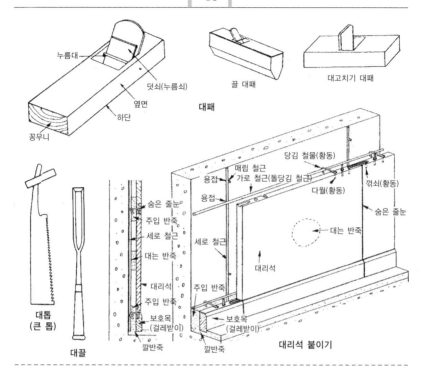

누름대

덧쇠(누름쇠)

옆면

하단

꽁무니

대패

끌 대패

대고치기 대패

대톱
(큰 톱)

대끌

당김 철물(황동)

매립 철근

용접　가로 철근(돌당김 철근)

용접

숨은 줄눈

주입 반죽

세로 철근

대는 반죽

대리석

주입 반죽

세로 철근

대는 반죽

대리석

주입 반죽

꺾쇠(황동)

다월(황동)

숨은 줄눈

대는 반죽

대리석

보호목
(걸레받이)

보호목
(걸레받이)

깔반죽

깔반죽

대리석 붙이기

늬가 있는 데에서 유래된 이름이다. 평덩굴 기와, 띠장덩굴 기와, 구석덩굴 기와, 박공덩굴 기와 등이 있다.

대고치기 대패 : 대패대 아랫면의 요철을 수정하는 대패로, '선날 대패'라고도 한다.

대기(待機) : 재료의 반입이 지연되거나 준비가 빈약하여 다음 일이 진행되지 않아 작업자가 기다리게 되는 일.

대끌 : 목재의 구멍 뚫기 가공에 사용되는 치기끌의 일종으로 굵고 두꺼운 끌을 말한다.

대리석 붙이기 : 가장 우수한 석재(石材)로 알려진 대리석을 붙여 마감하는 일. 일반적으로 내장재(內裝材)로 사용되며, 다월, 당김쇠 등으로 바탕 철근에 단단히 연결하고, 돌 뒷면의 가로 맞물림 부분에 띠처럼

모르타르를 채워 넣어 숨은 줄눈으로 처리한다. 외장(外裝)에 사용하는 경우에는 주입하는 모르타르 반죽을 돌 뒷면 전면(全面)에 채워 넣는다.

대바자 울타리 : 통나무 기둥이나 샛기둥을 파묻어 세우고, 띠장에 세로살을 걸어 두름대를 가로붙이기 하는 대나무 울타리.

대칼 따기 : → 기준대 따기

대톱(큰 톱) : 원목이나 큰 재료를 자르기 위한 톱.

대패 : 목공용 도구의 하나로서, 목재의 표면을 깎는 공구로 여러 종류가 있다. 전동식을 '전기 대패', '플레이너(planer)'라고 한다.

대패 기계 : 목재를 깎는 기계로, '기계 대패'라고도 한다. 칼날이 테이블(table)에

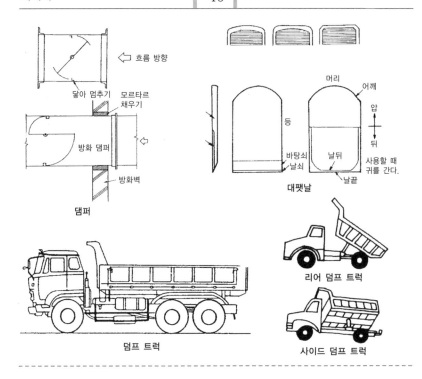

흐름 방향

닿아 멈추기 / 모르타르 채우기

방화 댐퍼

방화벽

댐퍼

머리 / 어깨

등 / 압 / 뒤

바탕쇠 / 날뒤 / 날쇠 / 날끝 / 사용할 때 귀를 간다.

대팻날

덤프 트럭

리어 덤프 트럭

사이드 덤프 트럭

고정된 것과, 회전하면서 재료를 깎는 것
이 있다. 둘 다 재료를 누르면서 집어넣게
된다.

대패대 : 대팻날을 부착하는 대(臺)로, 졸참
나무나 떡갈나무와 같은 단단한 목재가 사
용된다.

대팻날 : 대패의 칼날을 말하는 것으로, '대
패칼' 이라고도 한다.

댐판 : 명목(銘木)을 붙인 박판을 합판의 심
재(心材)에 접착시켜서 치장판(治裝板)으
로 만든 것을 말하며, 보통 표면 다듬질이
되어 있어 내장재(內裝材)로 이용된다.

댐퍼(damper) : 환기 및 공기 조화용 덕트
내의 풍량을 조절, 폐쇄, 분배하는 장치.
금속판의 날개나 회전날개 등이 덕트
(duct) 내의 요소, 출입구, 토출구 등에 부

착되어 있다.

댐퍼 제어(damper control) : 공기 조화나
환기용 덕트계의 계내 압력 조정 또는 풍
량 조정이나 일부분의 폐지(閉止)를 하는
경우에 쓰이는 댐퍼의 조작을 수동 또는
공기압이나 전동 모터에 의해서 하는 것.

더스트 슈트(dust chute) : 상층(上層)의 투
입구(投入口)에서 들어간 먼지가 최하층
(最下層)의 일정한 장소에 모이도록 만든
먼지 수집 설비로, 거의 수직으로 된 유도
관(誘導管) 부분을 만들고, 투입구에는 뚜
껑을 붙인 호퍼(hopper)를 설치한다.

덕트(duct) : 공기 조화 설비나 환기 설비의
공기 유도관을 말한다. 네모 모양과 둥근
모양이 있으며, 아연 도금 강판 등으로 만
들어진다. '풍도(風道)' 라고도 한다.

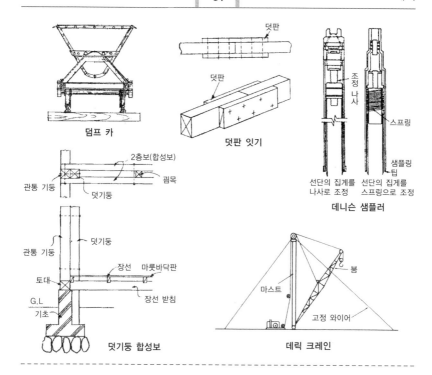

덤프 카

덧판 잇기

선단의 집게를　선단의 집게를
나사로 조정　　스프링으로 조정

데니슨 샘플러

덧기둥 합성보

데릭 크레인

덤 웨이터(dumb waiter) : 화물용 소형 엘리베이터(elevator)로, 물품 수납부의 바닥 면적이 1㎡ 이하, 높이가 1.2m 이하의 운반 기계. '리프트(lift)' 라고도 한다. 수동식과 전동식이 있다.

덤프 카(dump car) : 적재(積載)한 짐을 넣는 용기를 회전시켜 짐을 한번에 전부 배출하는 운반차. 레일(rail) 위를 주행하는 운반차와 트럭과 같이 자유롭게 주행하는 운반차가 있다.

덤프 트럭(dump truck) : 트럭 형식의 덤프 카(dump car). 뒤로 경사진 리어 덤프(rear dump), 옆으로 경사진 사이드 덤프(side dump)로 분류되고, 경사 방식은 유압 잭(jack)을 사용하는 경우가 많다.

덧기둥 합성보 : 기둥재의 보강을 위해 덧붙인 기둥.

덧대공 : → 끼움 동바리

덧붙이 L형강(―L形鋼) : → 클립 앵글(clip angle)

덧판 잇기 : 부재의 마구리를 서로 맞대어 측면에 나무를 대고 못이나 볼트로 조이는 이음으로, 서양식 지붕의 평보 등에 사용된다.

덮개 : → 피복 두께

데니슨 샘플러(Denison sampler) : 보링(boring) 구멍에서 흙의 시료를 채취하는 데 사용하는 기구. 선단에 있는 집게로 시료가 떨어지는 것을 방지한다.

데릭(derrick) : 동력에 의하여 중량물을 들어 올려 목적하는 장소로 이동시키는 기계 장치의 일종이다. 로프(rope)로 지탱된 마

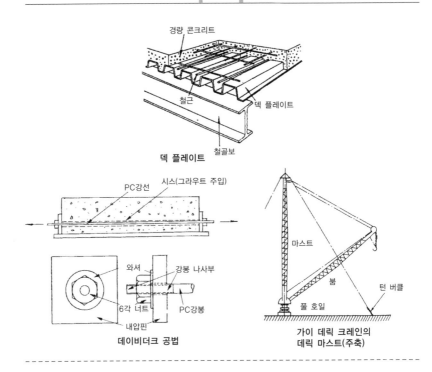

경량 콘크리트
철근
덱 플레이트
철골보
덱 플레이트

PC강선　시스(그라우트 주입)

와셔　강봉 나사부
6각 너트　PC강봉
내압핀
데이비더크 공법

마스트
붐
턴 버클
풀 호일
**가이 데릭 크레인의
데릭 마스트(주축)**

스트(mast)의 레그 부분에 붐을 부착하고 마스트와 붐(boom)의 선단은 로프(rope)에 의해 기복(起伏)되도록 연결, 붐(boom)의 선단에 매달린 블록 훅(block hook)을 이용해 중량물을 들어 올리게 된다. 가이 데릭(guy derrick)이나 삼각 데릭(3-leg derrick) 등이 있다.

데릭 마스트(derrick mast) : 회전식 스텝(step) 위에 고정되어, 가이 로프(guy rope) 또는 레그(leg)로 상부를 지탱하도록 되어 있는 마스트(mast). →가이 데릭(guy derrick)

데릭 밑바퀴(derrick base wheel) : → 불휠(bull wheel). 스티프레그 데릭(stiff-leg derrick)

데릭 스텝(derrick step) : 데릭 마스트

(derrick mast)의 받침대. → 가이 데릭(guy derrick)

데이비더크 공법(daibederk method) : 콘크리트에 프리스트레스를 주는 공법으로, 와셔를 사용하여 강선을 정착(定着)시키는 방법을 말한다. 프리스트레스(prestress)란 초기 응력(初期應力)으로, 재료 내부의 입자 사이에 서로 끌어당기는 힘이나 입자끼리 서로 밀어내려는 힘으로서 내부 응력(內部應力)이라고도 한다.

덱 플레이트(deck plate) : 강도(强度)를 유지하기 위해 파도 모양의 요철을 준 콘크리트 슬래브(concrete slab)의 거푸집 등에 사용되는 넓은 폭의 띠강으로서, '스틸 덱(steel deck)', '바닥 강판'이라고도 한다.

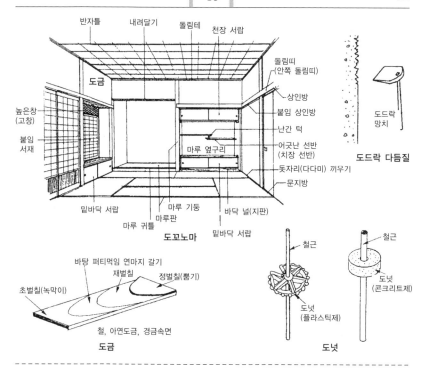

도금

철, 아연도금, 경금속면

도꼬노마

도닛

델맥 해머(delmag hammer) : 독일의 델맥 사(delmag co.)에서 발명하여 개발된 디젤 엔진식(diesel engine type)의 말뚝박기 기계를 말하며, 보통 디젤 파일 해머(diesel pile hammer)라고도 한다.

도금(鍍金) : 금속의 표면에 녹막이 및 장식의 목적으로 다른 금속을 정착시키는 것으로, 금속의 전기 분해를 응용하는 방법과 용융 및 기화된 금속을 압축 공기로 뿜어내는 방법이 있다.

도급(都給) : 공사비용을 미리 정하고 도맡아 하게 하는 일.

도꼬노마 : 일본식 건물의 객실(客室). 윗목에 마룻바닥을 조금 높여서 꾸민 마루로 된 방으로, 벽에는 액자(額子)를 걸고, 바닥에 꽃이나 장식품을 놓아둔다. 마루기

둥, 마루판, 마룻귀틀, 치장걸이 등으로 이루어지는 응접실 장식 방으로서 본 마루, 들어서기 마루, 들어가는 마루, 서랍 마루, 걸침 마루, 평마루 등이 있다.

도닛(doughnut) : 거푸집과 철근의 간격을 유지하는 도닛 모양 스페이서(spacer)의 일종. 둥근 고리 모양이며, 모르타르제나 플라스틱제 등이 있다.

도드락 망치 : →다듬메 다듬기, 회반죽 다듬기.

도드락 다듬질 : 돌, 콘크리트, 모르타르의 표면 다듬질로, 여러 가지 공구를 사용하여 두들기면서 거친 면으로 다듬질하는 일.

도드락 지붕 이기 : → 맞배지붕 이기

도료 시험(塗料試驗) : 도장 공정, 색, 광택, 다듬질 정도 등을 검토하기 위해 대형의

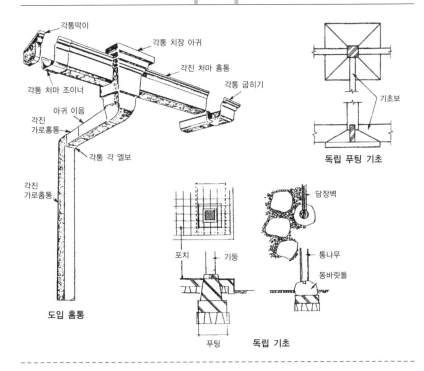

각통막이

각통 치장 아귀

각진 처마 홈통

각통 처마 조이너

각통 굽히기

아귀 이음

각진 가로홈통

각통 각 엘보

각진 가로홈통

도입 홈통

기초보

독립 푸팅 기초

담장벽

통나무

동바릿돌

포치　기둥

푸팅　**독립 기초**

널빤지나 실체의 벽면 등에 시험적으로 칠해 보는 일.

도리 : 기둥이나 동바리, 벽체 등의 위에 가로 방향으로 걸치고, 다른 부재를 받는 것을 목적으로 하는 횡재.

도리 길이 : 보통 건물의 길이 방향을 말하며, 보 사이에 대하여 직각방향을 말한다.

도막 방수(塗膜防水) : 바탕에 솔, 인두, 스프레이로 합성 수지계의 액상 방수재를 칠하여 피복을 만들고, 필요한 두께의 방수층을 합성시키는 공법.

도선법(導線法) : → 전진법(前進法)

도입 홈통 : 도리 홈통의 빗물을 세로 홈통에 받기 위한 홈통으로, '아귀' 라고도 한다.

도장 공정 : 바탕 고르기, 초벌칠 바르기, 재벌칠, 정벌칠의 순서로 진행되나 밑바탕의

종류, 도료의 종류에 따라 결정된다.

도저(dozer) : 트랙터에 배토판을 장착한 정지용 기계. 배토판의 종류에 따라 불도저, 앵글 도저, 틸트 도저 등이 있다.

독립 기초 : 기둥 1개의 하중을 지반으로 전하기 위한 기초로, 기둥밑 기초를 말한다. '독립 푸팅(footing) 기초' 라고도 한다.

독립 기초 파기 : 독립 기초를 위한 터파기로, 기둥 밑부분까지 각각 파는 것을 말한다. → 네모파기

독립 푸팅 기초(─footing─) : → 독립 기초(獨立基礎)

독일식 미늘판 붙이기 : → 상자줄눈 미늘판 붙이기

독일식 쌓기 : → 마구리 쌓기

돌꽁무늬 : 옹벽을 쌓는 돌에서 앞면의 반대

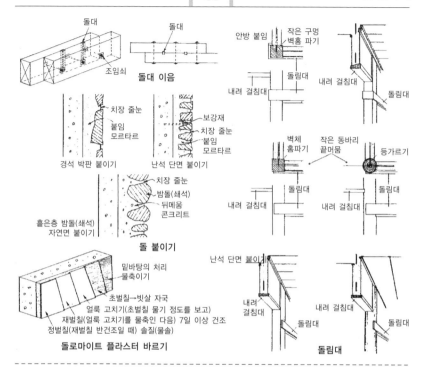

돌대 이음

경석 박판 붙이기 / 난석 단면 붙이기 / 흙은층 밤돌(쇄석) 자연면 붙이기

치장 줄눈 / 붙임 모르타르 / 보강재 / 치장 줄눈 / 붙임 모르타르 / 치장 줄눈 / 밤돌(쇄석) / 뒤메움 콘크리트

돌 붙이기

밑바탕의 처리 물축이기 / 초벌칠→빗살 자국 / 얼룩 고치기(초벌칠 물기 정도를 보고) / 재벌칠(얼룩 고치기를 물축인 다음) 7일 이상 건조 / 정벌칠(재벌칠 반건조일 때) 솔질(물솔)

돌로마이트 플라스터 바르기

안방 붙임 / 작은 구멍 벽홈 파기 / 내려 걸침대 / 돌림대 / 내려 걸침대 / 돌림대 / 벽체 홈파기 / 작은 동바리 끝머뭄 / 등가르기 / 내려 걸침대 / 돌림대 / 내려 걸침대 / 돌림대

난석 단면 붙이기 / 내려 걸침대 / 돌림대 / 내려 걸침대 / 돌림대

돌림대

쪽에 해당하는 뒷면 끝부분. → 견칫돌

돌 나누기 : 설계도에 따라 놓기 좋은 비율로 돌의 크기를 정하는 일. 이것을 도면으로 나타낸 것을 석분할도(石分割圖)라 한다.

돌대 이음 : 돌대를 사용하는 이음의 총칭이다. 이음이나 맞춤을 튼튼하게 하는 가느다란 막대를 '돌대'라 하고, 느티나무와 같은 단단한 나무로 만든다.

돌려켜기 톱 : 판자에 둥근 구멍을 잘라 내거나 재료 끝 부분을 곡선 모양으로 잘라내는 톱.

돌로마이트 플라스터 바르기(dolomite plaster—) : 밑바르기용 돌로마이트 플라스터, 시멘트, 모래, 여물을 물로 비벼 섞은 것을 중바르기 공정까지 바르고, 위바르기용 돌로마이트 플라스터에 표백 여물을 가한 것을 위바르기하여 마감한다. 벽, 천장, 차양 등에 사용되며, 작업 중에는 될 수 있는 한 통풍을 피하고, 위바르기 후에는 적당히 환기하여 건조시킨다.

돌리(dolly) : 리벳 홀더. 리벳을 끼우는 공구의 일종 → 받침쇠

돌림대 : 기둥을 양면에서 끼워 가로 방향으로 부착하는 겉보기 치장재의 총칭이다. 화실 내부의 상인방 또는 붙임 상인방 위에 부착하는 경우에는 '인방 돌림띠'라고 한다.

돌림테 : → 천장 돌림테

돌 붙이기 : 석재를 구조체에 쇠촉이나 시멘트 페이스트 등으로 고정하여 마무리하는 일. 또는 석재를 깔아 바닥으로 만드는 것을 말한다.

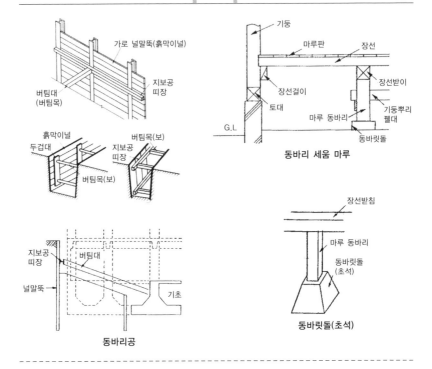

버팀대
(버팀목)

가로 널말뚝(흙막이널)

지보공
띠장

흙막이널
두겁대

지보공
띠장

버팀목(보)

버팀목(보)

지보공
띠장

버팀대

널말뚝

기초

동바리공

기둥

마루판   장선

장선걸이   장선받이

토대   기둥뿌리
펠대

마루 동바리

G.L   동바릿돌

동바리 세움 마루

장선받침

마루 동바리

동바릿돌
(초석)

동바릿돌(초석)

돌붙임 철근(—鐵筋) : 촉쇠(당김 철물)를 고정하기 위해 붙임돌의 줄눈에 맞춰 바탕이 되는 벽면에 고정하는 철근.

돌쌓기 : 석재를 쌓아 석벽(石壁)이나 석축(石築)을 만드는 것으로, 다듬돌 쌓기, 자연석 쌓기 등이 있다.

돌아치기 : 콘크리트를 타설(打設)할 때 거푸집 전체에 고르게 되도록 2, 3회 타설할 장소를 돌아가며 바꿔가면서 타설하는 일.

돌집 : → 석공(石工)

돌출 장부(打出) : 장부맞춤의 한 가지. 장부를 상대 재료의 뒤쪽까지 돌출(突出)되게 한 것이다.

돔(dome) : 반구면상(半球面狀)의 지붕이나 천장을 갖는 건축물.

동바리 : 지붕틀 구조에 사용되는 부재의 하나로, 지붕보 위에 세워 중도리를 받치는 수직 부재(垂直部材).

동바리공(支保工) : 거푸집의 깔대판 부분을 고정시키는 띠장으로, 주변재, 지주, 가새, 쇠붙이류 등을 총칭한다.

동바리공 띠장 : 흙막이 할 때에 사용되는 가로재의 하나로, 널말뚝이 받는 토압(土壓)이나 수압(水壓)을 지탱하기 위해 사용한다.

동바리틀 : 기둥 밑, 동바리 밑에 사용하는 기초석으로, 대부분 콘크리트제가 많다.

동바리 세움 마루 : 마루 구조의 하나로, 동바리 주춧돌 위에 마루 동바리를 세워 장선 받침을 지지하고, 그 위에 장선을 짜고 마루를 깔아 붙인다.

동바릿돌(초석) : 툇마루나 좌판 밑의 짧은

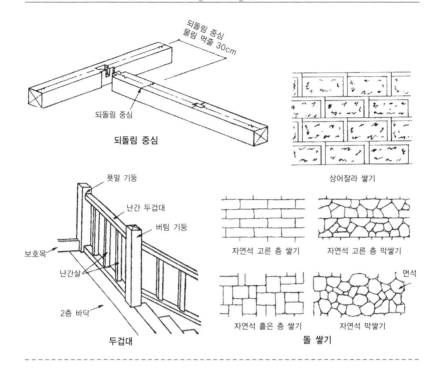

되돌림 중심
물림 먹줄 30cm

되돌림 중심

되돌림 중심

상어잘라 쌓기

풋말 기둥

난간 두겁대

버팀 기둥

보호목

난간살

2층 바닥

두겁대

자연석 고른 층 쌓기

자연석 고른 층 막쌓기

면석

자연석 흩은 층 쌓기

자연석 막쌓기

돌 쌓기

기둥을 받치는 작은 주춧돌.

되돌림 중심 : 기준이 되는 중심에서 일정한 간격을 두고 물러나 표시하는 먹줄을 말한다. 일정한 거리를 되돌리면 중심 먹줄이 있게 된다.

되메우기 : 터파기를 하여 기초나 지하 부분의 공사를 종료한 다음, 파낸 부분에 흙을 넣어 원래대로 되메우는 일.

되비비기 : ①콘크리트를 비빔판 위에서 비빌 때, 한쪽에서 다른쪽으로 되비비기 해나가는 일. 리몰드(remould), 리템퍼(retemper). ②한번 비빈 모르타르나 콘크리트를 다시 비비는 것. → 비빔판

되풀이 칠 : 상급(上級) 토벽의 경우 정벌칠을 반년에서 1년, 또는 수년을 늦추어, 그 사이에 대용으로 재벌칠 위에 발라서 다듬

는 것을 말한다.

두겁대 : 널빤지 울타리나 계단 손잡이의 최상부에 부착된 나무.

두겁판 : 두겹닫이문의 상부에 부착하는 상판(上板)을 말한다. → 빈지문

두겹닫이 : 빗물끊기 창을 수납하는 상자로, 건물의 외벽 부분에 빗물끊기 창을 밀어 넣어 붙이게 된다. → 빈지문

두렁(홈턱) : 문지방이나 상인방 등의 홈과 홈을 길이 방향으로 막는 부분을 말한다. → 상인방. 문지방

두령(頭領) : 목수를 통괄하는 우두머리로, 목조 건축 공사를 지도 감독하는 목수의 반장이다.

두면 가공 : 쌓기 돌의 표면이나 움푹 들어간 주위의 테두리를 작은 도드락다듬기로 마

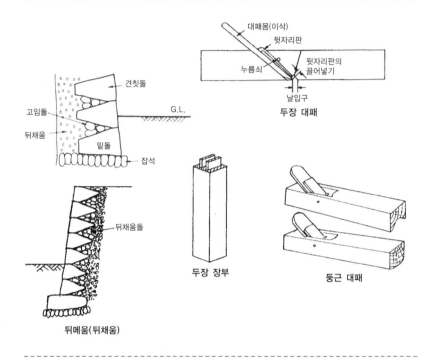

두장 대패

뒤메움(뒤채움)

두장 장부

둥근 대패

감질하는 일.

두모 다듬 : 표면을 흑두기로 하여 정다듬질 정도의 거친 면으로 하고, 주위의 가장자 리를 파내어 잔다듬으로 가공하는 마감질.

두발 수레 : → 카트(cart)

두장 대패 : 대팻날의 뒤쪽에 뒷쇠를 넣은 대패를 말한다.

두장 장부 : 평장부 2장을 나란히 하여 만든 것으로, 창호틀의 맞춤에 사용한다.

두줄 그무개 : → 그무개

둥근 끌 : 치기끌의 일종. 날끝을 원호상(圓 弧狀)으로 굽혀 둥근 홈을 파내는 경우에 사용된다.

둥근 대패 : 대패대의 하부와 날이 원호상으 로 되어 있으며 곡면을 깎을 때 사용되는 대패.

둥근면 붙이기 : 금속 박판의 굽힘부를 직선 으로 하지 않고 둥그렇게 하여 마무리하 는 일.

뒤끝날 : 대패 뒷날의 선단.

뒤 매만지기 : 외엮기 뒤쪽으로 돌출한 거친 벽토(壁土)를 당일 중 흙손으로 긁어내어 외엮기에 알맞게 남기고 나서 남은 흙을 긁어내는 작업.

뒤메움 : 붙일 석재를 고정하기 위해 돌 뒤에 시멘트 페이스트(cement paste)를 주입 하는 것. 또는 돌담을 쌓는 돌의 뒤쪽에 깬돌이나 자갈을 채워 메우는 일을 말하 며, 이것을 '뒤채움'이라고도 한다.

뒤틀림 : → 반목(反木)

뒷눈금 : 곡자 뒷면의 눈금. 뒷면의 긴 쪽에 눈금이 새겨져 있고, 앞면 눈금의 2배 길

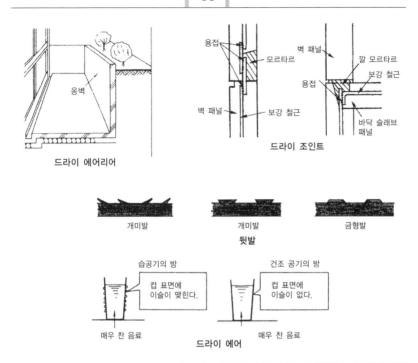

드라이 에어리어

드라이 조인트

개미발 　 개미발 　 금형발
뒷발

습공기의 방 　 건조 공기의 방

컵 표면에 이슬이 맺힌다.

컵 표면에 이슬이 없다.

매우 찬 음료 　 드라이 에어 　 매우 찬 음료

이로 되어 있다. 즉 10cm 정사각의 대각선을 뒷면 눈금 10cm로 본다. '곱자눈금'이라고도 한다.

뒷면 갈기 : 대팻날을 가는 방법으로, 뒷면 내기를 마친 날을 금강숫돌 위에 금강사를 뿌려서 가는 일.

뒷발 : 모르타르나 접착제와의 부착을 좋게 하기 위해 타일(tile) 뒷면에 붙인 돌기부(突起部).

뒷벽 : 토벽에서 외엮기를 경계로 한 세로 힘살. 가로 힘살이 앞면이 되며, 방의 중요한 벽면이 된다.

뒷살 : 지붕 바탕의 누름대나 천장판의 뒤쪽에 부착된 재료로, 뒤쪽의 띠장 나무.

뒷정 : 덧날 대패의 누름날.

드라이 에어(dry air) : 건조 공기(乾燥空

氣), 수증기를 포함하지 않는 공기. 이에 대하여 건조 공기와 수증기가 혼합한 통상의 공기를 습공기라 한다.

드라이 에어리어(dry area) : 건물 주위를 파내려가서 한쪽에 옹벽을 설치한 도랑. 방습·방수·채광·통풍에 유효하다.

드라이 조인트(dry joint) : 물을 사용하지 않는 재료에 의한 접합 방법으로, 프리캐스트 콘크리트 패널(precast concrete panel)을 현장 치기 모르타르나 콘크리트에 의하지 않고 볼트 조이기 및 용접으로 결합하는 조인트(joint)를 말한다.

드라이 팩(dry pack) : 틈새가 생기지 않도록 수분이 적은 시멘트(cement)와 골재(骨材)를 섞어 모르타르(mortar) 등을 밀어 넣는 공법.

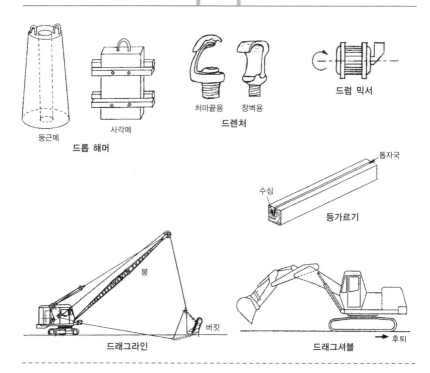

둥근메
사각메
드롭 해머
처마끝용 창벽용
드렌처
드럼 믹서
톱자국
수심
등가르기
붐
버킷
드래그라인
드래그셔블
후퇴

드래그라인(drag-line) : 붐(boom)의 선단에 버킷(bucket)을 와이어(wire)로 매달고, 이것을 전방으로 투하하여 와이어를 당기면서 파내는 굴삭용 기계로, 수중이나 연약한 지반에 사용한다.

드래그셔블(drag-shovel) : 호버킷(hoe-bucket)을 이용해 아래쪽의 토사를 앞으로 긁어 올려 굴삭하는 기계로, 구멍이나 홈 등의 터파기, 단단한 토질의 굴삭에 적합하다. '백호 셔블(backhoe shovel)'이라고도 한다.

드럼 믹서(drum mixer) : 콘크리트 믹서(concrete mixer)의 일종을 말하는 것으로, 혼합통이 드럼형(drum type)으로 되어 있어 기울이지 않고도 혼합한 콘크리트를 배출할 수 있는 혼련기(混鍊機)이다.

드레서(dresser) : 연관(鉛管) 표면의 요철을 수정하는 목제 공구.

드렌처(drencher) : 건축물의 지붕, 외벽, 처마 밑, 개구부 등에 설치하여, 화재 시의 연소를 방지하기 위해 수막(水膜)을 만드는 장치.

드롭 슈트(drop chute) : 콘크리트를 수직으로 떨어뜨릴 때에 사용하는 관(管)으로, '수직형 슈트'라고도 한다.

드롭 패널(drop panel) : 플랫 슬래브에서 주두부(柱頭部)의 바닥 강성을 증가시키기 위해 주두부 둘레의 슬래브를 두껍게 한 접시 모양의 부분을 말한다.

드롭 해머(drop hammer) : 낙하추(落下錘), 몬켄(monken) 등의 강제 중추(鋼製重錘)를 망대 위에서 낙하시켜 박는 말뚝

드리프트 핀

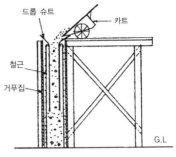

드롭 슈트

디스크 샌더

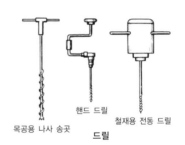

목공용 나사 송곳   드릴   철재용 전동 드릴

박기 기계. → 심축

드리프트 핀(drift pin) : 철골을 조립할 때 접합부에서 구멍이 일치하지 않는 경우에 사용하는 핀으로, '구멍 맞추기 리벳 핀'이라고도 한다.

드릴(drill) : 비교적 작은 구멍을 뚫기 위한 공구로, 목재·강재·콘크리트 등 재료에 따라 여러 가지가 있고, 또 수동식과 전동식, 지반 굴착용 어스 드릴도 있다.

등가르기 : 기둥 등의 심재(心材)를 갖는 재료는 균열을 일으키기 때문에 기둥의 보이지 않는 면에 톱날 자국을 내고 쐐기를 박아 다른 면의 균열을 방지하는 것으로, '심재긁기'라고도 한다.

등마루 : 도리나 중도리 등 옆면의 한 각을 지붕의 흐름과 같은 물매로 깎을 때 그 경사면과 상단이 만나는 능선.

등마루 기호 : 도리, 중도리, 용마룻대 등의 등마루 먹줄을 표시하는 맞춤 표시 기호. → 먹줄 기호

등변 L형강(等邊L形鋼) : → 형강(形鋼)

등봉우리 : 추녀목이나 용마룻대 상부의 산 모양을 한 정상 능선을 말하며, '봉우리'라고도 한다.

디딤 바닥 : 계단 단판(段板)의 상면에 있는 널빤지.

디딤판 : 계단의 단판을 말한다.

디멘션(dimension) : 치수

디스크 샌더(disk sander) : 석재나 연마재(研磨材)를 회전 원판(disk)에 장착하고, 모터(motor)에 의해 회전시켜 연마하는 기계.

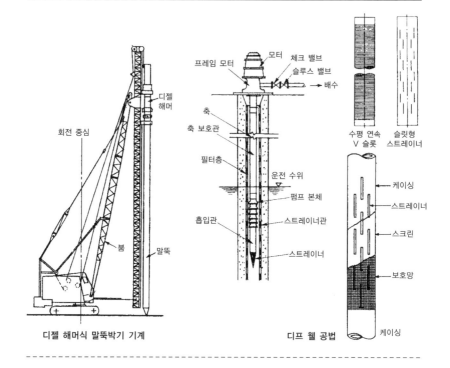

디젤 해머식 말뚝박기 기계   디프 웰 공법

디젤 파일 해머(diesel pile hammer) : 드롭해머(drop hammer)의 낙하에 의한 타격력으로 말뚝을 박고, 그 때 실린더 내의 폭발력으로 해머가 튕겨 올라가 말뚝을 연속적으로 때려 박는 기계.→ 말뚝박기 망대

디젤 해머식 말뚝박기 기계 : →디젤 해머를 사용한 말뚝박기 기계

디프 웰 공법(deep well method) : 터파기가 깊고 수량(水量)이 많은 경우의 배수 공법(排水工法). 큰 지름의 관을 흙 속에 삽입하고 샤프트(shaft) 내의 펌프(pump)로 양수하여 배수한다. 또 터파기면 이하로 구멍을 굴삭하고 집수(集水)하여 수중 펌프로 배수한다. '깊은우물 공법' 이라고도 한다.

따내기 : 끌이나 정을 사용하여 돌이나 콘크리트의 필요 없는 부분을 제거하는 일.

따내기 막대 : 거푸집이나 바닥에 붙은 콘크리트나 모르타르를 제거하는 경우에 사용하는 도구.

따로 이음 : 목재의 재료 축방향의 이음으로, 밑마구리와 밑마구리를 잇는 것. 끝마구리와 끝마구리를 잇는 것을 '모아 이음'이라고 한다.→ 모아 이음

땅 깎기 : 도로나 건물의 부지(敷地)를 만들기 위해서 경사지나 산을 깎아내는 일.

땅말뚝 : 줄치기에서 땅줄을 돌려치기를 할 때, 줄을 매어두는 나무말뚝. 또는 말뚝박기 공사에서 말뚝 위치를 표시할 때 사용하는 작은 나무를 뜻하기도 한다.→ 구석 기준틀

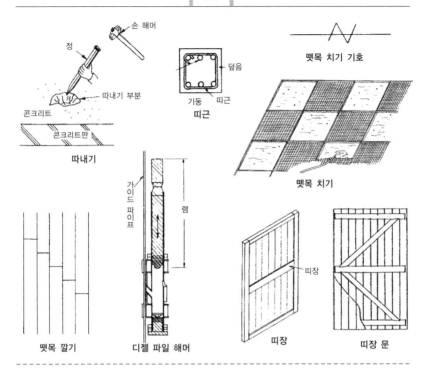

손 해머

정

따내기 부분

콘크리트

콘크리트판

따내기

덮음

기둥 띠근

띠근

뗏목 치기 기호

뗏목 치기

가이드 파이프

램

뗏목 깔기

디젤 파일 해머

띠장

띠장

띠장 문

땜질 : 금속판 접착법의 일종. 접착 금속보다도 용융점이 낮은 다른 금속을 용융하여 모재(母材)를 녹이지 않고 접합하는 방법.

떨공이 : → 달구

뗏목 깔기 : 마루판 등을 깔 때, 이음 위치를 벌리면서 까는 방법이다.

뗏목 치기 : → 통치기

뗏목 치기 기호 : 접합 기호의 하나. 중심을 표시하는 기호.

뗏밥 : 흙덩이나 잡물(雜物)을 제거한 고운 사질토(砂質土)로, 잔디의 발근(發根)을 촉진시키기 위해 사용하는 흙을 말한다.

띠근 : 철근 콘크리트 기둥의 주근 주위에 일정한 간격으로 배치하는 전단 보강을 위한 철근. 기둥의 압축강도 인성(靭性)을 높이는 효과가 있다.

띠끈(帶筋) : 철근 콘크리트 기둥의 주근(主筋)을 바깥쪽에서 감기도록 부착시키는 철근으로서, 기둥에 생기는 전단력에 저항한다. '후프(hoop)' 라고도 한다.

띠장 : 창호의 중간에 있는 가로문살로. '허리문살' 이라고도 한다.

띠장 대나무 : 초가지붕의 바탕으로 , 서까래 위에 가는 망 모양으로 엮은 가는 대나무.

띠장목 : 통나무 비계 등의 수평재로, 비계 기둥과 비계 기둥을 수평으로 묶는 재료.

띠장 문 : 넓은 폭의 가로 띠장에 널빤지를 세로 방향으로 차례로 박은 문.

띠톱 기계 : 톱몸이 띠 모양으로 되어 있고, 이것을 풀리(pully)로 회전시켜 목재를 자르거나 가르는 기계로, '밴드 소(band saw)' 라고도 한다.

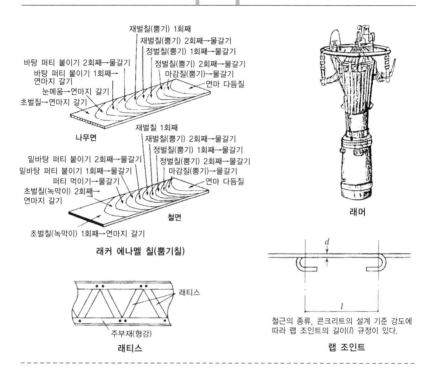

재벌칠(뿜기) 1회째
재벌칠(뿜기) 2회째→물갈기
정벌칠(뿜기) 1회째→물갈기
바탕 퍼티 붙이기 2회째→물갈기
바탕 퍼티 붙이기 1회째→
연마지 갈기
눈메움→연마지 갈기
초벌칠→연마지 갈기
정벌칠(뿜기) 2회째→물갈기
마감질(뿜기)→물갈기
연마 다듬질

나무면

밑바탕 퍼티 붙이기 2회째→물갈기
밑바탕 퍼티 붙이기 1회째→물갈기
퍼티 먹이기→물갈기
초벌칠(녹막이) 2회째→
연마지 갈기
재벌칠 1회째
재벌칠(뿜기) 2회째→물갈기
정벌칠(뿜기) 1회째→물갈기
정벌칠(뿜기) 2회째→물갈기
마감질(뿜기)→물갈기
연마 다듬질

철면

초벌칠(녹막이) 1회째→연마지 갈기

래커 에나멜 칠(뿜기칠)

래머

래티스
주부재(형강)

래티스

철근의 종류, 콘크리트의 설계 기준 강도에
따라 랩 조인트의 길이(l) 규정이 있다.

랩 조인트

ㄹ

라스 바르기(lath—) : 라스(모르타르 바르
기 바탕에 붙이는 철사나 망 등) 바탕에
모르타르를 최초로 바르는 것으로 라스
(lath)면보다 1mm정도 두껍게 바른다.

라스 바탕 : 모르타르 등을 바르기 위해 메
탈라스(metal lath), 와이어 라스(wire
lath), 라스 보드(lath board) 등을 깔아
붙인 밑바탕.

라스 보드 바탕(lath board—) : 미장 바르
기의 바탕으로서, 표면의 우묵한 자국이
반관형 누르기 라스 보드(lath board)와
관통하는 평 라스 보드(flat lath board)
가 있다. 평면성이 좋아 졸대바탕에 비하

여 바르는 횟수가 적고 공기(工期)가 단축
된다.

래깅(lagging) : 급·배탕관(排湯管)을 피복
하는 보온재를 다시 보호하기 위하여 감는
금속재.

래머(rammer) : 가솔린 엔진(gasoline
engine)의 폭발력에 의한 충격을 하부의
타격판(打擊板)에 주어, 스프링으로 기계
를 튕겨 올렸다가 낙하시키는 동작을 반복
함으로써 지반을 다지는 기계.

래커 에나멜 칠(lacquer enamel—) : 용제
의 휘발에 의하여 도막이 형성되는 것으
로, 건조 시간이 짧고, 저온에서도 건조하
여 단시간에 내구력(耐久力)이 있는 도막
을 만들며, 연마 다듬질에 의해 우아한 광
택을 낸다. 가구 등의 도장에 사용된다.

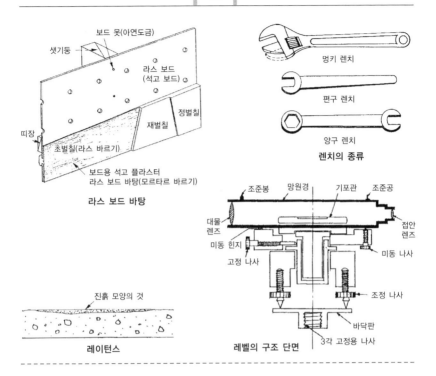

라스 보드 바탕

보드 못(아연도금)
샛기둥
라스 보드 (석고 보드)
정벌칠
재벌칠
띠장
초벌칠(라스 바르기)
보드용 석고 플라스터
라스 보드 바탕(모르타르 바르기)

렌치의 종류

멍키 렌치
편구 렌치
양구 렌치

레벨의 구조 단면

조준봉   망원경   기포관   조준공
대물 렌즈
미동 힌지
고정 나사
접안 렌즈
미동 나사
조정 나사
바닥판
3각 고정용 나사

레이턴스

진흙 모양의 것

래티스(lattice) : 래티스 보(lattice beam) 등의 웨브 부분을 구성하는 경사진 재료.

랩 조인트(lap joint) : 끝 부분을 겹쳐 맞추는 이음으로, 철근 이음 및 통나무 비계 이음에 많이 사용된다. '겹치기이음'이라고도 한다.

레디믹스트 콘크리트(ready-mixed concrete) : 제조 공장에서 믹서차(mixer car) 등으로 혼련한 뒤 아직 굳지 않은 상태에서 배달되는 콘크리트로, '생콘크리트(crude concrete)'라고도 한다. 보통의 콘크리트와 같다.

레미콘(remicon) : → 레디믹스트 콘크리트 (ready-mixed concrete)

레미콘 차(remicon car) : → 트럭 믹서 (truck mixer)

레벨(level) : 망원경, 기포관(氣泡管), 조정 장치(調整裝置)를 조합한 측량기기, 주로 수준(水準) 측량에 사용된다.

레이턴스(laitance) : 콘크리트를 타설(打設)한 후, 표면에 떠오르는 진흙 모양의 물질. 불경화층(不硬化層)이라고도 한다.

레진뿜기(resin—) : 아크릴 레진(resin) 등을 건(gun)으로 뿜어 마무리하는 것.

렌치(wrench) : 볼트, 너트, 파이프(pipe) 등을 끼워서 조이거나 풀거나 하며, 또는 회전시키기 위해 사용하는 도구로, '스패너(spanner)'라고도 한다.

로드(rod) : 막대(棒), 장대, 지주(支柱)의 뜻으로, 보링(boring) 기계로 구멍을 뚫을 때 여러 가지 선단 공구(先端工具)를 고정시키기 위한 금속제 천공봉(穿孔棒).

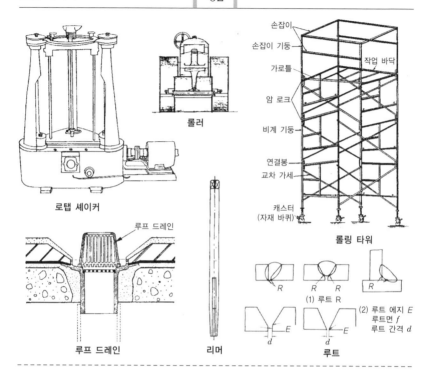

손잡이
손잡이 기둥
가로틀
암 로크
비계 기둥
연결봉
교차 가세
캐스터
(자재 바퀴)
작업 바닥

롤러

로탭 셰이커

루프 드레인

루프 드레인

리머

롤링 타워

R

R　R

R

(1) 루트 R

E

E

d

d

(2) 루트 에지 E
루트면 f
루트 간격 d

루트

로탭 셰이커(ro-tap shaker) : 수평 또는 회전 운동에 의해 골재를 체질하여 분리하는 기계.

로터리 보링(rotary boring) : 구멍 뚫기용 보링 로드(boring rod)의 선단에 부착된 비트(bit : 전단 구멍용 송곳)를 동력으로 회전시킴과 동시에 압력을 가한 흙탕물을 선단에 보내면서 파 들어가는 구멍뚫기 방법으로, '회전식 보링(rotary boring)'이라고도 한다. → 보링(boring)

록 너트 : 전기 배선용 기구

롤러(roller) : 전압(轉壓)에 의하여 지반을 단단히 다지는 토공 기계. 머캐덤 롤러(macadum roller), 탄템 롤러(tantem roller), 진동 롤러(vibration roller) 등이 있다.

롤러 귀얄(roller—) : 양이나 토끼 등의 자연모(自然毛), 또는 합성 섬유로 만든 털을 접착시킨 원통에 도료를 묻혀서 회전시키며 칠하는 귀얄. 기다란 자루가 붙어 있어 높은 부분에 효과적으로 사용할 수 있다.

롤러 브러시 칠(roller brush-) : → 롤러 칠

롤러 칠(roller—) : 롤러 귀얄을 사용해 도료(塗料)를 칠하여 마감하는 일. '롤러 브러시 칠이라고도 한다.

롤링 타워(rolling tower) : 이동식 조립 비계로, 틀비계의 유닛(unit)을 높게 조합하고 다리 부분에 캐스터(caster)라 불리는 자재차(自在車)를 장착하여 자유롭게 이동시켜 사용한다.

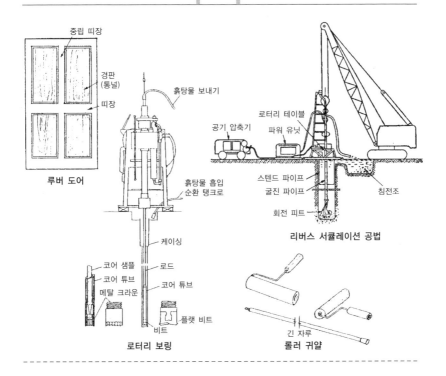

루버 도어

리버스 서큘레이션 공법

로터리 보링

롤러 귀얄

루버(louver) : 미늘창.

루버 도어(louver door) : 활짝 문 → 미늘 문. 셔터(shutter)

루트(root) : ① 용접부의 단면에서 용착 금속의 밑과 모재의 만나는 점. ② 그룹의 밑부분. 즉 그림의 E를 루트 에지, f 면을 루트면, d를 루트 간격이라 한다.

루프 다이너모미터(roof dynamometer) : → 프루빙 링(proving ring)

루프 드레인(roof drain) : 평지붕, 베란다 (veranda) 등에 설치하는 배수 철물로, 빗물이 떨어져 내려가는 구멍에 달아 쓰레기 등이 유입되는 것을 방지한다.

리머(reamer) : 철골 구조의 접합부에 리벳이나 볼트 구멍의 중심이 일치하지 않은 경우, 구멍을 다듬질하는 데 사용하는 구멍 다듬기 송곳.

리머 통하기(reamer—) : → 구멍 기심

리무버(remover) : 건조 도막을 팽윤(膨潤) 시켜 흙손이나 주걱 등으로 쉽게 제거할 수 있도록 하는 박리제.

리버스 서큘레이션 공법(reverse circulation method) : 지름이 큰 현장박기 콘크리트 말뚝의 구멍을 굴삭하는 공법. 굴삭은 로드(rod)의 선단에 부착한 드릴 비트 (drill bit)를 회전시켜 실시하고, 굴삭한 토사는 순환수(循環水)와 함께 뽑아 올려 침전지(沈澱池)에서 토사와 흙탕물을 분리시킨다. 흙탕물은 또 다시 순환시켜 여러 차례 사용한다. 목적한 깊이까지 굴삭한 다음, 철근을 넣어 콘크리트를 유입시켜 말뚝을 조성한다.

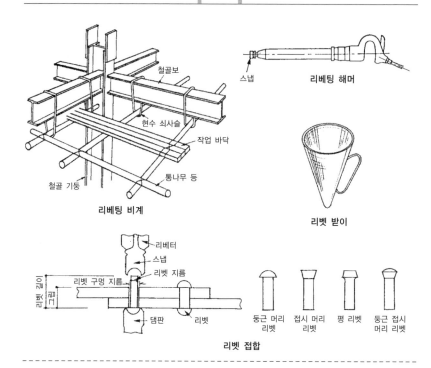

철골보

스냅　　　리베팅 해머

현수 쇠사슬

작업 바닥

철골 기둥　　　통나무 등

리베팅 비계

리벳 받이

리베터

스냅

리벳 지름

리벳 구멍 지름

댐판　　　리벳

둥근 머리　접시 머리　평 리벳　둥근 접시
리벳　　　리벳　　　　　　　머리 리벳

리벳 접합

리베팅(riveting) : 강재에 구멍을 뚫고 가열
　된 리벳을 리베터(riveter)로 조이는 일
　로, '코킹(caulking)', '리벳치기'라고도
　한다.
리베팅 비계 : 리벳치기 또는 볼트 코킹
　(caulking)을 위해 보 등에 매달아 설치
　하는 비계로, '코킹 비계', '쬠 비계'라고
　도 한다.
리베팅 해머(riveting hammer) : 압축 공
　기에 의해 작동하는 리벳치기 기계로, '뉴
　매틱 해머(pneumatic hammer)', '공기
　해머', '공기 리베터(riveter)', '철포(鐵
　砲)'라고도 한다.
리벳 게이지(rivet gauge) : 응력 방향으로
　배열된 리벳의 중심을 잇는 선을 리벳 게
　이지 선이라고 하고, 게이지 선의 간격을

리벳 게이지 또는 게이지 치수라고 한다.
리벳 구멍 맞춤대 : → 드리프트 핀
리벳 구멍 지름 : 리벳 구멍의 지름을 말한다.
리벳 받이 : 리벳 열처리용 노(爐)에서 적열
　(赤熱)된 리벳을 리벳치기하는 위치까지
　던질 때, 이것을 받는 원뿔형의 도구.
리벳 접합 : 철골 구조에서 접합부에 리벳을
　박아 접합하는 일.
리벳 지름 : 리벳치기에 앞서 변형되지 않은
　리벳 대공의 지름.
리벳치기 : → 리베팅(riveting)
리벳 코킹(rivet caulking) : → 연속 리벳
　치기
리브(rib) : 일반적으로 변형 방지를 위해 부
　착한 돌기물. 고딕 건축 등에서 볼트
　(vault) 천장의 능선에 부착된 부재.

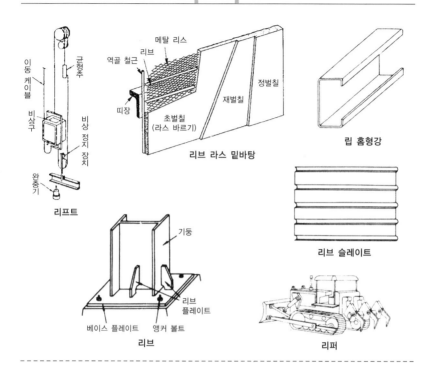

리프트

리브 라스 밑바탕

립 홈형강

리브 슬레이트

리브

리퍼

리브 라스(rib lath) : 10cm 전후의 간격으로 산형의 리브를 붙인 메탈 라스. 한 장의 박강판을 가공해서 만들어진다.

리브 라스 밑바탕(rib lath—) : L형의 리브(rib)가 부착돼 있는 메탈 라스(metal lath)로서, 철골 구조에 칠바탕으로 쓰인다.

리브 슬래브(rib slab) : 면외강성(面外剛性)을 증대시키기 위해 그 밑면에 가늘고 긴 돌기물을 붙인 철근 콘크리트 구조 바닥 슬래브.

리브 슬레이트(rib slate) : 파형(波形) 석면 슬레이트의 하나, 휨 내력을 늘리기 위해 전폭을 일정한 간격으로 리브 모양을 한 부분을 두어 성형한 것.

리스닝 룸(listening room) : 음향 효과를 고려한 방. 잔향 시간을 조절할 수 있는 것은 물론이고, 외부에 대한 방음 조치도 필요하다.

리퍼(ripper) : 단단한 흙이나 연약한 압석을 파내는 갈고랑이 모양의 기계.

리프트(lift) : → 덤 웨이터(dumb waiter)

리프팅(lifting) : 상층 도료의 용제에 의해 그 하층의 도막(塗膜)이 연화하여 주름이 생기는 것으로, '주름' 이라고도 한다.

립 홈형강(rip channel steel) : 국부 좌굴을 방지하기 위한 리브를 끝 부분에 붙인 경량 홈형강.

립 C형강(rip section C steel) : → 경량형강(輕量形鋼)

립 L형강 : → 경량형강

립 Z형강 : → 경량형강

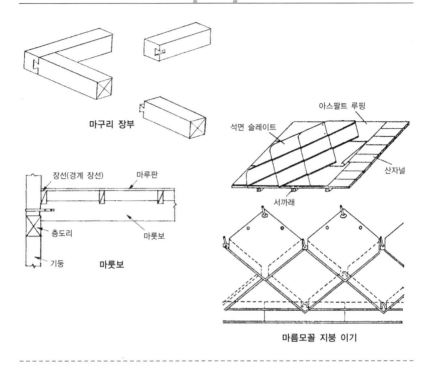

마구리 장부

장선(경계 장선)　　마루판
층도리　　마룻보
기둥　　**마룻보**

아스팔트 루핑
석면 슬레이트
산자널
서까래

마름모꼴 지붕 이기

ㅁ

마감 두께 : 초벌칠에서 정벌칠까지 칠한 층 전체의 칠 두께의 총합이다. 다만 라스 (lath) 바르기 두께는 제외한다.

마구리 : 목재를 나뭇결 직각 방향으로 절단 하였을 때의 단면으로, 절단면을 말한다. → 널 옆면

마구리 갈림(end check) : 목재의 마구리 가까이의 갈림. 마구리는 갈라지기가 쉽 다. 통나무재일 때는 주로 변재가 별 모양 또는 방사형으로 갈라진다.

마구리 쌓기 : 벽돌쌓기로 각 단마다 마구리 면이 나타나게 쌓는 방법을 말하며, 둥근 원형 벽체(壁體)에 많이 사용한다.

마구리 장부 : 부재를 L형으로 조립할 경우 에 주먹 장부로 조립하는 맞춤.

마루(floor) : 천장 벽과 함께 건물 내부 공 간을 구성하는 보통 평평한 바닥.

마루판 : 바닥에 까는 판.

마룻귀틀 : 도꼬노마의 마루판이 돗자리(다 다미) 면보다 한 단 높은 경우, 돗자리 면 과의 끝머리에 사용하는 치장재. '마루테' 라고도 한다.

마룻기둥 : 도꼬노마에 세운 기둥으로서, 재 질, 단면형, 표면 다듬질 등의 차이에 의 해 여러 가지 치장 기둥이 사용된다.

마룻대 : 지붕틀 구조의 정상부를 주로 도리 간수 방향으로 잇는 횡가재.

마룻대공 : 마룻대공 위에는 마룻도리와 용 마루가 걸쳐져 지붕의 가장 높은 부분을

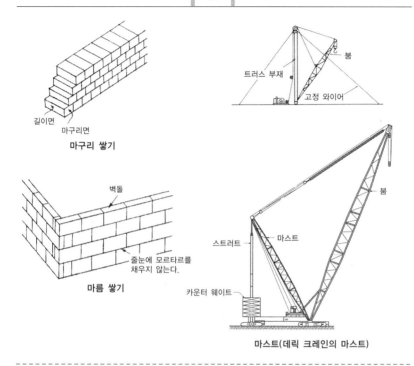

마구리 쌓기

길이면
마구리면

마름 쌓기

벽돌
줄눈에 모르타르를 채우지 않는다.

트러스 부재
붐
고정 와이어

스트러트
마스트
카운터 웨이트
붐

마스트(데릭 크레인의 마스트)

이룬다. 마룻대공은 가장 간단한 짧은 기둥 형태의 것이다. 그 밖에 파련대공(波蓮臺工)·솟을대공·포대공(包臺工) 등이 있다.

마룻보 : 2층 마루 등을 지탱하는 횡가재(橫架材)로서, 큰 보, 작은 보를 총칭한다. → 2층 보

마룻테 : → 마룻귀틀

마름 갈기 : 연마할 때 기름이나 물을 사용하지 않고 연마하는 일로, '공연마(空研磨)'라고도 한다.

마름모꼴 지붕 이기 : 금속판, 석면 시멘트판 등으로 마름모꼴 지붕을 이는 것을 말한다. '사반(四半) 지붕 이기'라고도 한다.

마름 쌓기 : 돌, 벽돌 등을 쌓을 때, 모르타르를 깔지 않고 쌓는 일. 석재의 부착에 모르타르를 사용하지 않고 하단의 돌로 지탱

하거나 나사못이나 당김쇠 등으로 붙이는 것으로, 대리석 붙이기, 돌쌓기, 돌담 등에 이용되고 있다.

마름질 : 부재를 가공할 때 필요한 단면으로 절단하는 일. 분할하는 치수를 계측하는 것을 말한다.

마모 시험기 : 바닥 재료, 포장 도로, 도장 피막 등의 내마모성을 시험하는 기계. 미끄럼 마모 시험기, 구름 마모 시험기, 충격 마모 시험기 등이 있다.

마무리 제작 : 실내의 마무리 목공사를 일컫는 말로, 상인방, 문지방, 바닥, 천장 등의 마무리 부착 공사.

마스트(mast) : 데릭(derrick)의 중심 기둥을 말한다. 사방으로 당겨진 버팀 줄로 붐(boom)을 똑바로 서 있도록 지탱한다.

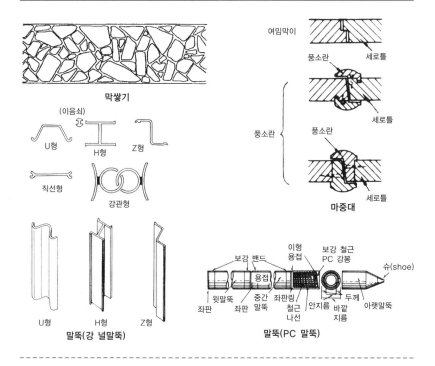

막쌓기

(이음쇠)

U형 H형 Z형

직선형

강관형

U형 H형 Z형

말뚝(강 널말뚝)

여밈막이

풍소란 세로틀

풍소란 세로틀

풍소란

마중대 세로틀

보강 밴드 이형 용접 보강 철근 PC 강봉 슈(shoe)

용접

윗말뚝 중간 좌판링 두께 아랫말뚝
좌판 좌판 말뚝 철근 안지름 바깥
나선 지름

말뚝(PC 말뚝)

마중대 : 쌍미닫이 문, 쌍여닫이 문 등이 서로 만나는 부분에 고정시키는 나무. 문을 닫았을 때 기밀성을 높이기 위해 사용된다. 풍소란이라고도 한다.

마중테 : 쌍미닫이 문, 쌍여닫이 문, 미서기 문 등이 닫힐 때, 창호의 문틀 테가 접촉하는 부분. 밀폐도(密閉度)를 높이기 위해 마중대를 부착한다.

마킹(marking) : → 조립 부호

막대 다짐 : ①나무 막대나 대를 써서 콘크리트를 다지는 것. ②다짐대로 매토(埋土) 혹은 모래, 자갈을 다지는 것.

막대패 : 목재 면을 거칠게 깎는 대패로서, 톱 자국을 깎아내는 정도의 대패.

막숫돌 : 칼날을 갈기 위한 다듬용 숫돌로 고운 숫돌. → 거친 숫돌

막쌓기 : 여러 가지 그기니 모양의 돌을 불규칙적으로 쌓아올리는 돌쌓기 방법.

막 펌프(─pump) : 다이어프램 펌프(diaphragm pump).

막힌 줄눈 : 콘크리트 블록(concrete block) 쌓기, 벽돌 쌓기, 타일(tile) 붙이기 등에서 세로 줄눈이 직선적으로 연속되어 있지 않은 줄눈으로, '말타기 줄눈' 이라고도 한다.

말(발판) : 운반을 쉽게 하기 위해 발 모양으로 만들어진 네 다리가 있는 가대(架臺).

말뚝 : 구조물의 중량을 지반 속이나 지반의 깊은 곳에 전하기 위해 사용되는 기둥 모양의 구조체(構造體)로, 재료에 따라 나무 말뚝, 철근 콘크리트 말뚝, 강철 말뚝 등이 있다.

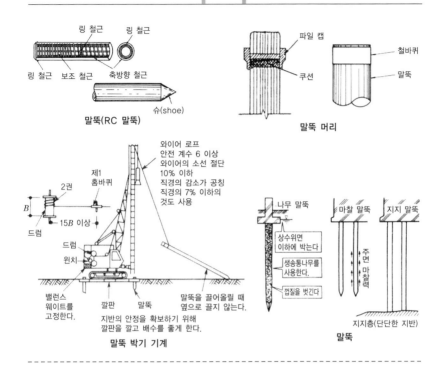

말뚝(RC 말뚝)

말뚝 머리

말뚝 박기 기계

말뚝

말뚝고리 : 지지 선단부라는 뜻을 가진, 말뚝의 끝부분으로, 지반을 뚫고 들어가기 쉽도록 가늘게 다듬어져 있다.

말뚝 만들기 : 소나무 재료의 원목(原木)을 목피를 벗기고 마디를 다듬어 일정한 길이로 잘라 말뚝 끝을 가늘게 깎고 말뚝머리의 '면따기' 등을 하여 말뚝을 만드는 일.

말뚝 머리 : 각종 말뚝의 상단부로, 말뚝을 박을 때, 타격에 의해 파손되지 않도록 쇠가락지를 끼우거나 캡(cap)을 씌워서 보호하며, 중심치기용 나무 말뚝에는 중심 구멍을 뚫는다.

말뚝 박기 공사 : 말뚝을 박는 공사로, 중추(重錘 : weight)를 연속적으로 낙하시켜 박는 디젤 해머식(diesel hammer式), 굴삭하여 박는 프리보링식(preboring式),

그밖에 진동식(振動式), 압입식(壓入式), 제트식(jet式) 등 현장에 알맞은 각종 방식이 있다.

말뚝 박기 기계(―機械) : 콘크리트 말뚝 등을 타격에 의하여 땅 속에 박는 장치를 가진 기계로, 디젤 파일 해머(diesel pile hammer)가 있다.

말뚝 박기 기초 공사 : 각종 말뚝을 박아서 구조물을 지반에 지지시키기 위한 기초 공사.

말뚝 박기 망대 : 윈치(winch)를 설치한 탑 모양의 말뚝박기용 망대로, 중추(重錘)를 낙하시켜 말뚝을 박는다. 레일(rail)에 의한 이동식과 트럭(truck)에 의한 자주식이 있다.

말뚝 박기 시험 : 말뚝을 박을 때의 침하량(沈下量)을 측정하고, 박을 때의 에너지로

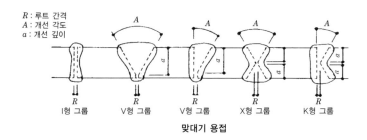

R : 루트 간격
A : 개선 각도
a : 개선 깊이

I형 그룹　V형 그룹　V형 그룹　X형 그룹　K형 그룹

맞대기 용접

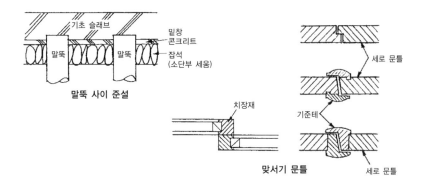

기초 슬래브　밑창 콘크리트　잡석 (소단부 세움)

말뚝　말뚝

말뚝 사이 준설

치장재

세로 문틀

기준테

맞서기 문틀　세로 문틀

부터 지지할 말뚝의 허용지시력(許容支持力)을 정하는 시험.

말뚝 뽑기 기계(—機械) : → 파일 익스트랙터(pile extractor)

말뚝 사이 준설 : 말뚝 박기 후에 툭 튀어나왔거나 말뚝 사이에 흩어진 흙을 제거하여 평평하게 고르는 일.

그 다음, 깬돌의 좁은 끝을 길이세워 쌓기하여 틈 메우기를 하고, 틈 메움 자갈을 깔아 다져 기초 슬래브(slab)를 설치할 수 있도록 준비 한다.

말뚝 신발쇠 : 말뚝을 때려 박을 때, 말뚝 끝의 파손을 방지하며 뚫고 들어가기 쉽도록 부착하는 보호용 철물.

말뚝 압입 장치 : 유압식 잭(jack)이나 윈치(winch)를 사용하여 말뚝을 압입하는 장

치. 필요한 압력은 압입용 중량물이나 카운터 웨이트(counter weight)를 사용하며, 무진동, 무소음의 공사로 한다.

말뚝 재하 시험 : 때려 박기가 완료된 말뚝에 정하중(靜荷重)을 가하여 하중과 침하량(沈下量)의 관계를 조사하는 시험으로, 항복하중(降伏荷重)이나 극한응력(極限應力)으로부터 말뚝의 허용지지력(許容支持力)을 정할 수 있다.

말뚝 캡(pile cap) : → 파일 캡

말뚝할당(—割當) : 말뚝박기 공사를 하기 전에 말뚝의 할당을 현장에 표시하는 일.

말발톱 정 : 판금 공구 p.233 참조.

맞대기 : 이음의 한 가지 방법으로, 이음부를 가공하지 않고, 단순히 표시하는 일.

맞대기 용접 : 두 막대의 끝과 끝, 두 판의

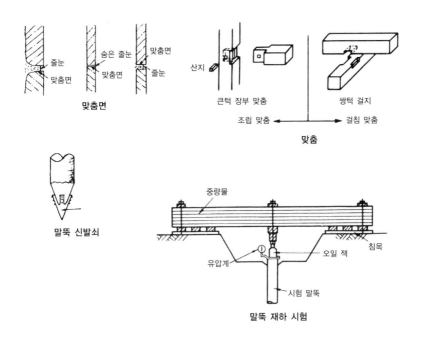

맞춤면

큰턱 장부 맞춤

쌍턱 걸지

조립 맞춤 ← → 걸침 맞춤

맞춤

말뚝 신발쇠

중량물

유압계

오일 잭

침목

시험 말뚝

말뚝 재하 시험

끝과 끝을 동이면과 맞대어 용접하는 것.

맞배지붕 이기 : 고급 삼나무껍질 지붕 이기를 말한다. 길이 45cm 정도로 가공한 삼나무껍질을 처마 끝에서부터 순차로 포개면서 이어 올라가는 것으로, '도드락 지붕 이기'라고도 한다.

맞벽치기 : 거친 벽이 건조된 뒤에, 거친 벽토로 반대쪽에서 바르는 일.

맞서기 문틀 : 미서기 문, 오르내리기 문 등이 닫힐 때, 그 중앙의 창호 문틀이 포개지는 부분을 말하는 것으로, 밀폐도를 높이기 위해 그 포개지는 정도를 조절한다.

맞접기 : 금속박판 등의 끝머리를 180°로 꺾어 접는 것으로, 서로 짝접기 하거나 철사를 넣어 가장자리를 튼튼하게 할 수 있다.

맞춤 : 부재를 임의의 각도로 조합하여 접합하는 부분. 조합 또는 가공 형태에 따라 여러 가지 명칭으로 불린다.

맞춤대 : 비계를 묶는 철사를 조이거나 철골 세우기에서 볼트(bolt)나 리벳(rivet) 구멍을 관통하여 구멍의 위치를 맞출 때 사용하는 끝이 뾰족한 공구로, '십(十)자손'이라고도 한다.

맞춤매 : → 맞춤면

맞춤매 문지르기 : → 엇맞춤 고르기

맞춤면 : 돌쌓기, 돌 붙이기에 있어서 돌과 돌을 맞추는 면으로, 그 틈새가 줄눈이 된다. 접합부는 외면에서 20mm 이상을 표면과 같은 정도의 끝마무리를 한다. '맞춤매'라고도 한다.

맞춤 번호 : → 조립 부호(組立符號)

맞춤 줄눈 : 세로 줄눈.

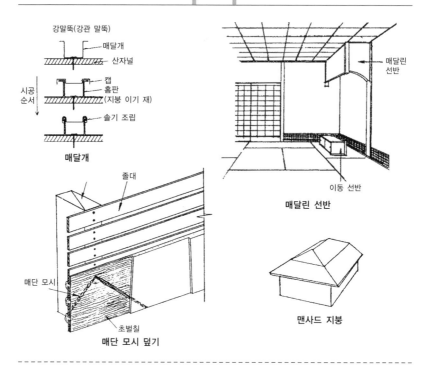

강말뚝(강관 말뚝)
매달개
산자널
시공
순서
캡
홈판
(지붕 이기 재)
솔기 조립
매달개

매달린
선반

이동 선반
매달린 선반

졸대
매단 모시
초벌칠
매단 모시 덮기

맨사드 지붕

매단 모시 달기 : 회반죽이나 플라스터 (plaster) 등의 박락(剝落)을 방지하기 위한 것으로, 건조한 청마(靑麻), 종려틸, 마닐라삼 등을 둘접기하여 아연 도금 못에 묶고, 벽의 경우에는 초벌칠한 다음에 또 천장은 밑바르기 전에 졸대 바탕에 박는다.

매단 모시 덮기 : 매단 모시를 초벌칠과 얼룩 고치기 또는 재벌칠을 할 때에 반절씩 부채꼴로 펴서 바른다.

매달개 : 금속판 이기 지붕의 지붕 이기 판을 산자널에 고정하기 위해 사용하는 짧은 책 모양의 금속판으로, 지붕판 이음의 작은 솔기부에 감아 넣고, 다른 끝을 산자널에 못을 박아 고정한다.

매달린 선반 : 그림 참조.

매스 콘크리트(mass concrete) : 댐(dam)

등에서 한 곳에 다량으로 타설된 콘크리트를 말한다.

매스킹 테이프(masking tape) : 색을 구별하여 칠하거나, 도료의 부착 방지, 오염 방지를 위한 양생지(養生紙) 붙이기 등에 사용하는 테이프(tape).

매스틱 방수(mastic waterproofing) : 점착성 물질을 사용하는 방수성이라는 뜻으로, '도포 방수(塗布防水)'를 말한다. 보통 섬유나 광물질 분말 등을 브라운 아스팔트(brown asphalt)에 섞어 방수층으로서 도포한다.

맨사드 지붕(mansard roof) : 맞대기 지붕의 용마루와 처마 끝의 중간부에 허리가 구부러진 모양의 지붕. 지붕 안쪽은 창고 등으로 이용되며, '프랑스식 지붕'이라고

⚓ 심먹	⚓ 걸치기 기호	⚓ 샛기둥 기호	정 ⚓ 수정 기호
⚓ 먹 지우기 표시	⚓ 절단먹줄 기호	⚓ 장부 구멍 기호	⚓ 심먹
⚓ 수평 기호	⚓ 관통 꿸대 기호	연목, 서까래, ⚓ 돌림테, 걸대 기호	⚓ 상인방 하단 기호
⚓ 문지방 상단 기호	⚓ 평장부 기호	⚓ 언덕 기호	⚓ 뗏목 기호

먹줄 기호

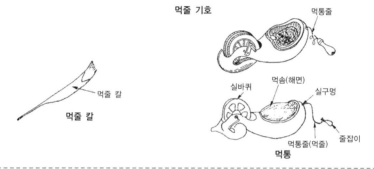

먹통줄

먹줄 칼
먹줄 칼

실바퀴 먹솜(해면) 실구멍

먹통줄(먹줄) 줄잡이
먹통

도 한다.

맨홀(manhole) : 설비나 장치 등의 점검구에 출입하기 위하여 설치된 뚜껑이 있는 개수구(改修口)를 말한다.

맹장지 기와 : → 삿갓 기와

먹매김 : 거푸집의 조립 및 부재의 부착이나 다듬질 작업을 위해 콘크리트 면에 중심 먹줄이나 오프셋 먹줄 등의 표시를 하는 일. 또는 목조 부재에 이음, 맞춤 등의 가공 치수를 먹통이나 곱자를 사용하여 금긋기를 하는 일. 먹통, 먹줄, 먹칼로 금이나 기호를 다는 일을 '먹줄치기'라 한다.

먹줄 : 먹칼이나 먹실로 그린 선을 말하며, 가공선, 조립 기준선으로 사용된다. → 먹통 줄

먹줄 기호 : 부재 가공을 위한 먹줄치기에 사용되는 기호, 지움 기호, 수평 기호, 장부 구멍 기호 등 다양한 기호가 있다.

먹줄 바늘 : 먹통의 실을 고정하는 바늘. '먹통 바늘'이라고도 한다. → 먹칼

먹줄법 : → 준칙

먹줄치기 : 먹줄이나 먹칼을 사용하여 가공하기 위한 선이나 기호를 부재 면에 표시하는 일.

먹줄 칼 : 먹물을 묻히는 도구(道具)로 대나무 끝을 주걱 모양으로 만들어 잘게 쪼개고, 먹물을 묻혀 곱자에 대고 금을 긋는다.

먹통 : 먹줄치기용 도구로, 먹물을 먹인 솜뭉치를 실통에 넣고, 그 속으로 실을 통과시켜 먹줄로 삼으며, 먹줄을 퉁겨서 직선을 긋는다.

먹통 바늘 : → 먹줄 바늘

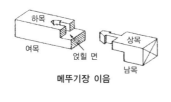

메뚜기장 이음

메시

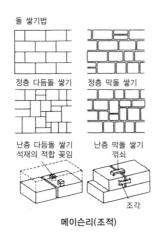

돌 쌓기법

정층 다듬돌 쌓기   정층 막돌 쌓기

난층 다듬돌 쌓기   난층 막돌 쌓기
석재의 적합 꽂임   꺾쇠

조각

메이슨리(조적)

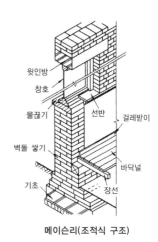

윗인방
창호
물끊기   선반   걸레받이
벽돌 쌓기
바닥널
기초   장선

메이슨리(조적식 구조)

먹통 줄 : 먹통에 사용하는 줄로, 긴 직신을 그을 때 사용한다. '먹줄' 이라고도 한다. → 먹통

멈춤 못 : 나무를 깎는 경우, 나무의 미끄럼을 방지하기 위해 깎음대에 박는 못.

멍에 : 거푸집의 외주를 단단하게 고정시키는 각재(角材)로서, 굵기는 10cm 정도의 소나무, 삼나무, 노송나무 재료가 사용된다. 가로 방향의 멍에를 가로 멍에 또는 배대기 멍에, 세로 방향의 것을 세로 멍에라 한다. '멍엣재', '멍엣대' 라고도 한다.

멍엣기둥(쪼구미) : 동바리를 세운 마룻바닥의 마루 구조재로, 동바리 주춧돌 위에 세워 장선 받침대를 지탱하는 수직재. → 동바리세움 마루

멍엣대 : → 멍에

멍엣재 : → 멍에

멍키 렌치(monkey wrench) : 너트의 지름에 맞추는 조정 나사가 붙어 있는 스패너.

메뚜기장 이음 : 이음의 일종. 재료의 한쪽에 사모턱 장부를 만들고, 다른쪽 끝을 같은 모양의 구멍을 파서 조합하며, 하단에 계단 모양의 받침 면을 갖는다. 토대, 도리, 장선 받침 등의 이음에 사용한다. '받침면 사모턱 이음' 이라고도 한다.

메시(mesh) : 체눈의 정도 또는 그 체질하는 눈의 크기.

메움대 : 목재의 마디 구멍이나 흠집을 보수하기 위해, 그곳에 매입하는 막대. 또는 못머리를 감추는 경우에도 사용한다.

메이슨리(masonry) : 콘크리트 블록, 벽돌, 돌 등으로 쌓는 것. 돌쌓기 또는 콘크리트

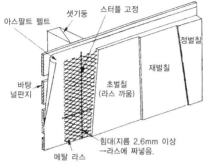

메탈라스 밑바탕

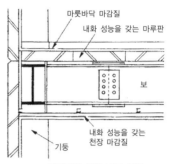

멤브레인 내화 피복 공법

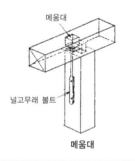

메움대

멍에

를 만드는 도장용 밑바탕을 말한다.

메인티넌스(maintenance) : 완성한 다음에 건물의 기능을 유지하기 위한 점검이나 수리 등의 관리 활동.

메탈 라스 밑바탕(metal lath—) : 금속제의 라스(lath)로 박강판에 칼집을 넣어 잡아 늘여 망 모양으로 만든 것. 평라스(flat lath), 리브 라스(rib lath) 등이 있으며, 바르기 밑바탕으로 이용한다.

멤브레인 내화 피복 공법(membrane—) : 바닥이나 천장 마감질에 내화 성능을 갖게 하여 보 등의 구조재를 보호하는 방법.

멤브레인 방수(membrane waterproofing) : 지붕 등의 넓은 면적을 전면에 걸쳐 덮어씌우는 방수 공법으로, 아스팔트 방수와 시트 방수, 도막 방수 등이 있다.

면포판(綿布板) : → 직포판(織布板)

면하중 : 어느 면적에 걸쳐서 분포하여 작용하는 하중.

모놀리식 마감(monolithic surface finish) : 바닥 콘크리트를 타설하여 거칠게 고른 다음, 된 비빔을 한 모르타르를 깔아서 마감하는 바닥. 앞서 타설한 콘크리트와 일체화되어 박기 등의 문제 없이 내마모성 바닥을 얻을 수 있으며 부재를 붙이는데 필요한 건조 시간이 필요 없다.

모 눌러두기 : → 모 허리 맞추기

모따기 : 각형 단면 부재의 각을 깎아내는 것. 일반적으로는 나무 모서리 부분을 깎아 좁은 폭의 평면이나 그 밖의 면을 붙이는 것을 말한다. 둥근면, 6각면, 당호면(唐戶面) 등이 있다.→모 안쪽 맞추기. 반자틀

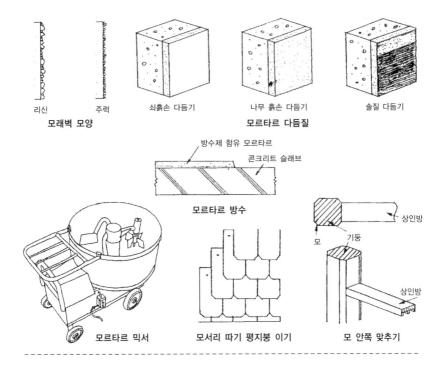

리신　주럭
모래벽 모양

쇠흙손 다듬기

나무 흙손 다듬기

솔질 다듬기
모르타르 다듬질

방수제 함유 모르타르
콘크리트 슬래브
모르타르 방수

모르타르 믹서

모서리 따기 평지붕 이기

모　기둥　상인방
상인방
모 안쪽 맞추기

모래 : 암석이 풍화나 침식 삭용에 의하여 자갈보다 잘게 부서진 것으로, 알갱이 지름이 0.074mm에서 2.4mm까지의 입자.

모래 덮기 : 벽돌 등을 까는 바닥으로 모래를 깔아놓고, 그 위에 벽돌을 얹어 차례로 늘어놓는 일.

모래 말뚝 : → 샌드 컴팩션 파일(sand compaction pile)

모래벽 : 흙벽의 정벌칠로서, 색모래를 풀로 갠 것을 발라 다듬질하는 벽.

모래벽 모양 뿜기 재료 바르기 : 내외장(內外裝)에 뿜어서 다듬질하는 일로, 합성수지 에멀션(emulsion)과 착색 안료를 주재료로 하여 골재를 첨가한 것과 안료에 의한 착색이 아닌 자연석이나 도자기 알갱이 등의 느낌을 주도록 한 것이 있다.

모래 뿜기 기계 : → 샌드 블라스트(sand blast)

모래 지정 : 연약한 지반에 모래를 깔아서 지반을 강하게 만드는 방법으로, 점토질의 지반을 파내고 모래와 바꾸어 다진다.

모루 : → 테스트 앤빌(test anvil)

모르타르 다듬질 : 모르타르(mortar) 벽의 다듬질로, 나무흙손 마무리, 솔질 다듬질, 흙손닦기 다듬질, 곰보 다듬질 등이 있다.

모르타르 믹서(mortar mixer) : 모르타르를 만들기 위한 비비는 기계(混練機械)로, '미장용 믹서' 라고도 한다.

모르타르 바르기 : → 시멘트 모르타르(cement mortar) 바르기

모르타르 방수(mortar waterproofing) : 방수제를 혼합한 모르타르(mortar)를 콘

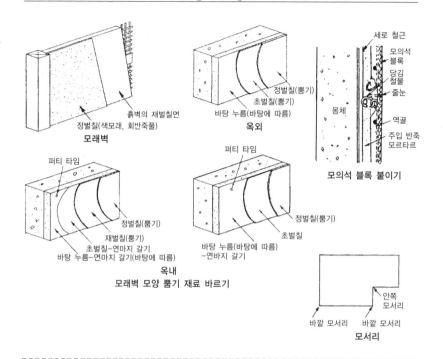

모래벽

정벌칠(색모래, 회반죽풀)

흙벽의 재벌칠면

옥외

정벌칠(뿜기)
초벌칠(뿜기)
바탕 누름(바탕에 따름)

퍼티 타임

몸체

세로 철근
모의석 블록
당김 철물
줄눈
역골
주입 반죽 모르타르

모의석 블록 붙이기

퍼티 타임

정벌칠(뿜기)
재벌칠(뿜기)
초벌칠-연마지 갈기
바탕 누름-연마지 갈기(바탕에 따름)

옥내

정벌칠(뿜기)
초벌칠
바탕 누름(바탕에 따름)
-연바지 갈기

모래벽 모양 뿜기 재료 바르기

안쪽 모서리
바깥 모서리   바깥 모서리

모서리

크리트(concrete) 바탕에 발라서 방수층을 만드는 것으로, 물 빠짐이 좋은 소규모의 콘크리트 지붕 등에 사용된다.

모르타르 벽돌 : → 시멘트 벽돌

모르타르 압송기(壓送機) : → 모르타르 펌프(mortar pump)

모르타르 펌프(mortar pump) : 잘 비빈 모르타르를 파이프(pipe)로 압송하는 기계로, 피스톤식(piston type), 스퀴즈식(squeeze type), 스크루식(screw type) 등이 있다. '모르타르 압송기(壓送機)'라고도 한다. → 콘크리트 펌프(concrete pump)

모르타르 펌프 공법(mortar pump method) : 잘 비빈 모르타르를 모르타르 펌프로 압송하는 방법. 또는 압송하여 뿜어 붙이는 방법.

모서리 : 두면이 만나 이루어지며 바깥쪽으로 나온 각을 말한다. 반대로 안쪽에 들어간 각을 구석이라 한다.

모서리 따기 평지붕 이기 : 슬레이트(slate)의 일(一)자 지붕 이기에 있어서 양단의 모서리를 따낸 평판을 사용하는 일.

모아 이음 : 목재의 마구리와 마구리를 이어 맞추는 것을 말한다. 반대로 밑동과 밑동을 잇는 경우를 '따로 이음'이라 한다.

모 안쪽 맞추기 : 기둥의 모따기 면을 제외한 나비 안쪽에 부재를 고정시키는 것.

모음 격자 : → 격자문 p.11 참조.

모음 격자문 : → 격자문 p.11 참조.

모의석 블록 붙이기 : 대리석 이외의 각종 종석(種石)을 사용하여 천연석과 비슷하게

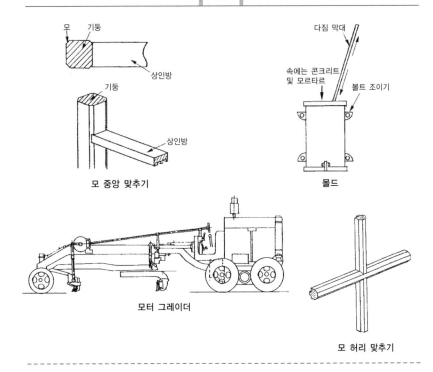

모 중앙 맞추기

몰드

모터 그레이더

모 허리 맞추기

제작한 판석 블록을 벽에 붙여서 마감하는 일로, '인조석 블록 붙이기'라고도 한다.

모임골 : 두 지붕 또는 지붕과 벽면이 만나는 곳에 두는 수평으로 되는 골.

모임 지붕 : 수평 용마루의 양단에서 각각 두 방향으로 내림 용마루를 갖고, 네 방향으로 흐르는 물매가 있는 지붕. 모임 지붕에 있어서 내림 용마루를 '구석내림' 또는 '추녀마루'라 한다.

모자이크 타일(mosaic tile) : 치장 다듬질용 소형 타일(tile)로, 표면의 면적이 거의 $50cm^2$ 이하인 타일.

모자이크 타일 붙이기(mosaic tile—) : 모자이크 타일을 시멘트 페이스트(cement paste)나 접착제로 붙여 마감하는 일.

모 중앙 맞추기 : 모따기한 기둥에 상인방, 문지방 등을 붙이는 경우, 이들 부재가 기둥에 만들어진 면 중앙에 붙게 하는 것.

모터 그레이더(motor grader) : 차바퀴를 붙인 자주식(自走式)으로, 블레이드(blade)를 상하 좌우로 이동시키면서 노면을 고르거나 또는 전압(轉壓)하는 만능형 토공(土工) 다듬질용 기계.

모 허리 맞추기 : 목재 창호의 문틀, 띠장목 등 두 개의 부재를 동일 평면 위에 교차하여 꽂는 경우, 표면상 한쪽 부재의 능선이 통과하도록 조합하는 맞춤. '모 눌러두기'라고도 한다.

목도 : 큰 나무나 큰 돌을 현장으로 운반하는 일로, 몽둥이에 밧줄을 얽어매어 여러 사람이 함께 합심하여 들어서 어깨에 메고 운반한다.

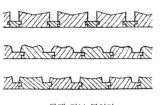

목재 리브 붙이기

1800
1500
1200
900
600

면판

300
150
100

못구멍

이면

띠장재

이면 긴결구(U그릴)
구멍

각구멍(익스텐션 바용)

몰드 폼

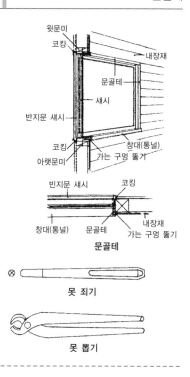

문골테

못 죄기

못 뽑기

목련 격자(木蓮格子) : → 여우 격자

목재 리브 붙이기 : 가공된 리브제(rib—)를
감춤 못 박기나 접착제 등으로 붙이는 벽
마감질

몰드(mold) : 거푸집.

몰드 폼(mold form) : 모르타르(mortar)
및 콘크리트(concrete)의 공시체(供試體)
제작용 강제 거푸집.

몸통 띠장 : 벽의 바탕재로 판 형태의 다듬재
등을 부착하기 위한 가로 띠장.

몸통붙이 톱 : 톱몸이 얇아서 등쇠를 끼운
톱. 몸통붙이 면이나 창호재를 가공할 때
사용된다.

몸통 붙임 : 장부 뿌리의 둘레 면. 또는 마구
리 전체 면을 다른 재료의 옆면에 접합시
키는 맞춤을 뜻하기도 한다. ‘절굿대’라고

도 한다.

못구멍 파기 : 경사진 면에서 못 박기가 어려
운 경우에 먼저 못 구멍을 뚫어 놓는 일.

못 밀기 : → 못 죄기

못 죄기 : 못 머리를 재료면보다 들어가게 하
기 위한 공구로, 공구 끝의 가늘게 된 부분
을 못 머리에 대고 쇠망치로 박는다.

무광 평벽(無光平壁) : 무광택으로 광택을 없
애는 다듬질을 한 평벽.

묶음 뚜껑 : → 캡 타이(cap ties)

묶음 철사 : 거푸집 공사나 비계 공사 등에
사용하는 결속선(結束線)으로서, 풀림 철
사로는 보통 8번이나 10번 선이 사용된다.

문골테 : 서양식 방 개구부 둘레에 부착하는
테두리로, 창문 출입구와 벽 사이에 사용
한다.

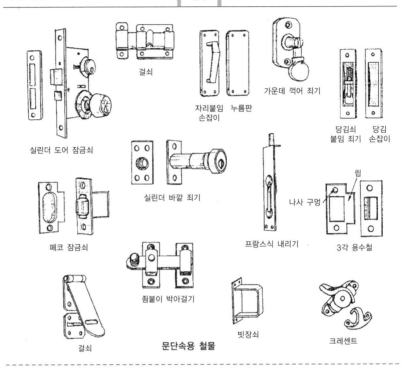

걸쇠

가운데 꺽어 죄기

자리붙임 누름판
손잡이

당김쇠　당김
붙임 죄기　손잡이

실린더 도어 잠금쇠

실린더 바깥 죄기

립

나사 구멍

페코 잠금쇠

프랑스식 내리기

3각 용수철

침붙이 박아걸기

빗장쇠

걸쇠

문단속용 철물

크레센트

문단속용 철물 : 개구부의 창을 삼그기 위해 사용되는 창호용 철물, 함자물쇠, 본자물쇠, 실린더 자물쇠, 그밖에 래치(latch), 내려 걸기, 크레센트(crescent), 나사 조임쇠 등이 있다.

문 버팀쇠 : 문 또는 여닫이창 등에 상하 두 곳을 고정하기 위해 마루 틀의 안기장 또는 겉에 설치하는 철물의 일종.

문살 격자 : → 격자문 p.11 참조.

문살 짜기 : 장지문의 구조재, 맹장지문 문살 등을 짜는 방법. 종횡으로 번갈아 짜는 것을 양쪽 짜기, 세로 살을 겉으로 지나게 하고 가로 살을 뒷면으로 짜는 것을 한쪽 짜기라 한다. → 장지문. 미닫이문

문지방 : 개구부(開口部)의 일부 부재(部材)로, 미서기창(double sliding window) 등의 창호를 받치는 가로 목.

문턱 : 여닫이문이 붙은 출입구의 아래턱.

문틀 조립 : 창호의 위 문틀, 아래 문틀, 세로문틀 및 가로띠장, 통널(鏡板) 등의 조립 방법. 문틀의 맞춤은 세로문틀을 상하로 세우고, 여기에 가로문틀을 관통장부, 덧싸기장부 등으로 접착제를 사용하여 부착시킨다. → 장지문

묻힘 장선 : → 고착 장선

물 갈기 : 도막(塗膜)이 경화하여 건조한 다음, 갈아낼 부분을 국부적으로 물로 적시면서 내수 연마지나 연질의 경석분(輕石粉)을 사용하여 윤기가 없어질 때까지 갈아내는 일. 도막을 평활하게 다듬고, 다음 공정의 양호한 도면(塗面) 바탕으로 하기 위하여 물갈기를 한다.

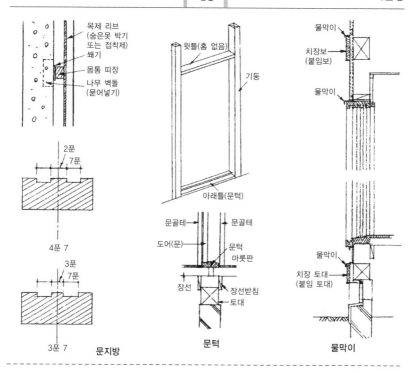

목제 리브
(숨은못 박기
또는 접착제)
쐐기
몸통 띠장
나무 벽돌
(묻어넣기)

윗틀(홈 없음)

기둥

아래틀(문턱)

문골테
문골테
도어(문)
문턱
마룻판
장선
장선받침
토대

물막이
치장보
(붙임보)
물막이

물막이
치장 토대
(붙임 토대)

2푼
7푼

4푼 7

3푼
7푼

3푼 7 **문지방**

문턱

물막이

물다지기 : 모래처럼 거친 흙을 다지기 위해 물을 흡수시키고, 하향의 침투 수압을 이용하여 다지는 일.

물마감 : 빗물이 옥내로 침입하거나 건물에서 사용하는 물이 다른 부분에 침입하여 누수되는 것을 방지하는 방법. 물 끝내기 마감의 방법으로서는 물끊기나 물돌리기의 부착, 코킹(caulking) 방수법 등이 있다.

물막이 : 지붕, 차양, 개구부 상하의 선단부 등 외부로 돌출한 부분에서 물의 침입을 방지하기 위해 그 선단에 설치하는 물막기 홈, 또는 빗물이 떨어지도록 가공한 금속판.

물막이 기울기 : → 물흘림 물매

물연마 : 석재의 표면 연마법으로, 카보런덤(carborundum) 등을 사용하여 물을 주면서 연마하여 다듬질하는 일.

물 축이기 : 바르기 재료의 응결 경화에 필요한 혼련수(混練水)가 흡수되지 않도록 미리 바른 바탕 면에 살수하는 일. 또는 타일, 벽돌, 블록 등에 물을 뿌리는 일.

물 품기 : 터파기 밑바닥에 고인 물을 품어 올려 토사의 붕괴를 막고 작업하기 수월토록 하는 일.

물흘림 물매 : 삿갓목, 문지방, 창틀 등의 상면에 물이 흐르기 쉽도록 설치하는 물매. '물막이 기울기'라고도 한다.

미끄럼목(滑木) : → 홈대

미끄럼 비녀 이음 : → 뒤따라 걸기 이음

미늘창 : 얇은 띠판을 한 쪽으로 기울여 나란히 배열된 면을 만든 것으로 문틀에 부착하는 창호, 통풍, 환기, 일조 조정, 그밖에 차폐용으로 사용되며, 목제와 금속제가 있

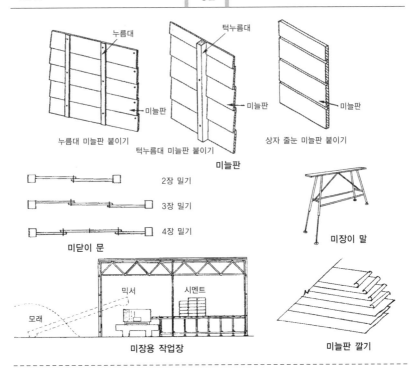

누름대

턱누름대

미늘판

미늘판

미늘판

누름대 미늘판 붙이기

턱누름대 미늘판 붙이기

상자 줄눈 미늘판 붙이기

미늘판

2장 밀기

3장 밀기

4장 밀기

미닫이 문

미장이 말

믹서

시멘트

모래

미장용 작업장

미늘판 깔기

다. '서터(shutter)', '루버(louver)', '활짝문'이라고도 한다.

미늘판 : 외벽의 널빤지 붙이기 마감에서 널빤지가 조금씩 포개지도록 옆으로 붙이는 것으로, 가로벽널이라고도 한다. 미늘판을 붙이는 방법으로서 누름대 미늘판 붙이기, 턱누름대 미늘판 붙이기, 줄눈미늘판 붙이기 등이 있다.

미늘판 깔기 : 시트 모양 재료의 지붕이기 또는 밑창 깔기의 방법으로, 이음발을 짧게 하고 포개 겹쳐짐을 많게 하는 방법.

미닫이문 : 문틀이나 힘살, 바탕살로 뼈대를 짜고, 양면 종이 등을 붙인 창호로, 일본식 반침이나 칸막이 문 등에 사용한다. 문틀의 바깥쪽에 장지테가 붙어 있다. → 장지문

미닫이 창호 : 문지방의 홈이나 레일(rail) 위를 좌우로 미끄러지게 하여 개폐하는 창이나 문. 2장 미닫이의 경우는 우측의 창호를 앞쪽으로 하고 4장 미닫이의 경우에는 중앙 2장을 상 앞쪽으로 한다.

미완성 마무리 : 공사가 거의 끝난 단계에서 일부 남은 부분이나 손대지 않은 부분을 마무리하는 일.

미장용 믹서(美裝用—) : → 모르타르 믹서 (mortar mixer)

미장용 작업장 : → 작업장

미장이 말 : → 미장 작업용 발판

믹싱 플랜트(mixing plant) : 공사 현장에서 시멘트, 모래, 자갈 등 콘크리트 제조용 재료의 저장, 투입, 계량, 혼합, 비빔을 하는 일련의 시설.

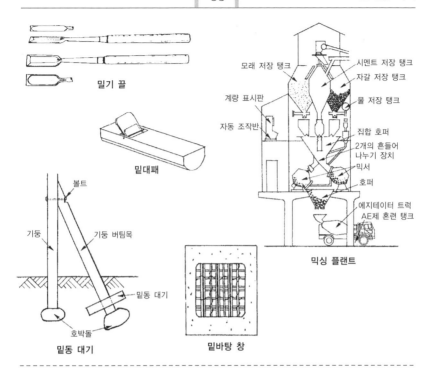

밀기 끌

밑대패

볼트

기둥　　　기둥 버팀목

밑동 대기

호박돌

밑동 대기

모래 저장 탱크　　시멘트 저장 탱크

계량 표시판　　　자갈 저장 탱크

자동 조작반　　　물 저장 탱크

집합 호퍼

2개의 흔들어
나누기 장치

믹서

호퍼

에지테이터 트럭
AE제 혼련 탱크

믹싱 플랜트

밑바탕 창

밀기 끌 : 망치로 두들기지 않고 손으로 밀거
나 뚫거나 하여 다루는 끌. 구멍둘레 등의
다듬질에 사용된다.

밀어붙이기 일 : 장소, 때에 따라 알맞게 행
하는 일.

밀어돌리기 톱 : → 톱의 한 종류.

밑대패 : → 밑따기 대패

밑동 대기 : 문기둥이나 널벽 기둥 등을 땅속
에 묻는 경우, 기둥이 넘어지거나 침하하
는 것을 막기 위해 땅속의 기둥 뿌리에 고
정하는 가로재.

밑동 묻기 : 기둥이나 말뚝 등의 하단을 흙속
에 묻어서 고정하는 것.

밑동잡이(foot post holder) : 기둥이나 동
바리의 밑동을 연속적으로 고정하기 위해
부착하는 가로목 또는 비계, 통나무 기둥

밑동을 수평으로 부착하여 안정시키는 보
강재(補强材). 바닥 동바리에 부착하는 것
은 '밑동잡이 펠대' 라고 한다.

밑동잡이 펠대(bridging batten of floor
post) : → 밑동잡이

밑따기 대패 : 문지방, 상인방의 홈 바닥을
깎아 다듬는 대패. '밑 대패' 라고도 한다.

밑마구리 : 통나무재의 밑동 쪽.

밑바탕 : 도장 등의 마감질을 위한 바탕. 구
조체의 표면, 칠 작업을 위해 부착된 라스
(lath), 졸대, 평고대 등.

밑바탕 미레질 : 밑바탕 중 극단적으로 불균
일한 부분을 보수하기 위해 오목한 부분에
모르타르를 발라 붙이는 일.

밑바탕 창 : 그림 참조.

밑바탕 처리 : 바탕 면을 균등하게 만들기 위

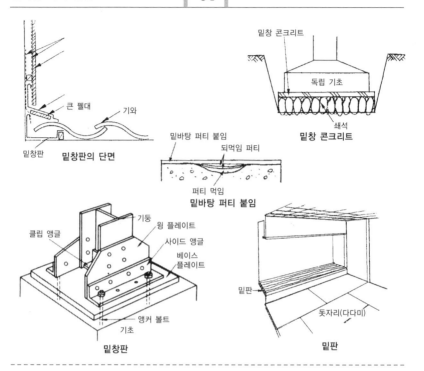

큰 펠대 기와

밑창판 **밑창판의 단면**

밑바탕 퍼티 붙임 되먹임 퍼티

밑창 콘크리트

독립 기초

쇄석

밑창 콘크리트

퍼티 먹임

밑바탕 퍼티 붙임

클립 앵글

기둥 윙 플레이트

사이드 앵글

베이스
플레이트

앵커 볼트
기초

밑창판

밑판

돗자리(다다미)

밑판

해 불균일한 장소 등에 붙이는 처리. 그리
고 부착이 잘되도록 거칠게 하는 일.
밑바탕 퍼티 붙임 : 퍼티(putty) 먹임을 하
여 연마한 다음, 전면에 퍼티를 주걱붙임
또는 뿜기칠을 하고 건조시킨 뒤에 물갈기
를 하여 아주 평탄한 도장 마무리의 바탕
면으로 하는 일. '퍼티 붙임', '바탕 붙임'이
라고도 한다.
밑쇠 : 새시(sash) 틀을 건물 구조체에 고정
시키기 위한 쇠붙이로서 철근, 철골에 용
접하거나 나사 조립을 하며, 콘크리트에
묻기도 한다.
밑창 콘크리트 : 푸팅(footing) 기초 아래에서
기초의 중심선이나 거푸집의 위치를 먹줄
매김을 하기 위해 깔아 고르는 콘크리트.
밑창 콘크리트 지정(一地定) : 기초를 만드는

과정에서 깔아 고르는 콘크리트 치기로, 쇄
석 지정이나 모래 지정 위에 실시한다.
밑창판 : 지붕면과 외벽이 만나는 부분이나
지붕의 골부분 등에 깔아 넣는 금속판으
로, 빗물의 침입을 방지한다.
밑칠 도장(-塗裝, undercoating) : 밑칠 도
장은 에칭 프라이머로 표면 처리를 한 다
음 그 위에 칠하는 도장으로, 방식(防蝕)
이 주목적이다. 연단(鉛丹) 녹막이용 페인
트나 납 계열 녹막이 페인트, 염화 고무계
도료 등이 있다.
밑파기 : 급경사면 지반의 밑을 먼저 파내어
서 상부의 흙을 헐어내는 굴삭 방법(屈削
方法)으로, '너구리파기'라고도 한다.
밑판 : 속 깊이가 얕고 간격이 넓은 도꼬노마
의 지판(地板)에 해당하는 것을 말한다.

바깥 둥근 대패

바둑판 무늬 붙이기

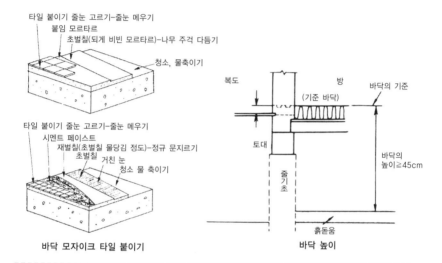

타일 붙이기 줄눈 고르기-줄눈 메우기
붙임 모르타르
초벌칠(되게 비빈 모르타르)-나무 주걱 다듬기
청소, 물축이기

타일 붙이기 줄눈 고르기-줄눈 메우기
시멘트 페이스트
재벌칠(초벌칠 물당김 정도)-정규 문지르기
초벌칠 거친 눈
청소 물 축이기

바닥 모자이크 타일 붙이기

복도
방
(기준 바닥)
바닥의 기준
토대
줄기초
바닥의 높이≧45cm
흙돋움

바닥 높이

ㅂ

바깥 둥근 대패 : → 둥근 대패

바깥 방수 : 지하실의 방수법으로, 지하벽의 바깥쪽에 방수층을 설치하는 것. 안쪽 방수보다 우수하나 시공이 어렵다. → 방수 공사

바닥 강판 : → 스틸 덱(steel deck)

바닥 깔대 : 목조 구조를 튼튼하게 하는 벽 깔대로, 기둥의 최하단에 고정하는 인방.

바닥 높이 : 바닥 밑 또는 규준의 지반면에서 바닥 마감 면까지의 높이.

바닥 면적 : 건축물의 각층 또는 그 일부로 벽이나 그 밖의 다른 구획의 중심선으로 둘러싸인 부분의 수평 투영 면적에 따른다

(건축 기준법 시행령).

바닥 모자이크 타일 붙이기 : 장식 마감용의 소형 타일. 자기질의 것과 도기질의 것이 있다. 모양은 각형·원형·특수형 등이 있다.

바닥 파기 : 건물 기초 부분의 지반을 파내려 가는 일. → 터파기

바닷말(풀) : 흔히 사용되고 있는 미장용 해초풀로서 점착성, 내구성이 강해 초벌칠에 사용된다.

바둑판눈 박기 : 리벳(rivet) 등을 바둑판의 눈금 모양으로 배열하여 박는 일.

바둑판 무늬 붙이기 : 널빤지 마루깔기 방법으로, 판재를 일정한 방향으로 붙이지 않고 바둑판 모양으로 세로 방향과 가로 방향을 교대로 붙여 마감하는 일.

바람막이 둥근 기와 : 박공단 기와를 눌러

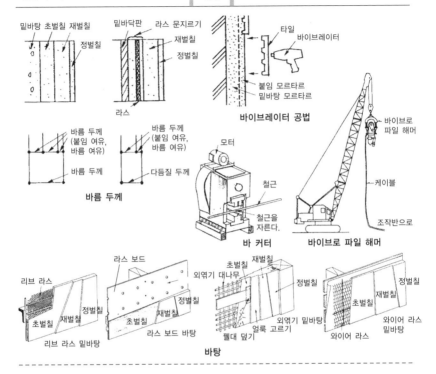

바이브레이터 공법

바 커터

바이브로 파일 해머

바름 두께

바탕

보강하기 위하여 부착되는 둥근 기와로 박공단을 따라서 기와 이음매에 한 줄로 덮이게 된다. 뱃집 지붕의 내리막 용마루에 해당된다.

바름 두께 : 바르기로 예정되어 있는 두께.

바 벤더(bar bender) : 철근 등의 훅(hook)이나 접어 구부린 부분을 굽힘 가공하는 공구.

바이브레이터(vibrator) : → 봉 바이브레이터(bar vibrator)

바이브레이터 공법(vibrator method) : 모르타르(mortar)를 밑바탕에 바르고 전동 공구 바이브레이터(vibrator)로 진동을 주면서 타일(tile)을 붙이는 공법.

바이브로 래머(vibro rammer) : → 탬퍼(tamper)

바이브로 컴포저(vibro composer) : 연약 지반에 진동을 주면서 모래 말뚝을 박아 지반의 밀도를 증가시키는 지반 개량법.

바이브로 파일 해머(vibro pile hammer) : 원동기의 회전 운동을 상하 운동으로 바꾸어 말뚝에 세로 진동을 주어서 말뚝과 지반과의 마찰력을 감소시켜 자중으로 땅속에 뚫고 들어가게 하는 말뚝박기 기계. 또는 널 말뚝을 뽑는 데도 이용된다. '진동식 말뚝박기 기계' 라고도 한다.

바이스(vice) : 공작물을 가공할 때 두 베이스 사이에 끼우고 죄어서 고정하는 공구.

바 커터(bar cutter) : 철근을 필요한 길이로 절단하는 기계로, '철근 절단기' 라고도 한다.

바탕 : 도장 공정에 들어가기 전의 목재, 콘

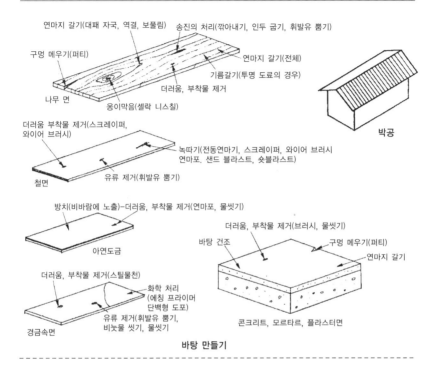

연마지 갈기(대패 자국, 역결, 보풀림) 송진의 처리(깎아내기, 인두 굽기, 휘발유 뿜기)

구멍 메우기(퍼티)

연마지 갈기(전체)

기름갈기(투명 도료의 경우)

더러움, 부착물 제거

나무 면

옹이막음(셀락 니스칠)

박공

더러움 부착물 제거(스크레이퍼, 와이어 브러시)

녹따기(전동연마기, 스크레이퍼, 와이어 브러시 연마포, 샌드 블라스트, 숏블라스트)

철면

유류 제거(휘발유 뿜기)

방치(비바람에 노출)-더러움, 부착물 제거(연마포, 물씻기)

더러움, 부착물 제거(브러시, 물씻기)

바탕 건조

구멍 메우기(퍼티)

아연도금

연마지 갈기

더러움, 부착물 제거(스틸물천)

화학 처리 (에칭 프라이머 단백형 도포)

유류 제거(휘발유 뿜기, 비눗물 씻기, 물씻기)

경금속면

콘크리트, 모르타르, 플라스터면

바탕 만들기

크리트, 강재 등의 소재 면.

바탕결 거칠기 : 칠한 밑바탕이 매끈하여 부착하기 힘든 경우, 밑바탕에 요철을 붙여 거친 면으로 만드는 일로서, '거친 결'이라고도 한다.

바탕 만들기 : 도장하는 바탕에 대하여 녹이나 유해한 부착물을 제거하고, 바탕면의 결점을 보수하거나, 스미어 나온 유해물의 작용을 방지하거나 하여 도장에 적응하는 면으로 미리 준비하는 작업이다. '전처리(前處理)', '바탕 조정'이라고도 한다.

바탕 붙이기 : → 밑바탕 퍼티(putty) 붙이기

바탕 조정 : → 바탕 만들기

바탕 지붕 이기 : 지붕 이기를 할 때 마감 재료의 아래에 깔아 넣어 단열, 방수 효과를 높이기 위한 일. 너와지붕 이기, 아스팔트 펠트(asphalt felt) 또는 루핑(roofing) 지붕 이기, 노송나무 껍질 지붕이기, 얇은 널빤지 지붕 이기 등이 있다.

바탕창 : 외엮기 바탕의 토벽 일부를 남겨 놓고 칠창으로 이용하는 것. 평고대 바탕은 대나무 이외의 사리나무, 갈대, 등나무 넝쿨 등으로 별도로 만든다. 객실이나 다실 등에 사용한다.

바탕칠 : 철재에 녹막이 페인트를 칠하거나 바탕 피복 밑바탕의 흡수 조정, 변형 방지를 위해 실러(sealer)를 칠하거나 정벌칠과의 부착성을 좋게 하기 위해 프라이머(primer)를 칠하는 일.

박공 : 뱃집 양면에 'ㅅ'자 모양으로 붙인 두꺼운 합각머리 부분 널빤지. 이 형식의 지붕을 뱃집지붕이라 한다.

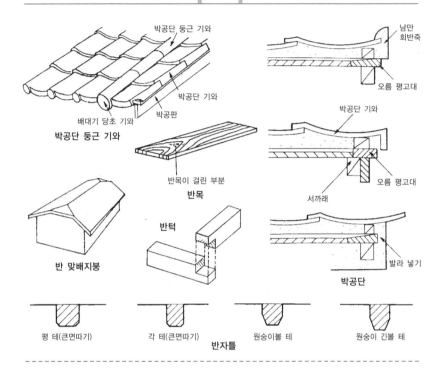

박공단 둥근 기와 / 박공단 둥근 기와 / 박공단 기와 / 박공판 / 배대기 당초 기와 / 박공판 / 남만 회반죽 / 오름 평고대 / 박공단 기와 / 반목이 걸린 부분 / 반목 / 오름 평고대 / 서까래 / 반턱 / 반 맞배지붕 / 발라 넣기 / 박공단

평 테(큰면따기) / 각 테(큰면따기) / 원숭이볼 테 / 원숭이 긴볼 테 / 반자틀

박공단 : 뱃집지붕의 박공 쪽 끝부분을 말한다. 이 부분은 중도리의 마구리를 감추기 위하여 박공판을 붙이게 되며, 기와 지붕의 경우에는 박공단 내림새를 이게 된다. 처마의 부분은 '옆 처마' 라 부른다.

박공단 둥근 기와 : 그림 참조.

박공 지붕 : 수평 용마룻대에서 양쪽에 흐르는 물매를 갖는 지붕 형식.

박공판 : 지붕의 합각머리 쪽에 끝머리 서까래나 중도리의 마구리를 감싸기 위해 부착하는 판재로, 지붕의 박공단을 마무리하는 치장재(治粧材). → 처마 끝막음

반끝막음 : 끝막음 맞춤의 일종. 나무 너비의 반을 끝막음한 것.

반 맞배 지붕 : 맞배지붕의 용마루 양단부를 비스듬히 깎아낸 형상으로, 합각 머리 면을 향하여 삼각형의 작은 경사면을 갖는다.

반목(反木) : 수목의 나이테 일부가 극도로 단단해지는 것으로, 가공이 어렵고 부착한 뒤에 뒤틀림이 생기기 쉽다.

반밑동잡이 : → 기둥 밑잡이

반자틀(野緣) : → 반자틀 천장

반자틀(竿緣) : 일본식 실내의 천장 마감 재료로, 천장판을 직각 방향으로 지지하는 가는 띠장 나무. 반자대를 사용하는 천장을 반자 띠장 천장이라 한다.

반자틀 쐐기(메뚜기) : 반자틀 천장의 천장판을 겹치는 경우에 틈새가 생기지 않도록 뒤쪽에서 받치는 작은 쐐기와 같은 것.

반장 쌓기(네덜란드식 쌓기) : 벽돌의 길이 방향 면이 보이게 하고, 벽 두께가 마구리

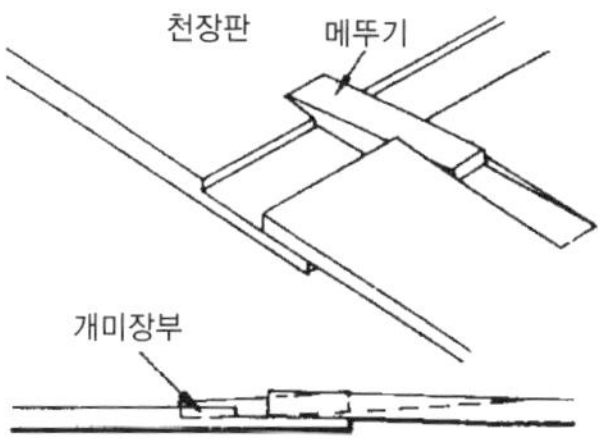
천장판
메뚜기
개미장부

반자틀 쐐기

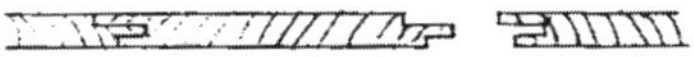

반턱 쪽매 개탕 붙임

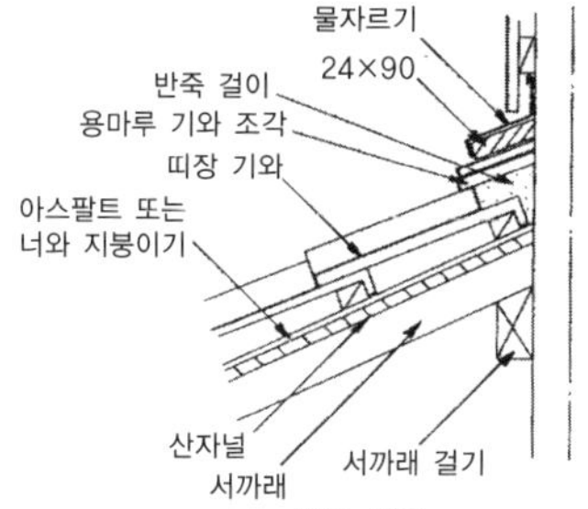
물자르기
24×90
반죽 걸이
용마루 기와 조각
띠장 기와
아스팔트 또는
너와 지붕이기
산자널
서까래
서까래 걸기

반죽 걸기

반장 쌓기

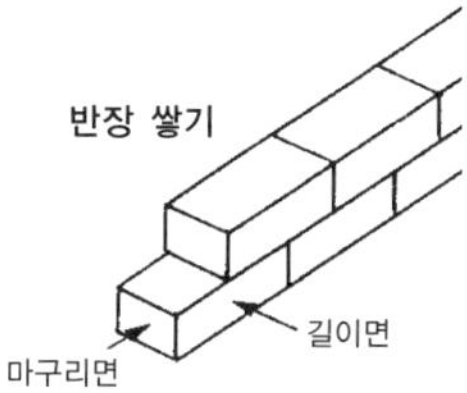
길이면
마구리면

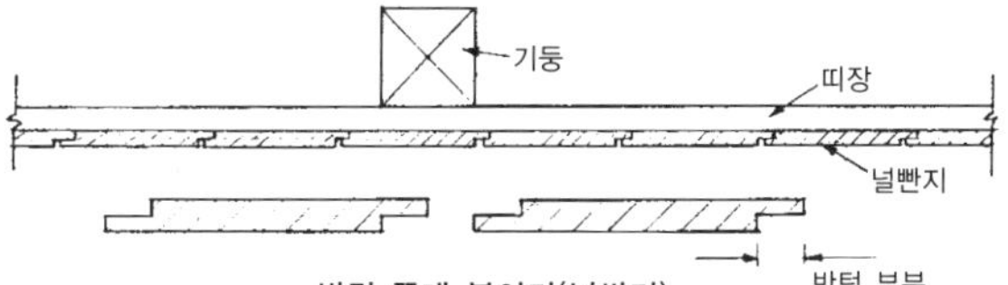
기둥
띠장
널빤지
반턱 부분

반턱 쪽매 붙이기(널싸기)

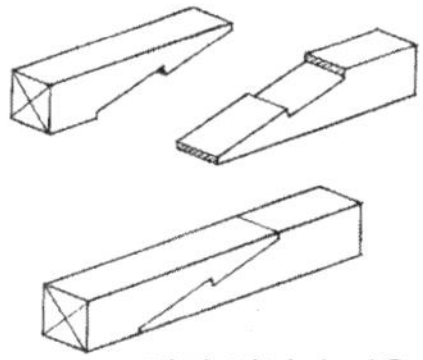

반턱 낫걸이 이음

의 너비와 같게 쌓는 방법으로 '길이쌓기'라고도 한다.

반죽 : → 시멘트 페이스트(cement paste)

반죽걸기 : 시멘트(cement), 플라스터(plaster) 등을 물로 갠 페이스트(paste) 모양의 것을 풀 또는 반죽이라 하고, 이것을 밑바탕에 흙손으로 얇게 바르는 것을 말한다. → 풀 문지르기.

반죽 두께 : 돌 뒤쪽에 주입 반죽을 흘러 들어가게 하기 위한 틈새나 두께를 말한다.

반죽 문지르기 : → 반죽 걸기

반죽 쌓기 : 돌쌓기

반죽 채우기 : 새시(sash)와 콘크리트 사이의 틈새, 돌 뒷면 등의 공간에 반죽을 채우는 일.

반턱 낫걸이 이음(빗걸이 이음) : 이음의 일종으로 접합하는 부재를 서로 낫 모양으로 걸어 당겨 단이음을 하는 것. 통펠대 등에 이용되며, 간단히 생략하여 '낫걸이 이음'이라고도 한다.

반턱(사모턱) 이음 : 나무 구조의 이음이나 맞춤의 일종. 접합하려는 부재를 서로 반절씩 잘라내어 볼트, 못 등에 접합하는 것으로 '단이음'이라고도 한다.

반턱 쪽매 개탕 붙임 : 반턱 접합 방법의 하나로, 반턱 쪽매 붙임과 개탕 붙임을 조합한 이음. → 반턱 쪽매 붙임. 개탕 붙임

반턱 쪽매 붙이기 : 반턱걸기 접합 방법의 하나로, 널빤지의 옆 단면을 각각 절반씩 잘라내어 맞추는 방법. → 널빤지 잇대기

받이 : 연목이나 장선 등을 벽 쪽에 지탱하는 받침재. → 차양

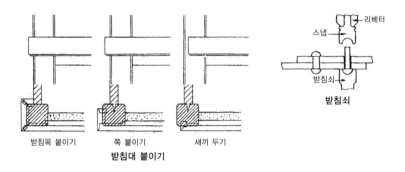

받침목 붙이기   쪽 붙이기   새끼 두기

받침대 붙이기

스냅—리베터
받침쇠—

받침쇠

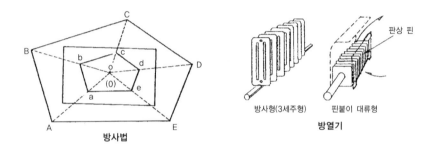

방사형(3세주형)   핀붙이 대류형

방사법   **방열기**

받침대 붙이기 : 중방 끝부분을 처리하는 방법으로, 마루 기둥을 3방향으로 돌려 고정시키는 방법을 말한다. 만나는 맞춤 부분은 고정 홈에 넣는다.

받침면 : 이음이나 맞춤의 가공 부분에서 다른 부재를 받치는 수평면. '턱걸기'라고도 한다. → 턱걸기 주먹장 이음

받침면 사모턱 이음 : → 메뚜기장 이음

받침면 주먹장 이음 : → 턱걸기 주먹장 이음

받침목 : 기계나 통나무 비계 등의 아래에 받치는 목재. '버팀목'이라고도 한다.

받침쇠(rivet holder) : 리베팅(reveting)을 할 때에, 리벳 해머(rivet hammer)의 반대쪽인 리벳 머리를 받치는 공구로, '돌리(dolly)'라고도 한다.

받침질 : 창대나 상인방 등을 모르타르로 만

드는 경우에 정해진 나무로 만든 거푸집은 고정하고, 여기에 모르타르를 발라 넣는 일.

발(삿자리) : 삼나무 껍질, 대나무 껍질, 싸리나무판 등의 얇은 재료로 비스듬하게 또는 종횡(縱橫)으로 엮은 것.

방로(防露) : 이슬막이 급배수관의 관내를 흐르는 물의 온도가 주변 공기의 노점(露點) 온도보다 낮은 경우, 관 표면에 결로현상(結露現象)이 생긴다. 이것을 방지하기 위하여 필요한 부분을 단열재(斷熱材)로 피복하는 일.

방사법(放射法) : 부지(敷地) 내의 측점에서 방사선 상의 각 측점의 위치를 구하는 측량법. 부지 내에 장애물이 있는 경우에는 측점 거리를 측정할 수 없는 경우가 있다.

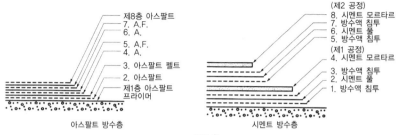

방수층

아스팔트 방수층
- 제8층 아스팔트
- 7. A.F.
- 6. A.
- 5. A.F.
- 4. A.
- 3. 아스팔트 펠트
- 2. 아스팔트
- 제1층 아스팔트 프라이머

시멘트 방수층
- (제2 공정)
- 8. 시멘트 모르타르
- 7. 방수액 침투
- 6. 시멘트 풀
- 5. 방수액 침투
- (제1 공정)
- 4. 시멘트 모르타르
- 3. 방수액 침투
- 2. 시멘트 풀
- 1. 방수액 침투

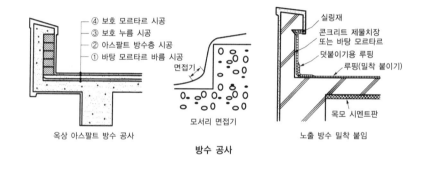

방수 공사

옥상 아스팔트 방수 공사
- ④ 보호 모르타르 시공
- ③ 보호 누름 시공
- ② 아스팔트 방수층 시공
- ① 바탕 모르타르 바름 시공
- 면접기
- 모서리 면접기

노출 방수 밀착 붙임
- 실링재
- 콘크리트 제물치장 또는 바탕 모르타르
- 덧붙이기용 루핑
- 루핑(밀착 붙이기)
- 목모 시멘트판

방수 공사(防水工事) : 지붕이나 지하실의 방수, 물을 사용하는 실내의 바닥이나 벽의 방수, 그밖에 외벽 및 개구부 둘레의 방수 공사를 말한다. 아스팔트(asphalt) 방수, 시트(sheet) 방수, 모르타르(mortar) 방수, 방수 콘크리트(concrete) 등이 있고, 외벽 둘레에는 방수제 뿜어 칠하기, 도포 방수(塗布防水), 코킹(caulking) 등의 방수법이 있다.

방수 절연 공법(防水絕緣工法) : 밑바탕의 변형이 상부 방수층에 직접 영향을 미칠 가능성이 있는 경우에 방수층과 밑바탕이 밀착되지 않도록 절연시키는 시공법.

방수층(防水層) : 방수하기 위한 층으로, 아스팔트 방수층, 시트 방수층, 도막 방수층이 있다.

방수층 보호 : 방수층을 보호하기 위한 것으로, 보통 양생 모르타르 위에 코크스 콘크리트, 기포 콘크리트 등의 경량 콘크리트가 타설된다. 또 콩자갈 구워 붙이기, 벽돌 쌓기 등도 이루어진다.

방수 콘크리트 : 콘크리트에 방수제를 혼합하거나, 수화(水和)에 의하여 생기는 콘크리트 속의 가용성 물질과 화합시켜서 불용성 물질을 혼합하여 방수의 목적을 달성하기 위한 콘크리트.

방습 공사 : 방습층을 시공하여 습기(수증기)의 투과를 방지하는 공사.

방열기(放熱器) : 증기 또는 온수를 사용하여 난방하는 경우의 실내 열교환기(熱交換器)를 말한다. 방사형(放射形)은 주철제 2주형(二柱形), 3주형, 5주형, 벽걸이형 등이

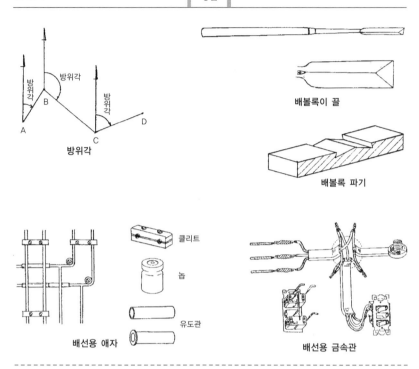

방위각

배볼록이 끌

배볼록 파기

배선용 애자

클리트

놉

유도관

배선용 금속관

있고, 대류형(對流形)은 핀(fin) 붙이 구리
판이나 철관을 사용하여 1~3단으로 배관
하여 하부에서 상부로 자연대류를 일으키
는 것이다. 또 방사형 방열기를 라디에이
터(radiator), 대류형 방열기를 컨벡터
(convector)라고 한다.

방위각(方位角) : 방위를 표시하는 각. 자북
(磁北)을 기준으로 하여 오른쪽 돌림의 수
평각을 자북 방위각, 진북(眞北)을 기준으
로 하는 것을 진북 방위각이라 한다.

방(4각)형 지붕(方形—) : 지붕 평면이 정사
각형(正四角形)이고 4개의 추녀마루가 정
점(頂点)에서 한점으로 합쳐지는 지붕으
로, 지붕 평면이 육각형(六角形)인 것, 팔
각형(八角形)인 것도 보통 '방형(方形) 지
붕' 또는 '각형(角形) 지붕' 이라 한다.

배근(配筋) : 콘크리트 속에 내력(耐力)이 필
요한 철근을 필요한 위치에 배치하는 일.

배근 검사(配筋檢査) : 콘크리트를 치기 전에
설계대로 배근, 접합, 정착 등 철근이 바
르게 배치되어 있는지를 검사하는 일.

배볼록이 : 산등성이와 같은 모양을 배볼록
이라고 한다. → 등마루

배볼록이 끌 : 날 끝 및 양 옆면의 3방향을
자르도록 만든 끌.

배볼록 파기 : 용마룻대와 같이 중앙부에 배
부른 산 모양을 내어 파내는 일.

배불리기 : 콘크리트 치기를 할 때 거푸집이
팽창되는 것.

배선용 금속관 : → 애자

배선용 애자 : → 금속관

배선용 차단기 : → 차단기

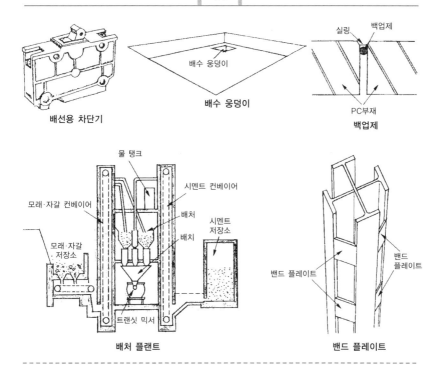

배선용 차단기

배수 웅덩이

백업제

배처 플랜트

밴드 플레이트

배수 웅덩이 : → 배수 피트

배처 플랜트(batcher plant) : 모래, 자갈, 시멘트, 물 등의 콘크리트 재료를 계량, 조합, 그리고 비벼서 소요되는 콘크리트를 정확히 제조하는 장치.

배치(batch) : 한번에 혼합하는 모르타르 또는 콘크리트의 양.

배토판(排土板) : 굴삭한 토사의 집적(集積)이나 땅고르기 등에 사용하는 곡판(曲板) 모양의 철판으로 불도저(bulldozer) 등의 전방에 붙어 있다. 블레이드(blade)라고도 한다.

배합(配合) : 색 모르타르나 인조석 바르기 등, 재료를 조합하여 마름 비비기를 한 것.

백 앵커 공법(back anchor method) : → 다이백 공법(dieback method)

백업제(back-up—) : 줄눈을 얕게 하기 위해 줄눈 밑에 채우는 합성 수지계의 발포제(發泡劑).

백태(白苔) : 도료의 건조 과정에서 습도가 높은 경우, 공기 중의 수증기가 도장면에 응축 흡착되어 하얗게 되는 현상으로, '백화(白化)'라고도 한다.

백호 셔블(back-hoe shovel) : → 드래그 셔블(drag shovel)

백화(白化) : → 백태

백화(白華) : → 에플로레슨스(efflorescence)

밴드 소(band saw) : → 띠톱 기계

밴드 플레이트(band plate) : 십(十)자형의 철골 기둥 등에서 주재료의 휨 등을 방지하기 위해 주재료의 외주에 일정한 간격으

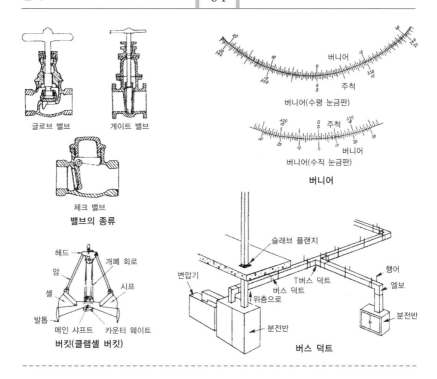

글로브 밸브　게이트 밸브

체크 밸브
밸브의 종류

버니어
주척
버니어(수평 눈금판)

주척
버니어
버니어(수직 눈금판)
버니어

헤드
암
셸
발톱
메인 샤프트　개폐 회로
시프
카운터 웨이트
버킷(클램셸 버킷)

슬래브 플랜지
변압기
위층으로
분전반
T버스 덕트
버스 덕트
행어
엘보
분전반
버스 덕트

루 배치하는 띠강.
밸러스트(ballast) : → 자갈(gravel)
밸런스 웨이트(balance weight) : → 카운
터웨이트(counter weight)
밸브(valve) : 급수배관(給水配管) 등의 중간
이나 선단에 설치하여 물을 정지 또는 유
량 조정 등을 하는 부품. 일반적으로 글로
브 밸브(glove valve), 게이트 밸브(gate
valve), 체크 밸브(check valve)의 3종류
로 분류된다.
버너(burner) : 보일러 등에 석유나 가스를
사용하는 경우의 연소 장치, 기름 버너와
가스 버너가 있고, 기름 버너에는 회전식,
압력 분사식, 증발식이 있다.
버니어(vernier) : 트랜싯(transit) 등의 눈
금판. 마이크로미터(micrometer)나 버니

어 캘리퍼스(calipers) 등의 한 눈금 이하
의 끝자리 수를 읽는 장치. 주척(主尺)과
버니어의 눈금이 나란히 표시되어 있고,
주척의 (n)등분의 범위에 대하여 버니어에
서는 (n+1) 등분으로 나뉘어 있어 (1/n)까
지 읽을 수 있다.
버들날 가위 : → 판금용 가위
버스(bus) : → 버스 덕트(bus duct)
버스 덕트(bus duct) : 대전류가 흐르는 간
선에 사용하는 덕트. 금속제 덕트의 내부
에 구리 띠가 절연되어 부착되어 있다.
버킷(bucket) : 콘크리트, 시멘트 등을 넣어
서 운반하는 철제 용기. 또는 토사 등을
굴삭하여 운반하는 철제 용기로, 셔블계
(shovel—) 굴삭기나 컨베이어(convey-
or) 등에 사용된다.

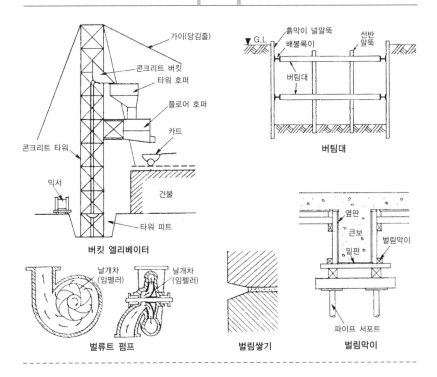

버킷 엘리베이터

버팀대

벌류트 펌프   벌림쌓기   벌림막이

버킷 엘리베이터(bucket elevator) : 콘크리트 타워(concrete tower) 내부에서 콘크리트 버킷(concrete bucket)을 상하로 이동시키는 장치.

버티개 : 비계가 넘어지지 않도록 보강하여 지지하는 부재(部材). 똑바로 서 있는 것이 기울어지거나 넘어지는 것을 방지하는 버팀 기둥, 버팀벽, 버팀 밧줄 등이 있다.

버팀기둥 : 주기둥을 보강하기 위해 비스듬히 고정한 지주(支柱).

버팀대 : 흙막이용 동바리공의 하나로, 널말뚝을 누르고 있는 동바리공 띠장을 지탱하고 있는 수평재.

버팀목 : 흙막이용 널말뚝의 동바리공 띠장을 지탱하는 받침목. 버팀대 보강 후의 동바리공으로, 완성된 구조체를 앵커(anchor)로 고정한다.

버팀 밧줄 : → 스테이(stay)

버팀줄 : 지상에 세워진 구축물이 넘어지지 않도록 사방을 당겨 지탱하는 밧줄로서, '가이(guy)', '스테이(stay)' 라고도 한다.

벌류트 펌프(volute pump) : 압력작용을 이용하여 관을 통하여 유체를 수송하는 기계.

벌림막이 : 콘크리트 거푸집에서 맞보기 깔판의 윗부분 및 밑부분 등에 고정하여, 콘크리트를 칠 때 벌어지지 않도록 하는 부재.

벌림 쌓기 : 돌쌓기에 있어서 줄눈 부분이 밖으로 벌어진 형태로 하여, 사람이 웃을 때 입술이 벌어지듯이 쌓는다.

법술(法術) : 목조 건축의 구조각부, 그리고

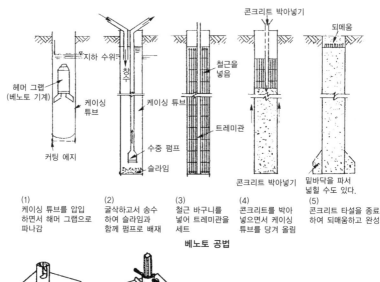

(1) 케이싱 튜브를 압입 하면서 해머 그랩으로 파나감

(2) 굴삭하고서 송수 하여 슬라임과 함께 펌프로 배재

(3) 철근 바구니를 넣어 트레미관을 세트

(4) 콘크리트를 박아 넣으면서 케이싱 튜브를 당겨 올림

(5) 콘크리트 타설을 종료 하여 되매움하고 완성

베노토 공법

베이스 철물

고정형　　조절형

맞춤이나 이음 등의 먹줄치기, 가동을 위한 전통적인 방법. 곡자를 다루는 도해 기술(圖解技術)로, 직각 3각형의 밑변과 수직변의 관계가 이용된다. '준칙', '먹줄법'이라고도 한다.

벌집 정반 : →스웨이지 블록(swage block)

베노토 공법(Benoto method) : 베노토 기계를 사용하여 대구경 천장치기 콘크리트 말뚝을 조성하는 공법. 지름 30~200cm, 깊이 30~40m까지의 대구경 구멍을 무진동, 무소음으로 굴삭한다.

베노토 굴착기(Benoto ─) : 프랑스의 베네토사에서 개발한 대구경(大口徑) 굴착 기계. 선단에 날이 붙어 있어 케이싱 팁(casing tip)을 왕복으로 반 회전시키면서 땅속을 뚫어, 내부의 토사를 해머 그래브

(hammer grab)로 굴착하여 배토하고, 콘크리트를 주입하여 현장치기 콘크리트 말뚝을 만드는 장치이며, '베노토 기계'라고도 한다.

베노토 기계(Benoto machine) : →베노토 굴착기

베 씌우기 : 균열이 일어나기 쉬운 곳에 모기장, 베 등을 바르는 것으로 꿰돌리기, 흩어돌리기 등을 시행한다. → 토벽

베이스 철물(base─) : 강제 거푸집 구조에서 비계의 기둥 다리 부분에 고정된 것으로, 고정식과 높이를 조절하는 잭(jack)식이 있다.

베이스 플레이트(base plate) : 철골 기둥의 다리부에 기둥 다리를 얹어 놓은 플레이트(plate)로, 앵커 볼트(anchor bolt)로 기

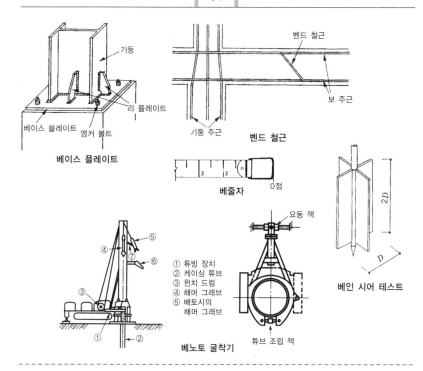

베이스 플레이트

벤드 철근

베줄자

베노토 굴착기

① 튜빙 장치
② 케이싱 튜브
③ 윈치 드럼
④ 해머 그래브
⑤ 배토시의
　해머 그래브

베인 시어 테스트

초 위에 고정한다.

베인 시어 테스트(vane shear test) : 로드 (rod)의 선단에 십(十)자형의 금속 날개를 부착하고, 이것을 보링(boring) 구멍 밑바닥에서 땅속으로 밀어 넣으면서 로드를 천천히 회전시키고 흙을 비틀어 부술 때의 최대 비틀림 모멘트(moment)를 측정하여 구멍뚫기 강도를 산출한다. 연한 점토질 지반에 사용된다.

베일러(bailer) : 보링(boring) 구멍 밑바닥의 굴삭토를 떠내기 위한 기구. 관 모양의 기구로 선단에 개폐 밸브(valve)가 있다.

베줄자 : 삼베(麻布) 속에 가는 철사를 넣어 폭 15mm 정도의 테이프 모양으로 된 거리 측정용 스케일. 최소 5mm의 눈금이 매겨져 표면에 도료가 칠해져 있다.

벤드 철근(bend─) : 보의 주근이나 슬래브 (slab) 철근에서 스팬(span)의 1/4 정도 위치에 위쪽이나 아래쪽에 꺾어 배치하는 철근을 말하며, '굽힘 철근', '절곡 철근', '휨 철근'이라고도 한다.

벤치 마크(bench mark) : 부지 내의 고저차나 규준틀 높이의 기준점(基準點)을 말하는 것으로, 원래는 수준 원점을 기준으로 하여 표고(標高)를 결정하기 위한 점이다. '수준점(水準點)'이라고도 한다.

벤토나이트(bentonite) : 화산재의 유리질이 분해되어 이루어진 미세한 점토로, 물을 흡수하면 팽창하며, 방수성과 흙의 붕괴를 막는 효과가 있다. 용액으로 만들어 현장치기 말뚝의 굴삭 구멍에 넣어 옆벽의 붕괴를 방지하는 데 사용한다.

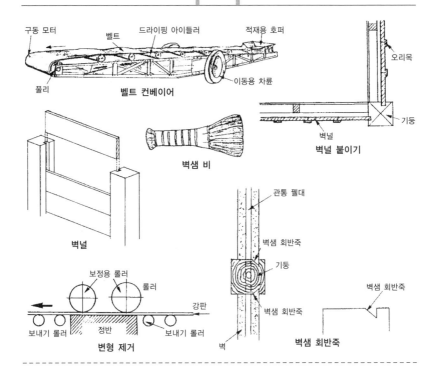

구동 모터　벨트　드라이빙 아이들러　적재용 호퍼
오리목
풀리　벨트 컨베이어　이동용 차륜

벽널
벽널 붙이기

벽샘 비

벽널

관통 펠대
벽샘 회반죽
기둥
벽샘 회반죽
벽샘 회반죽
보정용 롤러　롤러
강판
보내기 롤러　정반　보내기 롤러
벽
변형 제거
벽샘 회반죽

벤틸레이터(ventilator) : 자연의 풍력을 이용해서 만든 환기 장치의 하나이다. 환기탑 또는 통 끝에 바람으로 돌 수 있는 바람개비를 장치하여 풍력이나 온도차를 이용해서 아래쪽에서 공기를 끌어올린다.

벨트 컨베이어(belt conveyor) : 양단에 있는 두 개의 풀리(pulley)에 엔드리스 벨트(endless belt)를 걸고, 이것을 한 방향으로 회전시켜 토사 등을 이동시키는 기계. 벨트(belt)는 고무, 가죽, 직물 등이 사용되며, 폭 35~50cm, 길이 4~12m, 경사각 20°정도까지 있다.

벽널(판벽) : 널벽이나 널담장의 하나로, 양쪽 기둥에 홈을 새기고 널빤지를 끼워서 마무리하는 방법이다.

벽널 붙이기 : 판재를 이어 맞추어 평탄하게 붙이는 일. 은촉이음, 반턱이음, 반턱쪽매이음 등에 따라 널빤지를 세로 또는 가로로 붙인다.

벽돌의 벽두께 : 그림 참조.

벽돌의 분할 : 그림 참조.

벽돌 쌓기 : 벽돌을 이용하여 벽이나 담을 구축하는 것. 또는 그 완성된 상태. 벽돌 쌓기는 영국식, 네덜란드식, 프랑스식 등이 있고, 벽 두께에 따라 반장 쌓기, 1매 쌓기, 1.5매 쌓기, 2매 쌓기 등이 있다.

벽보 : 월 거더(wall girder)

벽샘 둘레 : 토벽이 기둥과 접하는 벽샘 둘레에서는 벽토 등의 건조 수축에 의하여 벽샘에 틈새가 생기기 쉬우므로, 이것을 막기 위해 발을 치거나 하여 벽샘 회반죽을 바른다.

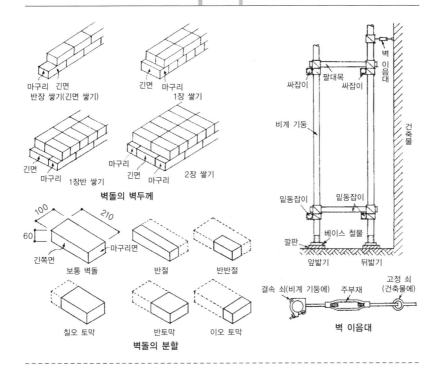

마구리 긴면
반장 쌓기(긴면 쌓기)

긴면 마구리
1장 쌓기

긴면
마구리 1장반 쌓기

마구리
긴면 마구리 2장 쌓기

벽돌의 벽두께

100
210
60
긴쪽면
마구리면
보통 벽돌

반절

반반절

칠오 토막

반토막

이오 토막

벽돌의 분할

벽
이
음
대

싸잡이 팔대목 싸잡이

비계 기둥

건축물

밑동잡이 밑동잡이

깔판 베이스 철물

앞발기 뒤발기

결속 쇠(비계 기둥에) 주부재 고정 쇠
(건축물에)

벽 이음대

벽샘 메우기 : → 벽샘 회반죽

벽샘 비 : 벽샘 바르기의 경우에 기둥 등 벽샘 둘레의 더러워진 것을 쓸어내는 데 사용하는 빗자루.

벽샘 홈 : 기둥면과 진벽 접합부에 넣는 움푹 파인 홈. 진벽의 수축으로 생기는 기둥면과의 틈새를 막기 위한 것으로, 벽 재료를 이 기둥의 홈에 발라 넣어 마무리한다.

벽샘 회반죽 : 벽샘 둘레, 벽샘 홈에 벽샘 회반죽을 바르는 일. 벽샘 둘레에는 틈새가 생기기 쉬우므로, 천이나 짐승 털 등을 섞어 바른다. '벽샘 메우기'라고도 한다.

벽선반 : → 현수 선반

벽 이음대 : 비계를 안정시키기 위해서 건물과 일정한 간격을 두도록 구조물의 벽면과 비계를 연결하는 재료.

벽장(壁欌) : 주택에서 침구나 기타의 용품을 수납하는 부분으로, 보통 깊이는 0.9m 이상으로 전면에 맹장지나 문을 단 것을 말한다.

벽토(壁土) : 바름벽에 사용하는 흙이나 외엮기벽의 초벽 또는 재벌칠 등에 사용하는 굵은 흙, 정벌칠에 사용하는 색토의 총칭. 특히 평고대 바탕에 바르는 진흙.

변재(邊材) : 단면에 수심(樹心)을 갖지 않은 목재. 상인방이나 문지방 등에 사용한다.

변형 고치기 : → 변형 제거

변형 제거(變形除去) : 용접으로 생긴 굽힘이나 각도 변형을 보정하는 작업으로, '변형 고치기'라고도 한다.

별도 공사(別途工事) : 청부 계약에 관계 없는 별개의 거푸집 공사.

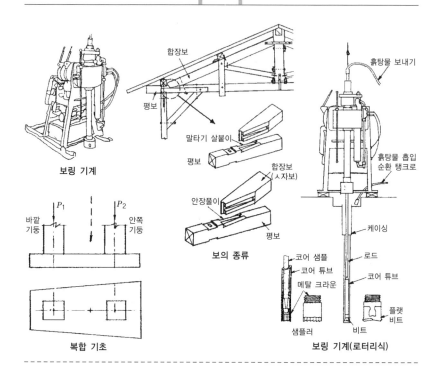

보링 기계

합장보

평보

말타기 살붙이

평보

합장보
(ㅅ자보)

안장풀이

평보

보의 종류

P_1 P_2

바깥
기둥

안쪽
기둥

복합 기초

흙탕물 보내기

흙탕물 흡입
순환 탱크로

케이싱

로드

코어 샘플
코어 튜브
메탈 크라운

코어 튜브

플랫
비트

샘플러   비트

보링 기계(로터리식)

보(beam) : 지붕틀 구조 부재의 하나로 지붕
대공을 세워 중도리를 지탱하는 가로 가설
재. 합각보, 지붕보, 마룻보 등.

보링(boring) : 굴착 기계 및 기구를 사용하
여 지반에 지름 60~300mm(보통 100
mm)의 깊은 구멍을 파는 일. 보통 구멍에
서 굴삭토(slime) 또는 부스러지지 않는
흙덩어리(core)를 채취해 지층이나 토질
조사를 하거나 토질의 경연성, 지하수위를
측정한다. 이밖에 우물을 파는 데 이용되
기도 한다. 보링 방법으로서는 간단한 오
거식 보링(auger boring), 기계에 의한
로터리 보링(rotary boring), 충격식 보
링(percussion boring), 워시식 보링
(wash boring)이 있다.

보링 주상도 : → 토질주상도(土質柱狀圖)

보마루 : 보 위에 장선을 걸치고 마루판을 부
착하는 일반적인 2층 마루 구조를 말한다.

보연결 : → 대공

보일러(boiler) : 노(爐) 안에서 연료를 태우
고, 그 열을 이용하여 증기 또는 온수를
만드는 장치. 형식으로는 주철제 분할형,
연관식 3패스(pass)형, 수관식 보일러 등
이 있다.

보조 기와 : 용마루 기와 부분을 되돌아 갈
수 있도록 끼워 넣는 용마루 기와로, '보
조 용마루'라고도 한다.

보조 용마루 : → 보조 기와

보청(普請) : 널리 시주(施主)를 받아 불당(佛
堂) 등의 건물을 신축하거나 수리하는 일.
일반적으로 건물을 짓는 것으로 건축공사,
토목공사를 말한다.

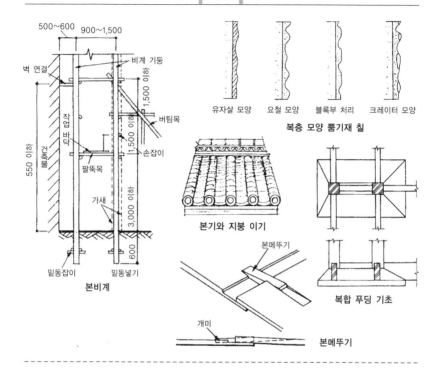

유자살 모양　요철 모양　블록부 처리　크레이터 모양

복층 모양 뿜기재 칠

본기와 지붕 이기

복합 푸딩 기초

본비계

본메뚜기

보틀형 믹서(bottle-type mixer) : 비비는 속도가 비교적 빠른 가경식(可傾式) 콘크리트 믹서.

보호관(保護管) : 배관 공사를 위해 미리 콘크리트 구조체 속에 묻어 주는 관(管)으로서, 강관, 플라스틱 관 등이 사용된다.

복근(腹筋) : 보의 배근에서 보의 너비가 60cm 이상이 되면 늑근의 위치를 정확히 보존하기 위해 늑근의 중간에 배치하는 보고 철근. → 너비 유지 철근

복층 모양 뿜기재 칠 : 뿜기 타일(tile)이라고 하는 것으로, 외벽재 위에 뿜어 붙여서 광택을 갖는 요철 모양으로 붙여 마무리하는 것.

복합 기초(複合基礎) : 2개 이상의 기둥에 의한 하중을 1개의 기초 판으로 지탱하는 것으로, '복합 푸팅 기초' 라고도 한다.

복합 푸팅 기초 : → 복합 기초(複合基礎)

본기와 지붕 이기 : 평기와, 둥근 기와를 교대로 가로 겹치기 하는 방법으로 이는 기와 지붕 또는 둥근 기와에 가느다란 기와를 사용하는 것을 '터가는 지붕 이기' 라 한다.

본메뚜기 : 널빤지 천장을 붙이는 경우, 겹친 부분에 틈새가 생기지 않도록 부착하는 홈 쐐기 모양의 작은 조각을 말하며, '반자틀 쐐기' 라고 한다.

본비계 : 2중으로 통나무 비계 기둥을 세워 각각에 수평 통나무를 걸치고, 그 사이에 팔뚝 목을 대어 비계판을 나란히 놓은 비계. '양비계' 라고도 한다.

본연마(本研磨) : 석재의 표면 연마 다듬질 가운데 가장 우수한 다듬질 방법이다. 물

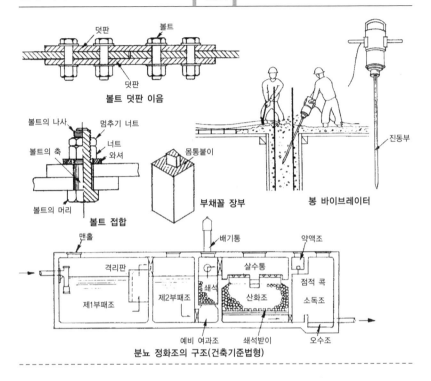

볼트 덧판 이음

볼트 접합

부채꼴 장부

봉 바이브레이터

분뇨 정화조의 구조(건축기준법형)

갈기를 하고 난 다음에 미립자의 카보런덤(carborundum)을 사용하여, 연마기에 걸어 다듬질하는 것. 그리고 다시 광내기 가루를 사용해 버프(buff)로 연마하여 광택을 내는 것을 '광내기 연마' 또는 '거울면 연마' 라고 한다.

볼록 대패 : 대패 대의 아래 면과 날을 볼록형으로 둥글게 만든 대패.

볼 탭 : 위생철물 p.167 참조.

볼트 덧판 이음 : 덧판을 사용하여 볼트로 부재를 접합하는 이음.

볼트 송곳(bolt—) : → 나사 송곳

볼트 접합 : 철골 구조, 나무 구조의 부재를 볼트로 접합하는 방법.

봉 바이브레이터(bar vibrator) : 콘크리트 치기를 할 때, 콘크리트 속에 꽂아 진동을 주어 다지는 진동기로, 삽입 진동기, 또는 '바이브레이터' 라고도 한다.

봉지 붙이기 : 종이, 천, 가죽 등을 바탕에 붙일 때, 붙일 재료의 주위에만 풀이나 접착제를 칠해 붙이는 일.

부대공사(附帶工事) : 건축공사에 동반하여 이루어지는 급배수, 전기, 위생 설비.

부대 설비(附帶設備) : 건축물에 부속된 설비 공사 또는 건축 설비.

부동침하(不同沈下) : 건조물의 기초 침하가 전체적으로 고르지 않고, 침하량이 부분적으로 다른 것. 부동침하는 건조물에 불균형적인 응력을 발생시켜 건물 붕괴의 원인이 된다.

부등변 L형강(不等邊L形鋼) : → 형강(形鋼)

부띠근(副帶筋) : 서브후프(sub hoop)

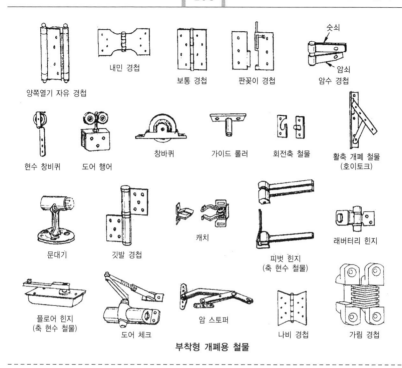

양쪽열기 자유 경첩　내민 경첩　보통 경첩　판꽂이 경첩　암수 경첩　숫쇠　암쇠

현수 창비퀴　도어 행어　창바퀴　가이드 롤러　회전축 철물　활축 개폐 철물 (호이토크)

문대기　깃발 경첩　캐치　피벗 힌지 (축 현수 철물)　래버터리 힌지

플로어 힌지 (축 현수 철물)　도어 체크　암 스토퍼　나비 경첩　가림 경첩

부착형 개폐용 철물

부섭 지붕 : → 달개 지붕

부섭집 : → 달개 지붕

부속 공사(附屬工事) : 주요 공사에 속하는 부수적인 공사로 건물에 부속된 조경 공사, 정원 공사, 문짝 제작 공사 등을 말한다.

부싱(bushing) : 전기 배선용 기구

부착 두께 : 미장 공사 등에서 발라 붙이는 두께. → 바름 두께

부착 반죽 : 대리석 같은 큰 판을 붙이는 경우, 외부의 충격으로부터 파손되지 않도록 돌 뒷면의 중앙부에 납작한 모양의 모르타르를 끼워 붙인 것.

부착 선반 : → 이동 선반

부착성(附着性) : 마감 재료와 바탕 재료 등 서로 다른 종류의 물질이 접착되는 접착성을 말한다.

부착형 개폐용 철물(附着形開閉用鐵物) : 창호를 개구부에 부착시키기 위한 철물로, 개폐하기 위해 사용하는 기구류를 말한다. 부착 철물은 각종 경첩(hinge) 이외에 암톨쩌귀, 축달개 철물, 미닫이창용 레일(rail) 등이 있고, 개폐용 철물로서 받음쇠, 당김쇠, 진동 방지, 도어 체크(door check) 등이 있다.

부채꼴 기울기 : → 오목 기울기

부채꼴 장부 : 단면이 사다리꼴로 되어 있는 장부로, 구석 기둥의 하부에 사용된다.

분뇨 정화조(糞尿淨化槽) : 분뇨, 오수를 사람과 가축에 무해한 상태로 정화하는 장치. 일반적으로 부패조(침전 분리조, 여과조), 산화조, 소독조로 구성된다. 부패조에

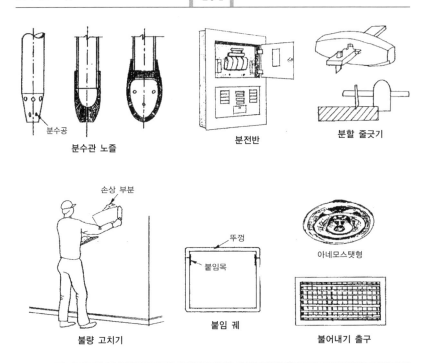

분수공

분수관 노즐

분전반

분할 줄긋기

손상 부분

뚜껑

붙임목

아네모스탯형

불량 고치기

붙임 궤

불어내기 출구

서는 고형물의 침전 분리와 혐기성(嫌氣性) 세균의 작용에 의하여 소화 분해가 이루어지고, 산화조에서 공기와 접촉하여 호기성(好氣性) 세균에 의해 산화 분해되어 정화된다. 소독조에서는 소독제를 넣어 병원성(病原性) 세균을 살균하는 목적을 가지고 있다.

분수관 노즐(噴水管-) : 강관 끝에 노즐을 달아 압력수에 의해 뚫고 들어가기 곤란한 모래층이나 점토층을 풀어주면서 말뚝을 박기 위한 관.

분전반(分電盤) : 전기 배전상의 기구로서, 간선(幹線)과 분기(分岐) 회로를 접속하는 것이다. 각층이나 주요 회로마다 설치되며, 분기 회로마다 자동차단기·개폐기 등이 내장되어 있다.

분할 밑동잡이 : 기둥밑동잡이

분할 줄긋기 : 비교적 연한 목재를 줄긋기하여 쪼개거나 잘라 내거나 할 때 사용하는 공구로, 정규판에 샷대를 관통시켜 날을 고정한 것.

불도저(bulldozer) : 토공사의 대표적인 기계로, 트랙터(tractor)에 작업용 어태치먼트(attachment)로서 토공판을 부착하여 개간, 굴삭, 성토, 제설 등에 사용한다. 토공판이나 주행 장치의 모양에 따라 앵글 도저(angle dozer), 틸트 도저(tilt dozer), 습지용 불도저(bulldozer), 타이어 도저(tire dozer) 등이 있다.

불량 고치기 : 마감질 등으로 시공이 불량한 곳을 고치는 일.

불량 점검(不良點檢) : 마무리 공사 등으로

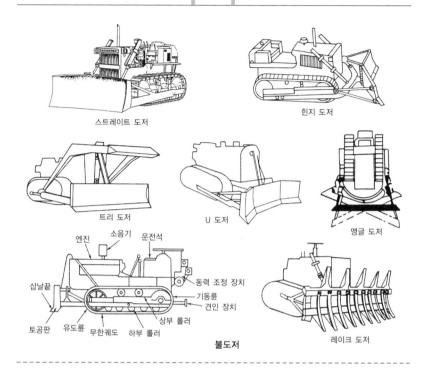

스트레이트 도저

힌지 도저

트리 도저

U 도저

앵글 도저

엔진
소음기
운전석
삽날끝
동력 조정 장치
기동륜
견인 장치
토공판
유도륜
무한궤도
하부 롤러
상부 롤러

불도저

레이크 도저

시공 불량 개소를 점검하거나 돌아보는 일.

불어내기 출구 : 공기 조화기용 덕트(duct)를 따라 보내진 공기를 실내에 분출시키기 위한 기구. 아랫방향 배기의 아네모스탯(anemostat)형, 가로 방향의 유니버설(universal)형 등이 있고, 뒷방향으로 풍량 조정용 셔터(shutter)를 설치한 것을 레지스터(register)라 한다.

불 휠(bull wheel) : 가이 데릭(guy derrick)이나 삼각 데릭(3-leg derrick) 등의 마스트(mast) 아래에 있는 회전바퀴로, 여기에 와이어 로프(wire rope)를 감아서 윈치(winch)로 회전시킨다. 데릭 밑바퀴(derrick base wheel)라고도 한다.

붐(boom) : 데릭(derrick) 등에 고정되는 암(arm)으로, 선단에 하중을 달아 올리는 도르래(滑車)가 부착되어 있고 하부는 마스트(mast)나 회전체에 연결되어 있다. → 가이 데릭(guy derrick)

붙박이 : 개구부에 부착하는 창호 가운데 개폐되지 않은 창호를 끼워 넣는 것.

붙여 고르기 : 밑바탕의 불균일을 조정하고 다듬질 두께를 균등하게 하기 위해 초벌칠 전에 모르타르 등을 발라서 고르는 일.

붙임궤 : 장부 맞춤을 하지 않고, 뒷면에서 붙임 목을 대어 십(+)자 맞춤으로 하는 이음.

붙임띠 : 금속판 평판지붕 등의 처마 끝이나 박공단을 고정시키고 보강하는 띠 모양의 금속판으로, 지붕널로 감싸거나 솔기접기를 하며, 물 빼기를 겸한다.

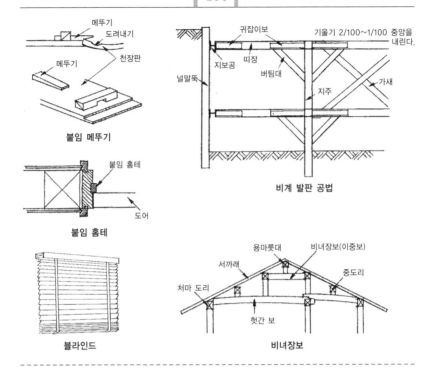

붙임 메뚜기

붙임 홈테

블라인드

비계 발판 공법

비녀장보

붙임 메뚜기 : 천장판을 겹치는 경우, 틈새가 생기거나 뒤집히는 것을 방지할 목적으로 사용되는 작은 나무 조각으로, '반자틀 쐐기' 라고도 한다.

붙임 여유 : → 부착 두께

붙임 홈테 : 문지방, 상인방의 홈가에 별도의 나무로 만들어 붙인 갓테.

브래킷(bracket) : 물건을 받치기 위한 팔대 모양의 철물.

브레이스(brace) : 가새.

브레이커(breaker) : → 콜 픽(coal pick)

브이(V) 홈파기 : 재료 단면을 선저형(船底形)과 같이 브이(V)형으로 파내는 일. 목조 지붕틀 구조에서 구석의 귀잡이 대공, 골대공의 상면에 가공되는 홈파기를 말한다.

블라인드(blind) : 일반적으로 루버(rub-ber), 셔터(shutter : 미늘문), 발, 커튼(curtain) 등 햇볕을 차단하거나 외부에서 보이는 것을 피하기 위해서 만들어진 것으로, 보통은 베니션 블라인드(Venetian blind)나 롤 블라인드(roll blind)를 말하는데, 베니션 블라인드는 베니스(Venice)식 블라인드를 말하는 것으로 문을 가리는 넙죽한 발과 같은 것을 말한다.

블레이드(blade) : 배토판(排土板), 토공판(土工板).

블론 아스팔트(blown asphalt) : 석유 아스팔트의 일종. 석유 증류탑의 밑부분에서 열기를 불어넣어 수분과 증기분을 적게 하여 화학반응을 진행시키는 것. 스트레이트 아스팔트(straight asphalt)에 비하여 점착성이나 침투성은 떨어지지만 습도에 의한

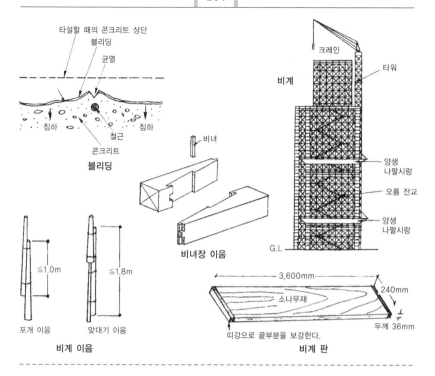

타설할 때의 콘크리트 상단
블리딩
균열
침하   침하
철근
콘크리트
블리딩

≦1.0m   ≦1.8m
포개 이음   맞대기 이음
비계 이음

비녀
비녀장 이음

크레인
타워
비계
양생 나팔시렁
오름 잔교
양생 나팔시렁
G.L

3,600mm
240mm
소나무재
두께 36mm
띠강으로 끝부분을 보강한다.
비계 판

변화가 적고 안정성, 내식성이 우수하다. 아스팔트 방수층, 아스팔트 루핑(asphalt roofing) 표면층 등에 사용된다.

블리딩(bleeding) : 타설(打設)한 콘크리트가 경화하는 동안에 혼합수(混合水) 일부가 분리되어 콘크리트 표면으로 상승하는 현상.

비계 : 공사용 통로나 작업용 가설 바닥으로서 조립되는 가설물로, 사용 재료는 파이프나 통나무가 사용된다. 외부 비계, 천장 비계 등이 있으며, 그밖에 고정식, 이동식 등 사용 목적에 따라 여러 가지가 있다.

비계 기둥 통나무 : 통나무 비계의 지주(支柱)로서 수직으로 세우는 통나무 재료를 말한다.

비계 발판 공법 : 흙막이 동바리공(支保工)의 일종. 널말뚝과 지주(支柱)를 소정의 깊이까지 박고, 제1단계의 굴삭에 맞추어 동바리공 띠장이나 버팀목을 수평으로 조립한 비계 발판을 만든다. 터파기가 진행됨에 따라 2단, 3단으로 아래쪽을 향하여 비계 발판을 조립하여 흙막이 공사를 하는 방법이다.

비계판 : 비계의 작업 바닥에 사용되는 널빤지로, 가설 길이가 1.5m 정도인 경우, 널빤지는 길이 3,600mm, 폭 240mm, 두께 36mm 정도의 소나무 재료가 사용된다.

비녀 장보 : 일본식 지붕틀 구조의 보로, 2중으로 조립된 위쪽의 보를 말한다. 중도리에 설치하여 용마룻대를 받치는 부재(部材)이다.

비녀장 이음 : 목재를 접합할 경우, 나무의

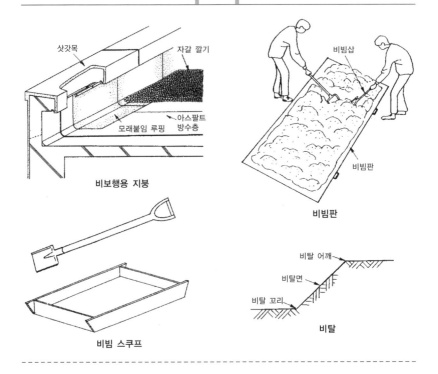

삿갓목　　자갈 깔기
아스팔트 방수층
모래붙임 루핑
비보행용 지붕

비빔삽
비빔판
비빔판

비빔 스쿠프

비탈 어깨
비탈면
비탈 꼬리
비탈

밑단면과 끝단면을 접합하는 이음.

비막이 : 외부에서 빗물의 침입을 방지하기 위해 설치하는 차올림부로, 개구부 문지방의 안쪽에 붙여 세워진 테두리.

비보행용 지붕(非步行用—) : 지붕의 유지 관리 목적 이외에는 사람이 그 위를 보행하지 않는 평지붕. 노출 방수 지붕으로 사람이 보행할 수 없게 난간을 낮게 만든 지붕을 말한다.

비빔 스쿠프(mixing scoop) : 모르타르나 콘크리트를 비벼 섞는 경우에 사용하는 비빔삽.

비빔판 : 평탄한 철판에서 모르타르나 콘크리트를 스쿠프(scoop)로 비빌 때 사용하며 '비빔 철판' 이라고도 한다.

비상 통보기(非常通報器) : 푸시 버튼을 누르

기만 하면 다이얼(dial) 조작이나 녹음된 것을 자동교환 전화국을 통하여 소방서나 경찰서에 통보하는 장치.

비아무림(weathering) : 빗물이 건물 안으로 들어가지 않게 하는 일로, 지붕덮개 재료의 이음, 겹쳐 포개지는 부분, 처마 끝이나 개구부의 물끊기 부분 또는 물끊기 부분, 외벽 접합부의 코킹(caulking) 등이 좋고 나쁨을 말한다.

비탄성 영역(非彈性領域) : 재료나 구조물이 탄성체로서의 성질을 갖지 않는 영역.

비탈 : 흙깎기나 흙돋우기의 경사면으로, 흙이 붕괴되지 않도록 조성하는 경사면.

비탈진 오픈 컷(— open cut) : 터파기하는 주위의 토사가 붕괴되지 않도록 적당한 비탈을 만들어 파내려가는 굴삭 방법.

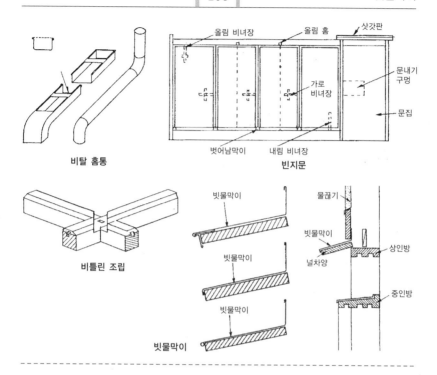

올림 비녀장　올림 홈　삿갓판

가로 비녀장

문내기 구멍

문집

비탈 홈통

벗어남막이　내림 비녀장

빈지문

비틀린 조립

빗물막이

빗물막이

물끊기

빗물막이

널차양

상인방

중인방

빗물막이

빗물막이

비탈 홈통 : 위층 세로 홈통의 빗물이 지붕면을 따라 흐르는 경우에 사용하는 홈 형이나 판형의 홈통.

비트(bit) : 공구류의 날을 말한다. 보링 로드(boring rod)의 선단에 부착하여 토층을 굴삭(掘削)하거나 삭암(削岩)하는 날 모양의 공구. 날 모양에는 십자형, 일자형, 별 모양 등이 있다.

비틀린 송곳 : → 나선 송곳

비틀린 조립 : 모음 지붕의 귀잡이판을 처마 도리의 교차부에 거는 경우 등의 조립 방법. 일반적으로 접촉 부분이 수평이 아닌 경우의 맞춤을 말한다.

비평탄(非平坦) : 수평이 아니거나 면이 평탄하지 않은 것으로, 고르지 않다고 한다.

빈지문 : 건물 외주의 개구부를 비바람으로부터 보호하기 위한 창호. 보통은 한줄 레일(rail)의 밀어 넣기 형식이 많고, 빈지문 상호 간의 세로 문틀에는 둥근 밀납 등을 사용하여 빗물의 침입을 막는다. 빈지문은 비바람에 대한 기능 이외에도 방범(防犯)용으로도 사용되며, 목제나 금속제의 널문이 많다.

빌더(builder) : → 시공자(施工者)

빗물막이(water table) : 외벽 면과 개구부의 틀과 조립 부분에 빗물의 침입을 방지하기 위하여 설치하는 것. 보통 플래싱(flashing : 금속 박판을 접은 것)이 사용되나 회반죽, 방수 모르타르, 코킹(caulking)재, 목판 등도 사용된다. 지붕면과 연통 둘레, 기초와 외벽 판의 접속부 등에도 부착한다.

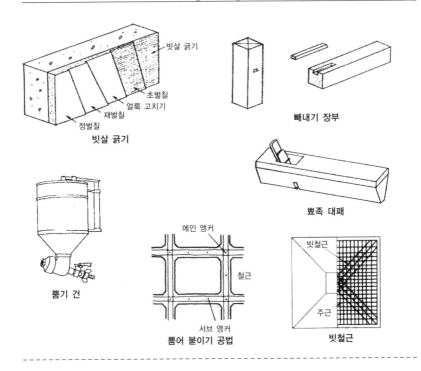

빗살 긁기

빼내기 장부

뾰족 대패

뿜기 건

뿜어 붙이기 공법

빗철근

빗살 긁기 : 칠이 겹치는 층의 부착성을 좋게 하기 위해서 밑층 표면에 빗살 주걱으로 줄홈을 넣는 일을 말하며, 빗살 주걱으로 줄홈을 넣는 다듬질을 빗살 다듬질이라 한다.

빗이음 : 양부재의 마구리를 서로 경사 방향으로 가공하여 조합하는 이음으로, 다월 또는 나무못을 사용하여 고정시킨다. 보통 지지재의 바로 위에 사용하는 것으로 도리, 보, 지붕 보 등의 이음에 사용한다.

빗장 : 대문이나 규모가 큰 여닫이문을 잠그는 가로목. 이 가로목을 지지하는 쇠붙이를 빗장 꺾쇠라고 한다.

빗철근(diagonal reinforcement) : 철근 콘크리트의 벽·바닥 슬래브·기초 슬래브 등에 경사지게 배치하여 보강한 철근. 그 림은 기초의 배근 예이다.

빗턱 통맞춤 : 맞춤의 하나로, 통기둥에 층도리의 끝부분을 부착하는 경우에 사용된다. 층도리의 끝부분을 비스듬히 잘라 통째 끼움을 한 것으로, 중앙을 장부로 하여 끼우는 경우를 '빗턱통 넣고 장부 맞춤' 또는 '경사 은폐 끼우기', '경사끼우기'라고도 한다.

빙 압력(ice pressure) : 얼음 압력. 결빙에 따르는 팽창에 의해서 얼음이 주위에 주는 압력.

빛 열화(light degradation) : 광열화(光劣化). 빛에 의한 재료의 열화 작용 또는 현상. 일반적으로 자외선 열화와 같은 뜻으로 사용하는 일이 많다.

빼내기 장부 : 고용 장부의 변형으로, 상인

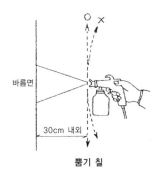

뿜기 건(spray gun) 사용
① 1/3을 겹치게 칠한다.(나비의 1/2~1/3)
② 칠면에 1회와 2회는 직각으로 칠하여 면을 고르게 한다.
③ 원호를 그리지 않게 평행 운행한다.
④ 면과 건(gun)은 30cm 떨어지게 한다.
⑤ 1회 뿜칠의 폭은 30cm를 유지한다.
⑥ 건의 뿜칠 압력은 $3.5kg/cm^2$ 이상으로 한다.
⑦ 건(gun)의 운행속도는 30m/min가 적당하다.
⑧ 도료가 되면 칠면의 칠오름이 거칠어지고, 묽으면 칠오름이 나빠진다.
⑨ 건(gun)은 연속적으로 움직인다.

뿜기 칠

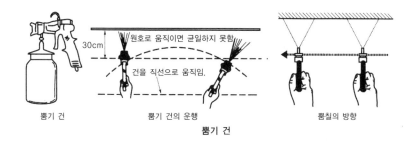

뿜기 건

방을 기둥에 고정시키는 경우에 사용하는 맞춤. 사다리꼴 단면의 부재를 별도로 만들고, 상인방 상부에 붙인 개미 모양의 홈으로부터 빼내어 고정한다.

뼈대 모델(skeleton model) : 구조 해석용으로 간단화된 뼈대의 모델로, 부재는 선재로 치환하고, 하중은 외력으로 치환하여 적절한 지점(支點) 조건을 설정한 것.

뼈대 측량(skeleton surveying) : 어떤 지역을 측량할 때 측량하는 구역 전체를 둘러싸는 뼈대를 만들고 그 뼈대의 기본이 되는 점(측점)이나 선(측선)의 상호 위치 관계를 정하는 측량. 세부 측량의 대비어.

뾰족 대패 : 목재에 V자 홈을 깎기 위한 대패로, 대가 V자형으로 되어 있다.

뾰족 아치(pointed arch) : 반경이 같은 두 원호에 의해서 만들어지는 꼭지가 뾰족한 아치.

뾰족 지붕(steeple) : 원뿔형 또는 다각뿔의 급경사를 이루며 끝이 뾰족한 지붕.

뿜기 건 : 에어 스프레이 건

뿜기 칠 : 스프레이 건(spray gun)을 사용하여 도료나 뿜기 재료를 도장면에 뿜기칠하여 마감하는 것으로, 에어 스프레이(air spray) 도장, 에어리스 스프레이(airless spray) 도장, 정전(靜電) 도장 등이 있다.

뿜어붙이기 공법(spraying method) : 비탈면 보호 공법의 일종. 거푸집 대신 철망을 이용하여 모르타르나 콘크리트를 직접 분사하고 방틀 모양의 철근 콘크리트는 보 구조를 형성하여 비탈면을 피복하는 공법.

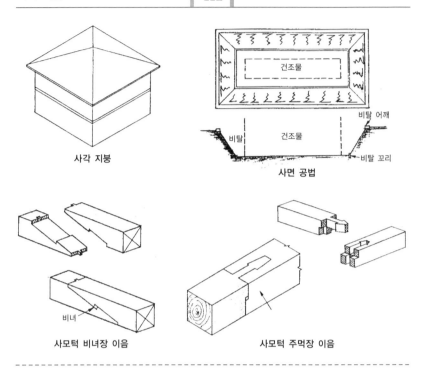

사각 지붕

사면 공법

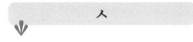

사모턱 비녀장 이음

사모턱 주먹장 이음

사각 지붕 : 그림 참조.

사개 : 비둘기 꼬리처럼 골이 벌어져 있으며, 목공의 접합에 쓰인다.

사개 맞춤 : 이음, 이음매의 일종. 주먹턱 홈, 주먹턱 구멍을 조립하는 것으로 토대의 구석, T자형 접합부, 지붕보의 접합에 사용된다.

사면 공법(face of slope method) : 터파기 공법의 일종으로, 터파기할 때 흙막이 벽을 만들지 않고 사면을 만들어 주위의 지반이 무너지지 않도록 하여 굴착하는 공법을 말한다. 터파기의 주위가 넓고 지반이 양호하며, 얕은 굴착에 적합하다.

사모턱 비녀장 이음 : 그림 참조.

사모턱 주먹장 이음 : 토대, 도리 등의 이음에 사용되는 것으로, 낫 모양의 굽은 목 장부를 조합한다. 하부에 단(段) 모양의 것을 '허리걸이 주먹장 이음'이라 한다.

사방 곧은결(四方一) : 사철나무 결이라고도 하며, 각재의 나무결이 4면 모두 똑바른 나무 결로 되어 있는 것. 기둥 재료로는 고가이며 선호도가 높다.

사슴무늬 다듬기 : 사슴 새끼의 털과 같은 얼룩이라는 뜻으로, 회반죽 바르기 등의 얼룩 고치기로서 오목한 곳에 회반죽을 얇게 발라 평활하게 만드는 것을 말한다.

45° 경사 : 수평선에 대하여 45°의 기울기로, 밑면과 세로변이 같은 길이이다.

사이드 앵글(side angle) : 철골 기둥다리로

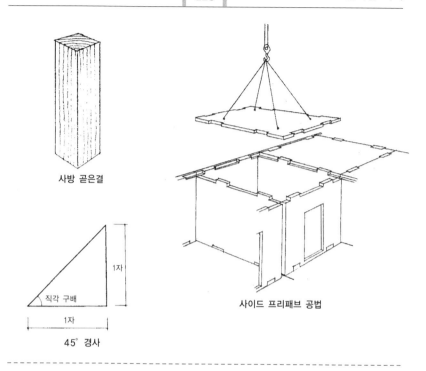

사방 곧은결

직각 구배

1자

1자

45° 경사

사이드 프리패브 공법

윙 플레이트(wing plate)의 바깥쪽에 설치하는 앵커볼트(anchor bolt)를 끼워 붙이는 L형강(L形鋼)을 말한다.

사이드 프리패브 공법(side prefabricated method) : 현장에서 프리캐스트(precast) 콘크리트 판을 제조하고, 기계를 사용·조립하여 구축하는 콘크리트 프리패브 공법의 일종이다. 프리패브(prefabrication) 공법이란 간이주택(簡易住宅)처럼 조립식 공법을 말한다.

사이딩(siding) : 목판, 석면, 석면 시멘트, 금속판 등을 외벽에 붙여서 다듬는 일.

사이딩 보드(siding board) : 외벽용 합꼴 지붕 이기.

사이어미즈 커넥션(siamese connection) : 옥외 또는 건축물의 외벽에 설치되어 옥내 소화전으로 압력수를 송입하기 위한 송수구(送水口).

사이트(site) : 부지(敷地), 건설 현장.

산막이 : 터파기를 한 다음 토사 붕괴를 방지하는 동바리공을 말한다. 굴삭면에 널말뚝을 때려 박는 방법과 비탈면을 따서 파내려가는 방법이 있다. '흙막이'라고도 한다.

산자널 : 지붕의 밑바닥 널빤지로, 서까래 위에 붙이는 지붕 덮개판.

산자널 붙이기 : 지붕의 밑바닥판인 서까래에 못을 박는 일. 처마 천장을 붙이지 않고 치장 지붕널로 하는 경우에는 약간 두꺼운 판을 대패로 깎는다. 이때 깎아 다듬질한 것을 치장 지붕널, 깎지 않고 사용하는 것을 거친 지붕널이라 한다.

산자널 이기 : → 흙담지붕 이기

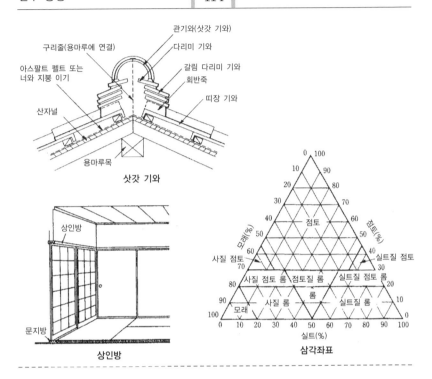

구리줄(용마루에 연결)

아스팔트 펠트 또는
너와 지붕 이기

산자널

관기와(삿갓 기와)
다리미 기와
갈림 다리미 기와
회반죽
띠장 기와

용마루목

삿갓 기와

상인방

문지방

상인방

0 100
10 90
20 80
30 70
40 점토 60
모래(%) 50 점토(%) 50
사질 점토 60 40 실트질 점토
70 30
80 사질 점토 롬 점토질 롬 실트질 점토 롬 20
90 롬 10
사질 롬 실트질 롬
100 모래 0
0 10 20 30 40 50 60 70 80 90 100
실트(%)

삼각좌표

살수 양생 : 콘크리트 타설 후 표면으로부터 수분의 급격한 증발이 염려되는 경우 살수하고 시트로 덮는 초기 양생 방법.

삼각 데릭(3-leg derrick) : → 스티프레그 데릭(stiff-leg derrick)

삼각 좌표 : 흙을 입도 조성에 따라 분류하는 토질 분류법을 말한다. 흙의 입자 크기를 중심으로 모래, 실트(silt), 점토의 셋으로 나누고, 이들 세 가지 성분 중량 백분율로부터 좌표를 사용하여 분류하는 것이다.

삼나무 껍질 이기 : 삼나무 껍질을 지붕 몰매에 따라 길게 이는 방법. 상하 좌우로 충분히 겹쳐 포개어 위로부터 쪼갠 대나무 등으로 눌러 고정한다.

삼륙(三六) : 3×6자 크기의 판상 재료. 3·6판(板), 3·6패널(panel) 등으로 부른다.

삼발이 이음 : 이음의 일종, 지붕보, 합장보, 깔도리 등에 이용한다. 상하 재료는 같은 형상으로 가공하고 측면에서 비녀를 때려 박아 조인다.

삼방(3方) **가리기 이음** : → 합가리기 이음

삽입 서까래 : → 선자 서까래

삽입 장부 : 접합하는 두 부재의 양쪽에 장부 구멍을 뚫고 다른 나무를 장부로 하여 끼워 접합하는 맞춤. 또는 그에 쓰이는 별도의 나무를 말한다.

삽입 진동기(揷入振動機) : → 봉 바이브레이터(bar vibrator)

삿갓 기와 : → 관(冠)기와

상용 노무자(常用勞務者) : 임시 고용인과 계속적으로 고용 관계를 맺고 있는 노무자.

상이 잘라 쌓기 : → 돌쌓기

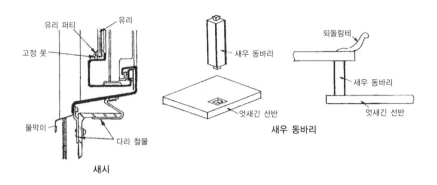

새시

새우 동바리

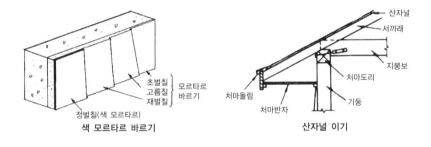

색 모르타르 바르기

산자널 이기

상인방 : 인방재의 하나로서, 미닫이문이나 지붕창을 만들어 놓기 위한 부재로, 홈을 파서 창호의 상부에 고정하는 가로재를 말한다.

상자 줄눈 미늘판 붙이기 : → 미늘판 p.82 참조.

상자 차양 : → 차양

새김매(notch) : 기둥, 도리, 보 등의 부재에 다른 재료를 부착하는 경우의 맞춤으로, '쌍턱 걸기' 라고도 한다.

새들 : 전기 배선용 기구

새시(sash) : 창호를 구성하는 각 부재로, 보통은 금속제 창호를 말하며, 스틸 새시 (steel sash), 알루미늄 새시(aluminum sash) 등이 있다. 창호 창살의 부재를 새시 바(sash bar)라고 한다.

새우 동바리 : 도꼬노마 한 옆에 서로 높이가 다른 치장 선반에 있어 그 끝부분에서 윗선반을 지탱하고 있는 동바리를 말하며, '병아리 동바리' 라고도 한다.

새우 연귀 : 도꼬노마의 모서리 등에 사용하는 연귀로, 내부에 주먹 장부가 들어 있다.

색 경계(色境界) : 다른 색 또는 다른 종류의 도료를 나누어 칠해서 구분하는 경우의 경계. '칠 경계' 라고도 한다.

색 모래 : 자연석을 분쇄하거나 풍화된 암석의 모래를 정제한 치장벽용의 모래.

색 모르타르 바르기 : 미장 마무리의 일종. 안료(顔料) 등으로 착색한 시멘트에 한수석(寒水石 : 대리석의 일종) 등의 쇄석을 섞어 비빈 모르타르를 정벌칠하는 것을 말한다.

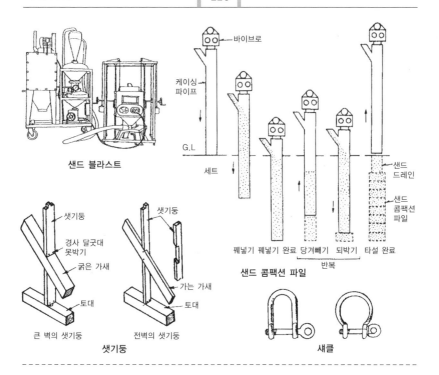

샌드 블라스트

바이브로
케이싱 파이프
G.L
세트

샛기둥
경사 달굿대 못박기
굵은 가새
토대
큰 벽의 샛기둥

샛기둥
가는 가새
토대
전벽의 샛기둥

샛기둥

펴넣기 펴넣기 완료 당겨빼기 되박기 타설 완료
반복
샌드 콤팩션 파일

샌드 드레인
샌드 콤팩션 파일

섀클

색채 조절 : 도료 등을 희망하는 색으로 조절하는 것.

샌드 블라스트(sand blast) : 모래를 압축 공기로 노즐에서 뿜어내는 것으로, 강재 표면의 녹을 제거하거나 깨끗하게 할 때, 또는 대리석 등의 표면을 거칠게 하거나 광택을 없애는 등에 사용한다.

샌드 워시(sand wash) : 금속 등의 표면을 모래를 혼합한 고압수로 뿜어 청소하는 방법.

샌드 콤팩션 파일(sand compaction pile) : 연약한 지반을 개량하기 위해 충격 진동으로 타설하는 모래 말뚝. '샌드 파일(sand pile)', '모래 말뚝'이라고 한다.

샌드 파일(sand Pile) : → 샌드 콤팩션 파일(sand compaction pile)

샌드 페이퍼(sand paper) : → 연마지(研磨紙)

샘플러(sampler) : 토질 시료 채취 기구로 연질토용, 경질토용, 비교란(非攪亂) 시료용 등이 있다.

샘플링(sampling) : 지반 조사에서 토질 자료를 채취하는 것.

샛기둥(stud) : 벽의 바탕이 되는 재료를 부착하기 위한 보조 기둥으로, 구조상 주기둥이 아닌 것을 말한다. 큰 벽 구조인 경우에는 기둥의 1/2 분할, 1/3 분할 정도의 것을 기둥 사이에 끼우고, 진벽(眞壁) 구조의 경우에는 다시 작게 분할한 것을 황벽(荒壁)에 고정한다.

샛기둥 표시 : 먹줄치기에 있어서 샛기둥의 위치를 표시하기 위해 사용되는 맞춤 표시.

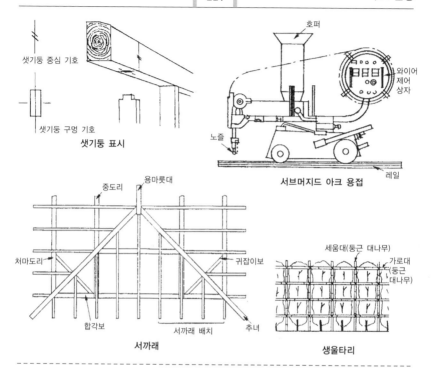

샛기둥 중심 기호

샛기둥 구멍 기호

샛기둥 표시

호퍼

와이어 제어 상자

노즐

레일

서브머지드 아크 용접

중도리 용마룻대

처마도리 귀잡이보

합각보 서까래 배치 추녀

서까래

세움대(둥근 대나무)

가로대 (둥근 대나무)

생울타리

생울타리 : 삼나무 등의 수목을 줄지어 심은 울타리. 같은 크기로 된 같은 종류의 나무를 고르게 사용한다.

샤모트 벽돌(chamotte brick) : 샤모트에 내화 찰흙을 가하여 소성한 내화 벽돌. 내화도는 1,690~1,750℃이다.

샬렌(schalen : 독일어) : → 셸(shell)

섀클(shackle) : 와이어 로프(wire rope)를 결합하는 철제 도구. 환강을 U자형으로 구부려 양단을 환형으로 만들어 볼트를 죈 것으로, 말뚝의 인발(引拔) 등에 사용한다.

서까래(common rafter) : 지붕틀 구조 부재의 일종. 용마룻대, 중도리, 처마도리에 걸치는 재료로, 이 위에 산자널을 붙인다.

서까래 걸이 : 차양이나 달개지붕 서까래의 상단을 벽에다 지탱시키는 재료.

서모스탯(thermostat) : 온도의 변화를 감지하여 릴레이(relay) 장치로 기기(器機)를 자동적으로 제어하는 것. 바이메탈(bimetal)식, 벨로스(bellows)식, 전기 저항식 등이 있다.

서브머지드 아크 용접(submerged arc welding) : 접합부의 표면에 돋아난 미립상의 플럭스(flux) 속에 전극 와이어(wire)를 끼워 넣고 모재(母材)와의 사이에 생기는 아크 열(arc heat)로 용접하는 방법.

서브 콘트랙트(sub contract) : 하청(下請).

서브 트러스(sub truss) : 메인 트러스의 간격이 클 때 중간에 두는 보조적인 트러스.

서브 펀칭(sub punching) : → 서브 펀칭 리밍

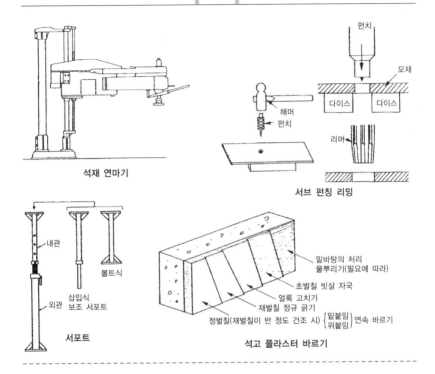

석재 연마기

서브 펀칭 리밍

서포트

석고 플라스터 바르기

서브 펀칭 리밍(sub punching reaming) : 강재에 구멍을 뚫을 때 펀치(punch)로 정해진 크기보다 작은 지름의 구멍을 뚫은 다음에 리머(reamer)로 정해진 지름으로 다듬는 일.

서브 후프(sub hoop) : 기둥의 주근(主筋)이 삐져나오는 것을 방지하기 위해서 띠근(hoop)을 일정 간격으로 넣는 보강 띠근. '부 띠근'이라고도 한다.

서중 콘크리트 : 여름철 더울 때 타설한 콘크리트로, 심한 건조를 방지하기 위해 살수(撒水)나 덮개를 덮는 등 충분한 양생(養生)이 필요하다.

서포트(support) : 거푸집 공사의 하중을 지탱하는 지주(支柱). 보나 슬래브의 거푸집 아래에서 무거운 콘크리트 하중을 지탱하는 데 사용한다. 자른 통나무, 작은 각재, 파이프 지주(支柱) 등이 있다.

석고 플라스터 바르기(gypsum plaster) : 석고 플라스터와 골재의 주재료에 물로 비빈 것을 벽이나 천장에 발라 마무리하는 일. 작업 중에는 통풍을 피하고, 그 후에 적당히 통풍시켜 건조시킨다.

석공(石工) : 채석, 가공, 돌쌓기, 돌붙이기, 돌깔기 등 돌에 관한 일을 하는 작업인의 통칭으로, '석수장이'라고도 한다.

석공사(石工事) : 석재의 가공, 쌓기, 붙이기, 깔기 등의 공사로 돌쌓기 공사, 돌 붙이기 공사, 돌깔기 공사 등이 있다.

석면 슬레이트 이기(asbestos cement slate) : 석면 슬레이트(slate) 평판(平板) 또는 파형판(波形板)을 사용하여 지붕을

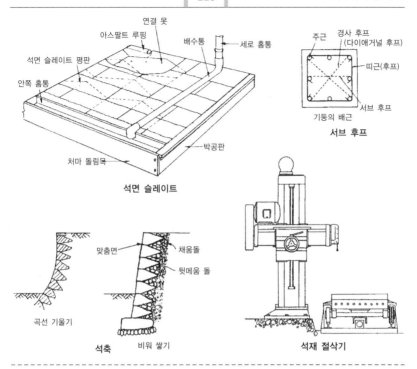

아스팔트 루핑 · 연결 못 · 배수통 · 세로 홈통 · 석면 슬레이트 평판 · 안쪽 홈통 · 처마 돌림목 · 박공판

석면 슬레이트

주근 · 경사 후프(다이애거널 후프) · 띠근(후프) · 서브 후프 · 기둥의 배근

서브 후프

맞춤면 · 채움돌 · 뒷메움 돌 · 곡선 기울기

석축 비워 쌓기

석재 절삭기

이는 일. 평판(平板)이기는 바탕판 위에 방수(防水)를 위한 아스팔트 펠트(asphalt felt) 등을 깔고 일(一)자 모양, 비늘 모양, 거북 무늬 모양, 마름모꼴 등의 형상(形狀)으로 지붕이기를 하는 것을 말한다. 파형판(波形板) 이기는 몸체에 직접 지붕이기를 하는 경우가 많은데, 목조 몸체에는 삿갓머리 못박기를 하고, 철골 몸체에는 훅 볼트(hook bolt)로 나사 조임을 한다.

석선 호스(suction hose) : 양수 펌프의 흡입 호스, 흡입할 때 내부에 부압이 걸리기 때문에 강선을 호스에 나선형으로 감아 넣어 호스가 찌그러지지 않도록 하고 있다.

석재 연마기(石材硏磨機) : 석재 표면을 연마하여 평활하게 다듬는 기계로, 원반형, 소용돌이형, 옆면갈기형 등이 있다.

석재 절삭기 : →석재를 가공 절단하는 기계

석축(石築) : 돌쌓기에 의한 옹벽으로, 쌓는 돌의 모양에 따라서 거친돌 쌓기, 다듬돌 쌓기, 호박돌 쌓기 등이 있고, 줄눈의 모양에 따라 줄쌓기, 골쌓기, 거북쌓기 등이 있다. 또 줄눈 모르타르의 유무에 따라 반죽 쌓기, 비워쌓기 등이 있다.

석축공(石築工) : 석축의 돌을 쌓아 올리는 작업을 하는 사람. 석축기사라고도 한다.

석축 기사(石築技士) : → 석축공(石築工)

선날 대패 : → 대고르기 대패

선반 비계 : 천장 붙이기나 실내 작업에 사용되며, 자른 통나무나 세운 다리 위에 선반 널이나 비계 널을 깔아서 사용한다.

선서까래 배치 : 모음용 마루 지붕, 팔작지붕의 귀잡이판에 부착한 서까래로, '가새붙

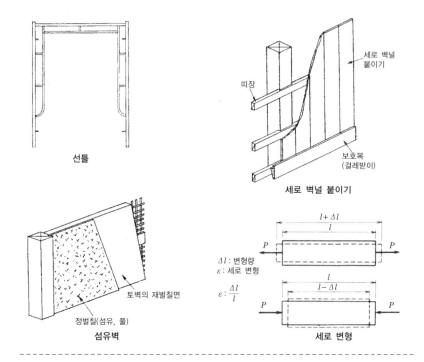

선틀

세로 벽널 붙이기

섬유벽

세로 변형

$l + \Delta l$

l

P → ← P

Δl : 변형량
ε : 세로 변형

$\varepsilon : \dfrac{\Delta l}{l}$

l

$l - \Delta l$

P → ← P

이 서까래', '끼움 서까래'라고도 한다.

선틀 : 틀비계의 수직 부재로, 순차적으로 쌓아 올릴 수 있는 새집 모양의 거푸집.

설계 감리(設計監理) : 설계 및 공사 감리를 하는 일. 설계는 건축주의 계획과 요망을 건축적 고찰에 의하여 책임지고 설계도를 작성하는 업무이고, 감리는 그 사람의 책임 하에 공사를 설계도와 대조하여 그것이 설계도대로 실시되고 있는지 확인하는 것이다.

설계도(設計圖) : 건축공사를 위해 필요한 설계도와 시방서. 이 밖에 구조계산서·적산서를 포함하는 경우도 있으나, 시공도, 원촌도 등은 포함되지 않는다.

설비 공사(設備工事) : 건축물의 냉난방, 공기 조화, 급배수, 기타의 위생 관계, 전기 가스 관계, 기타 여러 설비 전반의 공사.

섬 : 목재의 체적 단위. 1 섬=10 입방척= 0.27826m³

섬유벽(纖維壁) : 토벽(土壁)이나 모르타르 벽의 재벌칠 위에 실몽당이, 솜, 합성섬유, 코르크(cork) 분말, 펄프(pulp) 등을 풀로 칠해서 정벌칠하여 마무리한 벽.

세로 격자문 : → 격자문 p.11 참조.

세로 벽널 붙이기 : 널빤지를 세로로 붙이는 것, 세로 이음매는 쪽매로 하거나 틈막이 판이나 깔오리목을 박아서 마무리한다.

세로 변형(longitudinal strain) : 인장 변형·압축 변형 등 부재의 축방향 변형.

세로 솔기 : → 솔기 접기

세로 수도꼭지 : → 위생 철물

세로 장부 : 재료의 축 방향으로 짧게, 수평

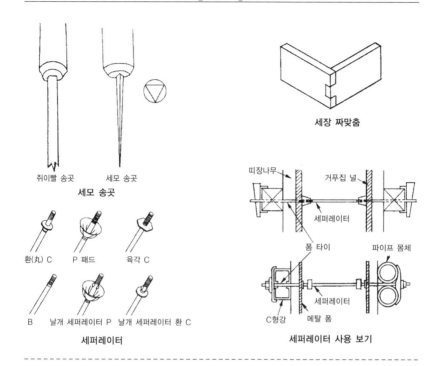

쥐이빨 송곳　　세모 송곳
세모 송곳

환(丸) C　　P 패드　　육각 C

B　　날개 세퍼레이터 P　날개 세퍼레이터 환 C
세퍼레이터

세장 짜맞춤

띠장나무　　거푸집 널

세퍼레이터

폼 타이　　파이프 몸체

세퍼레이터

C형강　　메탈 폼
세퍼레이터 사용 보기

재의 끝부분에 설치하는 세로로 긴 장부.
문지방을 기둥에 고정시키는 경우에 사용
된다. → 문지방

세로켜기 톱 : 목재를 섬유 방향으로 자르는
톱. 톱니의 모양은 삼각형으로 간격은 가
로 켜기보다 약간 덜 촘촘하다. → 톱

세로 홈통 : 개구부를 기둥 사이의 거리보다
좁게 하는 경우 양쪽에 고정하는 튼튼한
나무로서, '기둥끼움' 이라고도 한다.

세모 송곳 : 날 끝의 단면이 삼각형으로 되어
있는 송곳. 못이나 나사못의 애벌구멍을
뚫을 때 사용한다. 단면이 사각뿔 모양인
것은 네모 송곳이라 한다.

세발 송곳 : 선단이 세 개로 나뉘어져 있는
송곳으로, 구멍 중심에 송곳의 중앙을 대
고 회전시킴으로써 양쪽날이 재료를 깎아

들어가며 구멍을 뚫는 공구. '쥐 이빨 송
곳' 이라고도 한다.

세움 솔기 : 금속 박판(薄板)의 솔기 접기의
일종으로, 접합 판의 끝부분을 서로 수직
으로 세워서 말아 잇는 방법.

세움 기준틀 : 기준틀

세이프티 콘(safety cone) : → 컬러 콘
(color cone)

세장 짜맞춤 : 판재를 직각으로 조립하는 경
우, 한쪽은 하나의 볼록형 장부, 다른쪽은
두 개의 오목 장부를 만들어 짜맞춰 조합
하는 것. '5장부 짜맞춤', '7장부 짜맞춤'
등이 있다.

세퍼레이터(separator) : 철근 콘크리트 공
사에서 거푸집의 간격을 정확히 유지하기
위해 사용하는 받침 또는 부품.

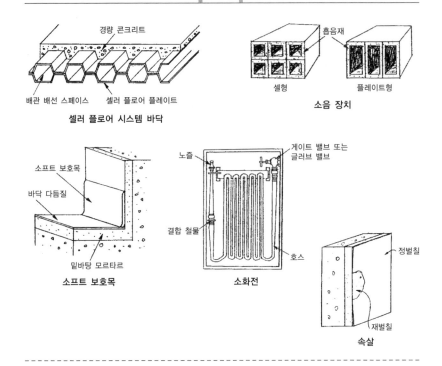

경량 콘크리트

배관 배선 스페이스   셀러 플로어 플레이트

셀러 플로어 시스템 바닥

흡음재

셀형   플레이트형

소음 장치

소프트 보호목

바닥 다듬질

밑바탕 모르타르

소프트 보호목

노즐

게이트 밸브 또는
글러브 밸브

결합 철물

호스

소화전

정벌칠

재벌칠

속살

셀러 플로어 시스템 바닥(cellar floor system―) : 배선, 배관의 스페이스 (space)를 갖는 셀러 플로어 플레이트 (cellar floor plate)에 경량 콘크리트 (concrete)를 다져서 만드는 바닥.

셔블(shovel) : 스쿠프와 같은 용도로 사용되나, 셔블은 굴삭용으로 끝이 날카롭게 되어 있고, 스쿠프는 토사를 떠내는 것이다.

셔터(shutter) : 금속판을 꺾어 접어서 가공한 좁은 폭의 판 또는 띠강, 봉강, 철망 등을 발 모양으로 조합하여 상부에서 끌거나 감아서 개폐하도록 만든 문. 강판, 알루미늄, 스테인리스 강 등의 재료를 사용하는데, 특히 강판 1.5mm 미만을 경량 셔터 (shutter)라고 한다.

셀(shell) : 조개껍질과 같은 곡면판의 구성을 말하며, 곡면상의 지붕이나 곡판 구조를 셀(shell) 구조라고 한다. '샬렌 (schalen)'이라고도 한다.

소간격 창살 격자 : 문살의 겉보기 치수와 틈새의 치수를 같게 하여 짠 격자. 너비와 틈새의 치수를 같게 하는 소간격에 대하여 문상의 자리와 틈새를 같게 하는 것을 '등되풀이'라 하고, 이와 같은 배열을 '자주나누기'라 한다. → 격자문

소도급(小都給) : 수주(受注). 도급(都給)

소둔철선(塑鈍鐵線) : 보통 철선을 풀림한 철선으로, 연해서 통나무나 거푸집을 단단하게 묶는 데 사용한다. '풀림 철사'라고도 한다.

소음 장치(消音 裝置) : 환기 및 공기 조화용

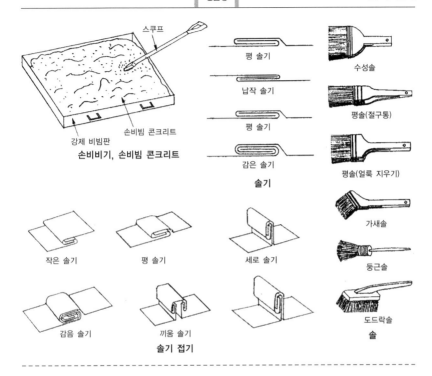

스쿠프

평 솔기

납작 솔기

평 솔기

감은 솔기

솔기

강제 비빔판
손비빔 콘크리트
손비비기, 손비빔 콘크리트

작은 솔기   평 솔기   세로 솔기

감음 솔기   끼움 솔기
솔기 접기

수성솔

평솔(절구통)

평솔(얼룩 지우기)

가새솔

둥근솔

도드락솔

솔

덕트(duct) 속에서 발생하는 소음을 없애기 위한 장치. 흡음재를 붙인 칸막이벽으로 구성되며 셸(shell)형, 플레이트(plate)형, 소음기(消音器) 등이 있다.

소켓 : → 금속관 이음

소프트 보호목 : 비닐 수지계 재료로 만들어진 걸레받이로 접착제를 사용하여 붙인다.

소화전(消火栓) : 화재 시에 소화를 위한 압력수를 공급하는 설비로서 옥내 소화전과 옥외 소화전이 있다. 옥외 소화전에는 지상식과 지하식이 있고, 호스 접속구의 수에 따라 단구식, 쌍구식으로 구별 된다.

속살 : 마감질 표면 아래에 다른 층이 나타나는 것.

손보기 : 공사 완료 후에 부분적으로 수정하거나 고치는 일. 완료 검사에서 지적된 부분의 수정 공사.

손비비기 : 사람의 힘으로 콘크리트류를 비벼 섞는 일. → 비빔판

손비빔 콘크리트 : 믹서(mixer)를 사용하지 않고 사람의 손으로 비벼 섞은 콘크리트.

솔 : 대나무나 목재 박판에 말털, 양털, 산양털, 합성 수지 털 등을 끼워 만든, 도료를 칠하는 도구.

솔기 : 금속 박판의 끝부분 이음의 한 가지로, 서로 끝 부분을 접어서 포개어 접합한다. 위쪽을 윗메뚜기, 아래쪽을 아랫메뚜기라 한다.

솔기 접기 : 금속 박판의 접합법으로, 끝부분을 서로 꺾어 접어서 이어 맞추는 방법. 작은 솔기, 감긴 솔기, 세로 솔기 등의 방법이 있다.

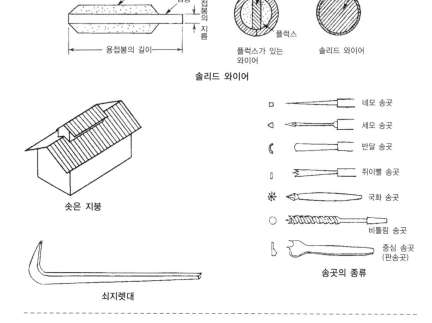

플럭스(피복제) / 심봉 / 용접봉의 지름 / 용접봉의 길이

용가재 / 플럭스 / 플럭스가 있는 와이어

구리 도금 / 용가재 / 솔리드 와이어

솔리드 와이어

솟은 지붕

네모 송곳
세모 송곳
반달 송곳
쥐이빨 송곳
국화 송곳
비틀림 송곳
중심 송곳 (판송곳)

송곳의 종류

쇠지렛대

솔라 시스템(solar system) : 태양 에너지를 열, 전력, 화학 에너지로 변환하여 냉난방 급탕, 조명, 건조 등 생활이나 산업용으로 이용하기 위한 각종 방식.

솔껍질(松皮) **이기** : 평기와를 나란히 깔고 세로이음매 둥근 기와에 해당하는 부분을 회반죽으로 대체하여 본기와 이기와 비슷하게 만든 것이다.

솔리드 와이어(solid wire) : 용접봉 가운데 플럭스(flux)를 내장하지 않은 속찬 와이어를 말한다.

솔질 : → 솔질 마무리

솔질 마무리 : 정벌칠 면을 나무 흙손으로 누른 다음, 표면을 솔로 쓰다듬어 고르게 거친 면으로 만드는 다듬질. 솔에 물을 적시지 않는 빈 솔질, 물을 적시는 물 솔질

이 있고, 그대로 마무리하는 것과 뿜기 마무리의 밑바탕으로 하는 것이 있다. '솔질' 이라고도 한다.

솔칠 : 솔에 도료를 묻혀 도면에 균일하게 발라서 마무리하는 것. 도료가 남거나 흐름, 거품 등이 발생하지 않도록 바른다.

솟은 지붕 : 지붕의 일부를 올려서 작은 지붕을 단 것을 말하는데, 그 벽면에 창을 내어 채광에 이용하거나 미늘창이나 환기창을 부착하여 배기에 이용한다.

송곳 : 목재에 구멍을 뚫는 공구로, 세모 송곳, 네모 송곳 등이 있다.

쇄석 플랜트(crushed stone plant) : 암석을 쇄석기로 분쇄하여 콘크리트용 골재를 생산하는 장치.

쇠말뚝 : 강재 말뚝으로 H형강이나 원통형

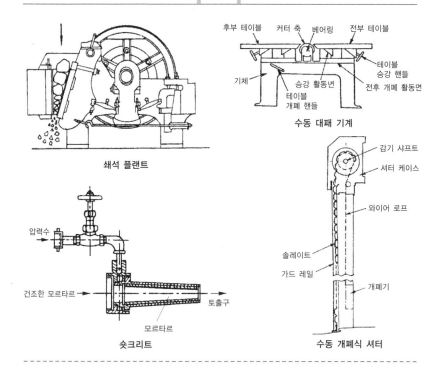

쇄석 플랜트

수동 대패 기계

숏크리트

수동 개폐식 셔터

강이 많고, 운반이나 지반에 박기가 용이
하며, 용접으로 늘여서 사용할 수도 있다.

쇠메(hammer) : 리베팅 해머(riveting
hammer).

쇠손 다듬질 : 나무 흙손으로 바르고 쇠흙손
으로 눌러 다듬질하는 것으로, 그대로 마
감하는 경우와 도장이나 종이, 천, 비닐 클
로스(vinyl cloth) 붙이기의 바탕이 되는
경우가 있다.

쇠숫돌 : 대패, 끌 등의 날 뒷면 갈기에 사용
되는 강제(鋼製) 숫돌로, 금강사와 병용하
여 사용된다.

쇠지렛대 : 막대 모양의 못뽑기 지렛대 → 크
로우바(crowbar)

쇼트(shot) : 압축공기를 사용하여 금속표면
처리를 하기 위해 사용하는 가는 금속

입자.

쇼트 블라스트 머신(shot blast machine) :
녹 방지 도장(塗裝)의 전처리로 강철의 분
상 입자를 압축공기에 의해 뿜는 기계로,
철재 표면의 녹이나 기타 부착물을 제거하
는 데 사용한다.

숏크리트(shotcrete) : 압축공기에 의해 모
르타르, 콘크리트를 파이프로 수송하여 선
단의 노즐에서 고속으로 뿜어내는 공법.
'뿜기 모르타르 공법', '시멘트 건 공법'이
라고도 한다.

수동 개폐식 셔터 : 수동식 셔터, 그림 참조.

수동 대패 기계 : 목재를 깎는 기계로서, 테
이블(table)의 중앙에 고정된 대팻날을 회
전시키고, 재료를 손으로 밀어 보내면서
아랫면을 깎는 형식으로 된 것이다.

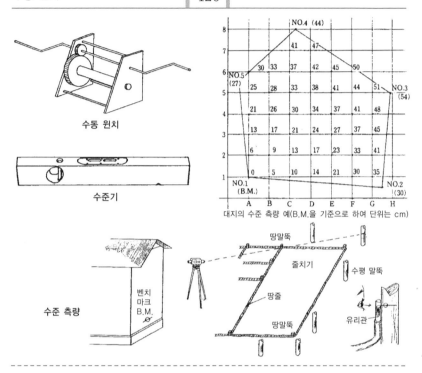

수동 윈치

수준기

수준 측량

NO.4 (44)

대지의 수준 측량 예(B.M.을 기준으로 하여 단위는 cm)

땅말뚝
줄치기
수평 말뚝
땅줄
땅말뚝
벤치 마크 B.M.
유리관

수동 윈치(―winch) : 인력으로 로프(rope)를 감는 장치.

수배(手配) : 다음 공사를 원활하게 하기 위해 작업에 필요한 재료나 노동력을 미리 발주하는 일.

수전 밸브(水栓―) : 급수관 말단의 물이 나오는 곳에 부착하는 개폐 밸브. 가로 밸브, 긴몸통 가로 밸브, 자동 밸브, 탕수 혼합 밸브, 세로 밸브, 위생 밸브, 살수 밸브, 스톱 밸브, 플래시 밸브, 카란(kraan : 수도꼭지), 볼탭 등이 있다. 이들을 통틀어 '밸브(valve)'라고 한다. → 위생 기구

수정 기호 : 먹줄 치기 작업에서 틀린 먹줄을 수정하는 경우에 표시하는 먹줄 기호로, V 기호의 터진 쪽에 있는 먹줄이 올바른 것임을 표시한다. → 먹줄 기호

수주(受注) : 부분적인 공사 또는 일정량의 작업을 단위로 하여 보수(報酬)를 결정하고 개인 또는 그룹(group)에 청부하는 것으로, 작은 청부라고도 한다.

수준기(水準器) : 유리관의 액체 속에 기포가 들어 있는, 수평을 구하기 위한 기구(器具). '수평기(水平器)'라고도 한다.

수준점(水準點) : → 벤치 마크

수준 측량(水準測量) : 부지 등 각점의 고저차를 측정하거나 수평선을 측정하는 측량으로, 레벨에 의한 측점에 세운 표척(標尺)의 눈금을 읽어서 측량한다.

수중 용접(underwater welding) : 수중에서 하는 용접. 직접 물에 접한 상태에서 하는 습식법과 용기 등으로 물을 배제하여

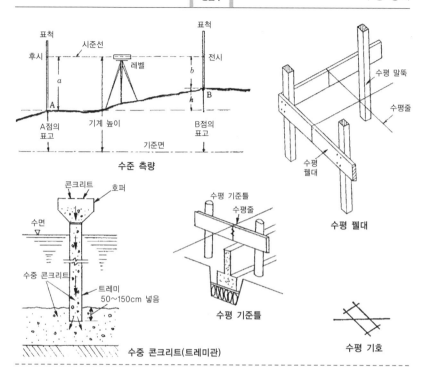

수준 측량

수평 펠대

수중 콘크리트(트레미관)

수평 기준틀

수평 기호

하는 건식법이 있다. 아크용접봉에는 철분 계의 콘택트 용접봉이나 고산화티탄계에 내수 피복을 한 것이 있다.

수중 콘크리트 : 수중에서 타설(打設)하는 콘크리트로, 슬럼프가 적다. 수심이 얕은 경우는 콘크리트 펌프를 사용하고, 수심이 깊은 경우는 상자에 콘크리트를 채우고 타설 위치에서 밑바닥을 열어서 타설한다.

수직 기준틀 : 블록이나 벽돌 쌓기 등의 경우에, 쌓아올리는 높이를 일정하게 하기 위하여 설치하는 기준틀.

수직형 슈트 : → 드롭 슈트(drop chut)

수직 홈통 : 지붕의 빗물을 처마홈통에서 지상 배수구로 유도하기 위해 수직으로 부착하는 홈통. → 홈통

수집 상자 : → 수집통

수집통 : 미장 재료를 바르는 장소 근처에 놓아두고 수집하기 위한 상자로서, '수집 상자' 라고도 한다.

수평기(水平器) : → 수준기(水準器)

수평 기준틀 : 기준틀의 위치에 따른 명칭으로, 구석 부분 이외에 벽이나 기둥의 중심이 표시되지 않은 경우, 중간에 설치한다.

수평 기호 : 수평을 나타내는 기호

수평 펠대 : 기준틀 말뚝에 수평으로 붙이는 판. 수평 펠대의 높이는 레벨에 따라 일정한 높이로 정하고, 여기에 벽이나 기둥의 기준선을 표시하여 수평이 되도록 줄을 맨다. '기준틀 펠대' 라고도 한다.

수평 말뚝 : 기준틀에 사용되는 말뚝으로서, '기준틀 말뚝' 이라고 한다.

수평 멍에 : 거푸집의 동바리공(支保工)에 있

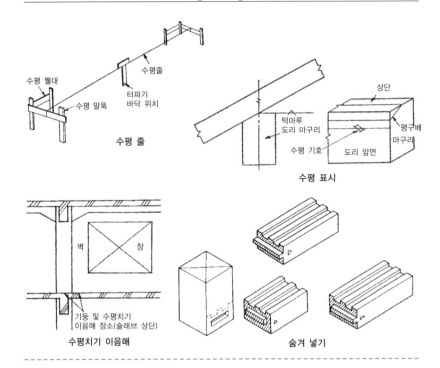

수평 줄

수평 펠대
수평줄
터파기
바닥 위치
수평 말뚝

수평 표시

상단
턱마루
도리 마구리
평구배
마구리
수평 기호
도리 앞면

수평치기 이음매

벽   창

기둥 및 수평치기
이음매 장소(슬래브 상단)

숨겨 넣기

어서 가로 방향으로 사용하는 멍에 재료.

수평 보 : 서양식 지붕 구조의 부재로, 양단 에서 합장을 받치는 수평으로 놓인 보.

수평 쌓기 : → 돌쌓기

수평 줄 : 기준틀 등에서 수평으로 쳐놓은 실을 말한다. 목면이나 나일론으로 만들어 지며 이 실을 기준으로 터파기 깊이나 기 초의 다듬질 면이 결정된다.

수평 지붕 : 물매가 1/100에서 3/100 정도의 수평인 지붕을 말한다. 철근 콘크리트 지 붕에 많이 쓰이는 지붕으로 빗물막이가 중 요하며, 아스팔트 방수, 시트(sheet) 방수 등의 방수 시공이 이루어진다.→ 평지붕

수평치기 이음매 : 콘크리트 타설 이음 부분 에서 수평 방향의 이음매.

수평 표시(水平表示) : 먹물치기에 있어서 부

재의 수평 기준선을 표시하기 위한 맞춤 표시. 지붕 보 등의 수평 부재를 가공할 때, 상하단의 치수를 분할하는 기준선을 표시하는 일.

순수목(純粹木) : 목재의 표면만을 붙임 목으 로 하거나 집성하여 다듬질한 것이 아니 고, 심재(芯材)와 표면이 함께 일체화된 순수한 목질재를 말한다.

숨겨 넣기 : 부재의 단면 전체를 상대 부재 에 끼워 넣는 맞춤으로서, 작은 장부 등과 조합하여 만들어진다.

숨김 허리 걸기 주먹장 이음 : →주먹장 이음

숨김 이음 : →주먹장 이음

숨은 못치기 : 다듬질 표면에 못이 보이지 않도록 때려 박는 일.

숨은 주먹장 : →주먹장 이음

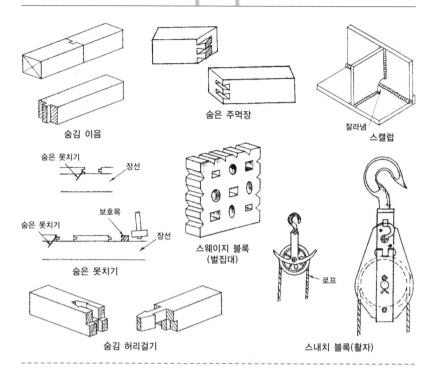

숨김 이음

숨은 주먹장

잘라냄
스캘럽

숨은 못치기
장선

숨은 못치기
보호목
장선

숨은 못치기

스웨이지 블록
(벌집대)

로프

숨김 허리걸기

스내치 블록(활자)

숫나무 : 부재의 이음이나 맞춤에서 볼록한 부분을 갖는 쪽의 재료를 말하며, '사내목' 이라고도 한다.

숫돌 : 날을 갈거나 석재를 연마하기 위한 연마 재료, 천연재와 인조재가 있다.

스그라피토(sgraffito) : 색이 다른 플라스터를 2층으로 바르고, 위층의 연한 표면을 긁어서 아래층의 색을 내는 특수한 다듬질.

스내치 블록(snatch block) : 도르래 틀의 일부가 열려, 와이어 로프를 걸고 푸는 일을 자유롭게 할 수 있는 도르래.

스냅 타이(snap tie) : 거푸집의 간격을 유지하면서 결합시키는 긴장 도구(緊張道具). 거푸집을 제거할 때 양단부는 절단하고 중앙부는 콘크리트 속에 남겨 둔 채로 시행한다.

스웨이지 블록(swage block) : 철근 등을 자를 때나 구부릴 때 사용하는 것으로, 블록에 원형이나 각형의 구멍이 있다. '벌집 정반' 이라고도 한다.

스위치(switch) : 개폐기 및 점멸기를 말한다. 옥내용 소형 스위치로서는 손잡이를 움직이는 텀블러 스위치, 높은 곳에서 끈을 당겨 점멸시키는 풀 스위치, 조명 기구 속에 부착하는 캐노피 스위치, 코드에 부착하는 코드 스위치 등이 있다.

스위치 박스(switch box) : 안전을 위해 스위치나 계기를 수납한 강철제의 상자로, 상자 밖에서 핸들로 조작한다.

스캘럽(scallop) : 용접선이 만나는 것을 피하기 위하여 한쪽 부재에 V형 홈으로 자른 노치(notch) 부분.

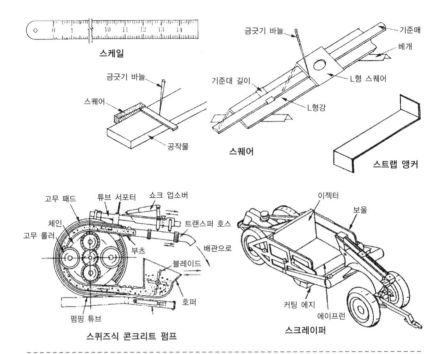

스케일

금긋기 바늘
스퀘어
공작물

금긋기 바늘
기준대 길이
L형강

기준매
베개
L형 스퀘어

스퀘어

스트랩 앵커

고무 패드   튜브 서포터   쇼크 업소버
체인   트랜스퍼 호스
고무 롤러   배관으로
                        부츠
                        블레이드
                        호퍼
펌핑 튜브

스퀴즈식 콘크리트 펌프

이젝터
보울

커팅 에지
에이프런

스크레이퍼

스케일(scale) : ① 눈금, 척도, 자 ② 철강 재료를 노(爐) 속에서 가열 또는 압연할 때, 표면에 견고하게 부착된 녹껍질을 말한다.

스케일링 해머(scaling hammer) : 강재 표면의 스케일(scale : 녹)이나 낡은 페인트를 두드려 떨어뜨리는 기계를 말한다.

스쿠프(scoop) : 토사를 파내거나 퍼 올리는 공구로, 끝이 뾰족하게 된 것을 캔 스쿠프, 선단이 평평하여 흙이나 석회를 퍼 올리는 것을 각 스쿠프, 콘크리트를 비비는 데 사용하는 약간 소형의 각 스쿠프를 비빔 스쿠프라고 한다. → 비빔 스쿠프(scoop)

스퀘어(square) : 철제의 직각자로서, 강재에 금긋기를 할 때 사용한다.

스퀴즈식 콘크리트 펌프(squeeze type concrete pump) : 송입된 튜브(tube) 내의 콘크리트를 2개의 고무 롤러(roller)로 밀면서 압송하는 콘크리트용 펌프.

스킵 카(skip car) : 스킵 타워(skip tower)의 레일 위를 주행하면서 굴착토(掘鑿土)를 지상으로 반출하는 운반차(運搬車).

스킵 타워(skip tower) : 굴착한 토사를 지상으로 반출하는 설비로, 타워와 굴착 경사면에 설치한 가이드 레일(guide rail)에 스킵 카(skip car)를 달리게 한다.

스크레이퍼(scraper) : 굴착기와 운반기를 조합한 토공사용 기계로, 굴착, 운반, 쌓기, 흙버리기, 깔아 고르기 등의 작업을 할 수가 있다. 일반적으로 캐리올 스크레이퍼(carry-all scraper)를 말한다.

스크루 컨베이어(screw conveyor) : 회전

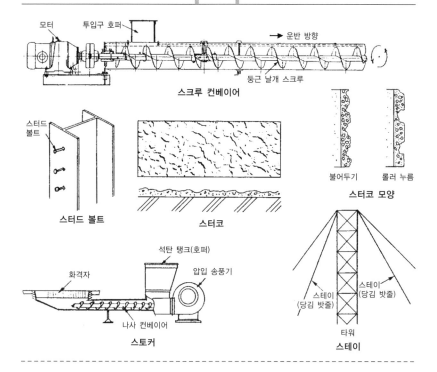

스크루 컨베이어

스터드 볼트

스터코

붙어두기　롤러 누름

스터코 모양

스토커

스테이

하는 나선 봉 사이에 재료를 채워 전방으로 밀어내는 반송 운반 장치).

스터드 볼트(stud bolt) : 철골의 보나 기둥에 용접, 부착하여 콘크리트의 부착을 좋게 하기 위한 볼트.

스터럽(stirrup) : → 늑근(肋筋)

스터코(stucco) : 모르타르를 뿜어 바른 다음, 흙손이나 롤러(roller)로 요철 모양을 내는 마감질.

스테이(stay) : 마스트(mast), 폴(pole) 등이 기울거나 넘어지지 않도록 정상부에서 비스듬히 아래쪽으로 설치하여 당기는 인장재. '버팀줄', '당김줄'이라고도 한다.

스테이플(staple) : 메탈 라스(metal lath)나 와이어 라스(wire lath)를 부착하는 데 사용하는 U자형의 못.

스테인(stain) : 스테인리스 강(stainless steel)을 말한다.

스토커(stoker) : 석탄 연소 보일러에 사용되는 석탄 운반기로, 석탄을 기계적으로 연소실에 보내어 살포하는 장치. 위 넣기, 아래 넣기, 옆 넣기의 3종이 있다.

스트랩 앵커(strap anchor) : 조적(組積) 구조의 벽에 돌을 붙일 때 사용하는 앵커.

스트레이너(strainer) : 물이나 증기의 관속에서 불순물을 포집하거나 양수 펌프의 호스(hose) 선단에 부착하는 여과용 기구. → 디프 웰 공법(deep well method)

스트레이트 아스팔트(straight reduced asphalt) : 아스팔트 성분을 가능한 한 분해하거나 변화를 주지 않고 추출한 것. 점착성(粘着性), 신축성(伸縮性), 침투성(浸

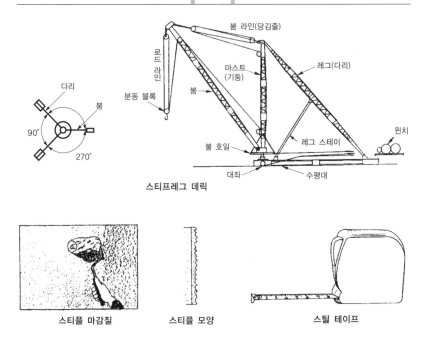

스티프레그 데릭

스티플 마감질   스티플 모양   스틸 테이프

透性)이 풍부하나 연화점(軟化點)이 낮고 온도 변화에 따른 여러 가지 변화가 크다. 아스팔트 펠트(asphalt felt) 제조, 지하실 방수, 아스팔트 포장 등에 사용된다.

스티프너(stiffener) : 철골의 플레이트 (plate) 기둥이나 플레이트 보에 웨브 (web)의 좌굴(挫屈)을 막기 위해 웨브에 붙여서 부착하는 보강재.

스티프레그 데릭(stiff-leg derrick) : 3각형 대좌(臺座) 정점의 스티프(stiff) 위에 마스트(mast)를 세우고, 그 선단을 2개의 레그(leg)에 의해 지탱하는 데릭(derrick). 가이 데릭(guy derrick)과 같이 버팀줄을 당길 수 있는 장소가 없는 좁은 현장이나 빌딩(building) 옥상 작업 등에 사용된다. '삼각 데릭'이라고 한다.

스티플 마감질(stipple —) : 롤러(roller) 바르기로 작은 파형(波形)의 무늬를 내는 다듬질.

스틸 테이프(steel tape) : 강제의 줄자.

스틸 파이프(steel pipe) : 강관(鋼管).

스팀 해머(steam hammer) : 증기나 압축 공기를 실린더(cylinder) 속으로 들여보내면 그 압력으로 피스톤(piston)이 상하로 움직이게 되는데, 이를 조정함으로써 말뚝 머리를 쳐서 말뚝을 박는 기계를 말한다.

스파이럴 오거(spiral auger) : 나선상(螺旋狀)의 천공공구(穿孔工具)로, 회전시키면서 흙속에 밀어 넣어 구멍을 뚫는다.

스파이럴 철근 : 나선상으로 감은 철근으로, 철근 콘크리트 기둥이나 콘크리트 말뚝 등

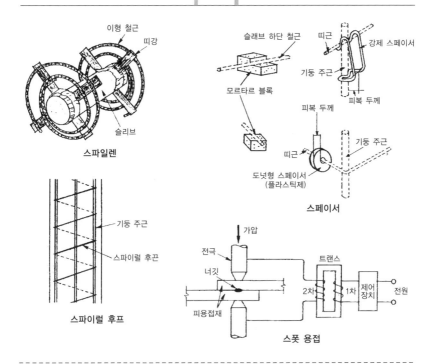

이형 철근
띠강
슬리브
스파일렌

슬래브 하단 철근
기둥 주근
모르타르 블록
피복 두께
띠근
도넛형 스페이서
(플라스틱제)
띠근
강제 스페이서
피복 두께
기둥 주근
스페이서

기둥 주근
스파이럴 후끈
스파이럴 후프

가압
전극
너깃
피용접재
트랜스
2차 1차
제어장치
전원
스폿 용접

에 사용된다. '나선 철근'이라고도 한다.
스파이럴 후프 : 철근 콘크리트의 주근(主筋)
을 감고 있는 띠근이 나선상으로 연속하여
있는 것으로, 원형 및 각형 등이 있다.
스파일렌(spalen) : 철근 콘크리트 보에 슬래
브(slab) 등을 관통시킬 경우의 보강용 쇠
붙이로, 나선상으로 가공에 이용되는 이형
철근(異形鐵筋)과 띠강을 조합한 것이다.
스패너(spanner) : 볼트(bolt)나 너트(nut)
를 조이거나 푸는 공구(工具)로서, '렌치
(wrench)'라고도 한다.
스패터(spatter) : 용접 중에 비산하는 슬래
그나 금속 알갱이.
스팬(span) : 보, 아치(arch), 지붕틀 구조
등의 지지점 사이의 거리.
스페이딩(spading) : 가래와 같은 도구로 긁

어 고르기, 삽입 및 뽑기를 되풀이하면서
콘크리트를 다지는 것이다.
스페이서 : 철근 콘크리트 공사에서 철근과
거푸집 또는 철근끼리의 간격을 정확하게
유지하기 위한 모르타르(mortar)제의 블
록(block)이나 철제 기구.
스폿 용접(spot welding) : 서로 겹친 부재
를 전극의 선단에 끼우고, 작은 부분에 전
류를 집중시켜 가열하면서 동시에 전극으
로 압력을 가하는 용접으로서, '점용접(點
鎔接)'이라고도 한다.
스폿 용접기(spot welder) : 스폿 용접을 위
한 기기(機器).
스프레이 건(spray gun) : 도료(塗料)나 시
멘트(cement) 등을 압축 공기로 뿜기 위
한 기구. → 에어 스프레이 건

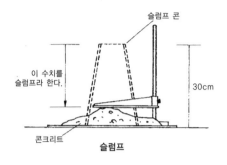

이 수치를
슬럼프라 한다.

30cm

콘크리트

슬럼프

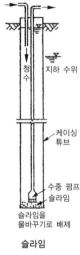

청수

지하 수위

케이싱
튜브

수중 펌프
슬라임

슬라임을
물바꾸기로 배제

슬라임

퓨즈

프레임

디플렉터

스프링클러

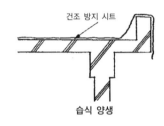

건조 방지 시트

습식 양생

스프링클러(sprinkler) : 실내에 화재가 발생하면 그 열에 의해 천장에 배치된 스프링클러 헤드(sprinkler head)에서 물이 자동적으로 살수되는 소화 설비.

스플릿 스푼 샘플러(split spoon sampler) : 흙속의 구멍 바닥에 밀어 넣거나 때려 박아 시료를 채취하는 통 모양의 기구로, 시료를 채취하기 위해 세로 방향으로 둘로 쪼갤 수 있다.

슬라이딩 폼 공법(sliding form method) : → 이동 거푸집 공법

슬라임(slime) : 콘크리트 말뚝 굴삭 중에 토사의 세립분(細粒分)이 벤토나이트(ben-tonite)와 섞여 생기는 진흙으로, 구멍 경화에 악영향을 주기 때문에 콘크리트를 타설하기 전에 제거 작업을 한다.

슬래브(slab) : 그림 참조.

슬럼프(slump) : 콘크리트의 유연성(柔軟性)을 표시하는 기준으로, 슬럼프 콘(slump cone)에 콘크리트를 채우고 콘(cone)을 빼낸 다음 콘크리트가 내려 간 정도를 cm로 표시한다.

슬레이트판 지붕이기 : 석질 박판. 슬레이트를 이용하여 잇는 지붕을 말한다.

슬리브 신축 이음(sleeve expansion joint) : 2중관식(二重管式) 이음으로, 내관과 외관이 미끄러져 이동함에 따라 관의 신축성을 흡수한다. 온수관이나 저압 증기관 등의 이음에 사용한다.

슬리브 폼 공법(sleeve form method) : → 이동 거푸집 공법

습식 공법(濕式工法) : 미장 공사와 같이 물

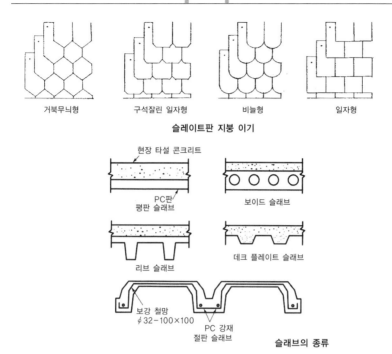

| 거북무늬형 | 구석잘린 일자형 | 비늘형 | 일자형 |

슬레이트판 지붕 이기

현장 타설 콘크리트

PC판
평판 슬래브

보이드 슬래브

리브 슬래브

데크 플레이트 슬래브

보강 철망
∮32-100×100
PC 강재
절판 슬래브

슬래브의 종류

로 비빈 재료를 사용하고, 건조시켜 공사를 완성하는 것. 반대로 목재, 합판, 보드(board)류 등과 같이 물을 사용하지 않는 재료로 다듬어서 완성하는 것을 건식 공법(乾式工法)이라 한다.

습식 양생(濕式養生) : 콘크리트를 타설한 다음, 표면이 건조하지 않도록 살수(撒水) 등으로 수분을 부여하거나 시트(sheet) 등으로 덮어 양생하는 것.

습지용 불도저(—bulldozer) : 연약한 지반의 작업이 쉽도록 삼각 단면의 넓은 폭을 가진 캐터필러(caterpillar : 무한궤도)를 부착시킨 특수 불도저. → 불도저

승낙서(承諾書) : 청부받은 것을 승낙하는 문서. 일반적으로 의뢰받은 것을 책임지고 이어받는 취지를 상대에게 알리는 문서.

시각법(視角法) : 거리를 눈으로 측량하는 간이 측정법으로, 팔을 뻗어 스케일을 수직으로 하고 거리를 구하려는 지점에 세운 높이를 알 수 있는 물체를 시각적 기준으로 그와 동일 시각에 의한 유사 삼각형을 이용하여 거리를 구하는 방법.

시공 계획(施工計劃) : 각 공사의 착수에 앞서 가설물이나 시공 기계의 배치 계획, 자재의 반입 계획, 시공 방법이나 순서의 실시 계획을 세우는 일. 계획은 시공 계획도(計劃圖) 등에 의해 표시되는 공정표(工程表)와 함께 공사의 지침이 된다.

시공 관리(施工管理) : → 작업 관리

시공 난이도(施工難易度) : 콘크리트 다져넣기 작업의 난이 정도를 말하는 것으로, 슬럼프(slump) 값으로 대표된다. '워커빌리

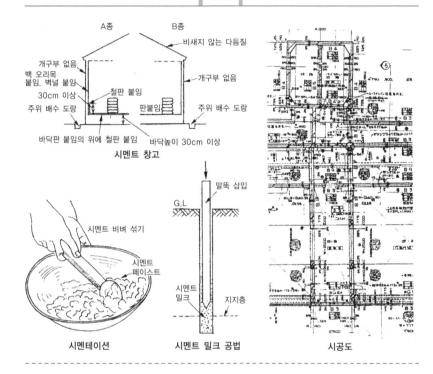

A종　　　　B종

비새지 않는 다듬질

개구부 없음.
백 오리목
붙임. 벽널 붙임
30cm 이상
주위 배수 도랑

철판 붙임

판붙임

개구부 없음

주위 배수 도랑

바닥판 붙임의 위에 철판 붙임　바닥높이 30cm 이상

시멘트 창고

시멘트 비벼 섞기

시멘트
페이스트

시멘테이션

말뚝 삽입

G.L

시멘트
밀크

지지층

시멘트 밀크 공법

시공도

티(workability)' 라고도 한다.

시공도(施工圖) : 설계도를 바탕으로 시공의 상세한 내용을 그린 도면.

시공자(施工者) : 공사를 실시하는 사람으로, '빌더(builder)' 라고도 한다. → 청부(請負)업자.

시공주(施工主) : 건축공사를 계획하여 주문하는 사람. 또는 발주자 쪽의 대표자(代表者)를 가리키며, '클라이언트(client)', '오너' 라고도 한다. → 건축주(建築主)

시멘테이션(cementation) : 시멘트로 접합하거나 시멘트를 바르는 일. 또는 암반 틈새에 시멘트 페이스트를 주입하는 일.

시멘트 건(cement gun) : 시멘트와 모래를 마른 비빔한 것을 압축공기로 송출하고, 노즐(nozzle) 선단에서 물을 가하여 모르

타르로 만들어 뿜어 붙이는 기계.

시멘트 건 공법(cement gun method) : → 숏크리트(shotcrete)

시멘트 그라우트(cement grout) : 균열 부분이나 작은 틈새에 채워 넣는 시멘트 페이스트(cement paste)로서, 혼화 재료(混和材料)를 가하여 충전성(充塡性)을 좋게 한다.

시멘트 기와 이기 : 시멘트(cement) 기와로 지붕을 이는 일로, 시멘트 기와 띠장에 걸쳐서 지붕 이기를 한다.

시멘트 모르타르 바르기(cement mortar finish) : 시멘트, 모래, 물을 주성분으로 하여, 혼화 재료(混和材料)를 가한 시멘트 모르타르(cement mortar)로 내외벽이나 바닥, 각종 다듬재를 바탕으로 바르는 일.

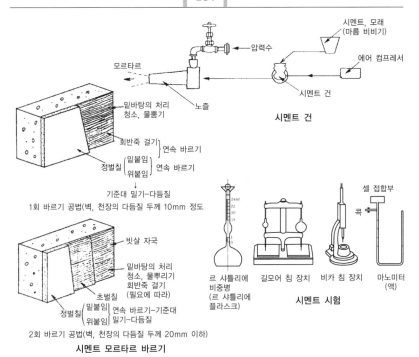

시멘트 건

르 샤틀리에 비중병
(르 샤틀리에 플라스크)   길모어 침 장치   비카 침 장치   마노미터(액)

시멘트 시험

1회 바르기 공법(벽, 천장의 다듬질 두께 10mm 정도)

2회 바르기 공법(벽, 천장의 다듬질 두께 20mm 이하)

시멘트 모르타르 바르기

'모르타르 바름벽'이라고도 한다.

시멘트 밀크 공법(cement milk method) : 기성제(旣成製) 콘크리트(concrete) 말뚝을 저진동(低振動), 저소음(低騷音)으로 때려 박는 공법이다. 어스 오거(earth auger)로 굴착한 구멍에 시멘트 밀크를 주입하고, 말뚝을 삽입하여 주변을 모르타르로 굳힌다.

시멘트 벽돌(cement─) : 시멘트에 골재를 혼합하여 벽돌 모양으로 만든 것으로, '모르타르 벽돌'이라고도 한다.

시멘트 시험 : 그림 참조.

시멘트 창고 : 그림 참조.

시멘트 페이스트(cement paste) : 시멘트와 물을 비벼 유동성 있게 만든 것으로, '시멘트 풀', '반죽'이라고도 한다.

시멘트 풀(cement─) : 시멘트 페이스트(cement paste).

시방(示方) : 설계도에 표시되지 않은 시공상의 지시 사항을 문장으로 표현한 것. 일반적인 내용은 사용 재료의 종류, 품질, 사용방법, 시공 순서, 다듬질 정도, 공사 개요, 주의 사항, 각종 검사 등 공사에 공통적인 사항들이 있다. '사양서(仕樣書)'라고도 한다.

시스턴(cistern) : 수세식 변기의 세척용 물을 비축하기 위한 탱크. 설치하는 장소에 따라서 낮은 곳에 두는 것을 로 탱크(low tank), 높은 곳에 두는 것을 하이 탱크(high tank)라 한다.

시어링(shearing) : 박판을 절단하기 위한 판금용 기계로, 시어(shear)하는 것.

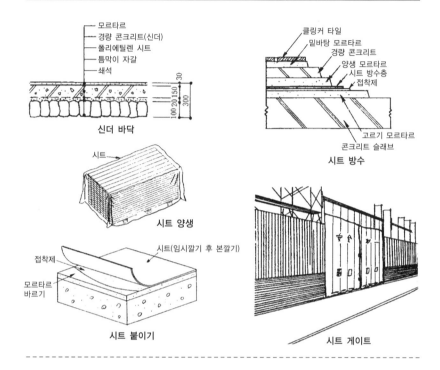

모르타르
경량 콘크리트(신더)
폴리에틸렌 시트
틈막이 자갈
쇄석

신더 바닥

클링커 타일
밑바탕 모르타르
경량 콘크리트
양생 모르타르
시트 방수층
접착제

고르기 모르타르
콘크리트 슬래브

시트 방수

시트

시트 양생

시트(임시깔기 후 본깔기)

접착제

모르타르
바르기

시트 붙이기

시트 게이트

시트(canvas sheet) : 옥외 작업이나 공사
현장에서 사용하는 방호 및 반전용의 자투
리 천. 재질은 목면, 비닐론(vinylon), 나
일론(nylon) 등이 많고, 방수나 방화 처리
가 되어 있다.

시트 게이트(sheet gate) : 공사 현장의 출
입구에 설치한 널빤지를 붙인 문짝.

시트 메탈(sheet metal) : 아연 도금 철판
등 박강판의 총칭.

시트 방수(sheet waterproof) : 콘크리트
평지붕 등의 방수법으로 염화비닐, 폴리에
틸렌(polyethylene) 등의 합성 고분자 시
트(sheet)를 접착제로 붙여서 방수층을
구성한다.

시트 붙이기 : 리놀륨(linoleum), 고무, 플
라스틱(plastic) 등의 시트(sheet)를 붙여

서 바닥을 마감하는 일. 임시 깔기를 한
다음, 접착제로 부착하여 롤러(roller) 전
압(轉壓) 등으로 공기가 남지 않도록 눌러
붙여 마무리하는 바닥 마감질.

시트 양생 : 철근이나 거푸집 재료 등에 시
트(sheet)를 덮어씌워 눈, 비나 손상 등으
로부터 보호하는 것.

시트 파일(sheet pile) : 지반을 굴삭할 때,
토사 붕괴를 방지하기 위해 주위에 연속적
으로 박은 판 모양의 말뚝.

시험 굴착(試驗掘鑿) : 지반의 일부를 실제로
파내어 지층을 육안으로 관찰 조사하는 지
반 조사 방법. 지하수위의 확인 부서지지
않는 시료의 채취에 의한 토질 시험, 평판
재하시험(平板載荷試驗) 등을 실시하는 데
편리하지만 광범위하고 깊게 파내는 것에

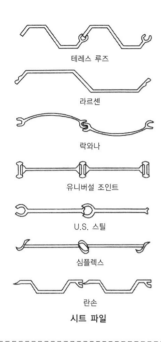

테레스 루즈

라르센

락와나

유니버설 조인트

U.S. 스틸

심플렉스

란손

시트 파일

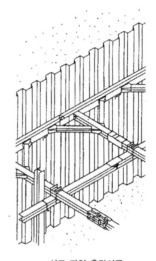

시트 파일 흙막이공

는 한계가 있다.

시험 보링(試驗 boring) : 지반 및 토질 조사를 목적으로 하는 보링.

시험파기 : → 시험 굴착(試驗掘鑿)

신더 바닥(cinder—) : 모래를 지면에 깔아 그 위에 신더(cinder : 저질 코크스 등)를 다지고, 다시 그 위에 물을 뿌려 롤러(roller) 굴리기를 몇 번이고 반복하여 행하는 바닥 다듬질이다.

신축 줄눈 : 방수층을 보호하는 양생(養生) 모르타르, 누름 콘크리트(concrete) 등의 신축에 의하여 금이 가는 것을 방지하기 위해 적당한 간격으로 종횡으로 줄눈을 만들어 아스팔트(asphalt)계 퍼티(putty)를 채워 넣는 것을 말한다.

신축 창문(伸縮窓門) : 창문 자체의 신축에

의해 개폐되는 창호(窓戶). 세로 격자의 간격이 움직이는 강제의 창과 아코디언 도어(accordion door)라고 불리는 직물제 주름 상자식의 창이 있다.

실(seal) : 비바람의 침입을 막기 위하여 틈새 등을 막는 재료.

실금 균열 : 물체의 부분적인 갈라짐으로, 콘크리트의 수축에 의한 균열을 말한다.

실란트(sealant) : 프리패브재의 접합부나 새시 둘레 등의 충전재로 쓰이는 고무상 물질의 총칭.실링재(sealing material)

실링 공사(sealing work) : 수밀성, 기밀성을 얻기 위해 늘어난 틈새에 실링 재(材)를 채우는 일.

실링 메탈(ceiling metal) : 박강판제의 천장 판으로, 천장 반자틀에 못을 박고 페인

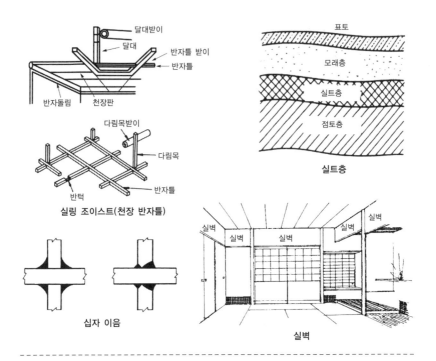

실링 조이스트(천장 반자틀)

십자 이음

실벽

트(paint) 도장으로 마무리한다.

실링재(sealing material) : 커튼 월(curtain wall)이나 새시(sash) 둘레의 줄눈 및 틈새에 충전하는 페이스트 형태의 재료로, '실란트(sealant)'라고도 한다.

실링 조이스트(ceiling joist) : → 천장 반자틀

실벽 : 바닥과 바닥 간의 상부 또는 개구부의 상부에서 천장과의 사이에 공사하는 작은 벽을 말한다.

실자 : 도장 공사, 미장 공사에서 도장 면에 요철이 있는 경우, 칠하는 면적을 구하기 위하여 요철에 따라 측정한 길이를 말한다.

실재 : 실링재(sealing material).

실톱 : 톱니 폭이 가는 톱으로, 판재 등의 곡선을 자르는 데 사용한다.

실톱 기계 : 실톱을 부착한 목공 기계.

실트층(silt layer) : 입경이 0.005~0.074 mm인 흙(실트)을 주체로 한 지층.

실행 예산(實行豫算) : 공사 청부 금액 가운데에서 실시 공사 비용으로서 현장에 배분되는 것을 말한다. 기업 운영을 위한 경비와 적정한 이익을 고려하여 청부 금액의 범위 내에서 재편성되는 실시 예산.

심(seam) : 이음매, 철(綴)한 곳, 맞춤한 곳이라는 뜻으로, 판금 공작에서 박판의 끝 이음매를 말한다. '메뚜기 이음'이라고도 한다.

심내기 : 벽이나 기둥 등 각부의 중심선을 표시하는 일. 공사의 기준선이 되기 때문에 직각은 트랜싯(transit)이나 큰 곱자를 사용하여 정확히 측정하고 거리나 치수는 수

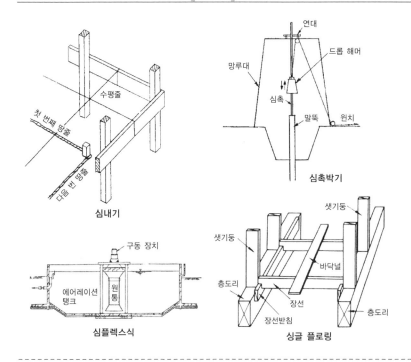

심내기

심촉박기

심플렉스식

싱글 플로링

평줄을 쳐서 틀리지 않도록 측량한다.

심리스 플로어(seamless floor) : 바닥 전체 면을 이음매 없이 마무리하는 것.

심먹 : 먹줄 긋기, 먹물 넣기 등에서 중심을 표시하는 먹줄 기호.

심재(心材) : 붉은 빛을 띤 나무 중심 부분. → 적심(赤芯)

심재 굵기 : → 등가르기

심촉 : 통나무로 망루(望樓)를 조립하고 철봉 (鐵棒) 끝을 통하여 드롭 해머(drop hammer)를 윈치(winch)로 끌어올린 후 낙하시키는 방법으로 말뚝을 땅속에 박는 것. 이 때 사용하는 철봉을 심봉 또는 쇠촉 이라고 한다.

심플렉스 말뚝(simplex pile) : 외관을 정해 진 깊이까지 박고, 관 속에 콘크리트를 부

어 분동(分銅)으로 다지면서 외관을 빼내 는 현장치기 콘크리트 말뚝.

심플렉스 슬래브(simplex slab) : 지지 방법 이 단순 지지인 바닥판(슬래브).

심플렉스식(simplex cone system) : 에어 레이션 탱크 속에 바닥부에 이르는 양수관 (揚水管)의 두부에 날개를 단 콘을 회전시 켜 교반하는 방식.

십(十)자 이음 : 십자형으로 교차하는 이음. 비틀림을 막기 위해 십(十)자형의 속 장부 를 갖는 이음.

십(十)자 도구 : → 맞춤대

십자형 다월 : → 다월 p.47 참조.

싱글 플로링(single flooring) : 보나 멍에 를 사용하지 않고 장선만으로 바닥을 받치 는 바닥 구조.

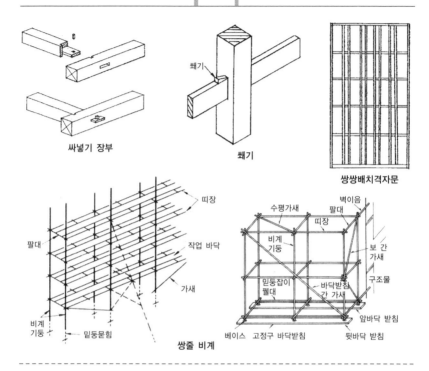

싸넣기 장부

쐐기

쌍쌍배치격자문

쌍줄 비계

싸넣기 장부 : 박아낸 장부와 겉보기 장부를 마구리에 조합한 것으로, 박아낸 장부는 비녀로 고정한다.

쌍쌍 배치 격자 : 격자의 창살 2개 또는 여러 개를 가깝게 끼워 쌍쌍 배치한 것.

쌍쌍 서까래 : 서까래 배열 상의 이름으로, 두 개씩 모아서 일정한 간격을 두어 배열한 서까래.

쌍줄 비계 : 2열로 비계 기둥 통나무를 세워 각각에 가로 통나무를 가로질러 걸치고, 그 사이에 팔뚝나무를 대어 비계널을 나란히 깔아 놓은 비계로, '양쪽 비계'라고도 한다.

쌍턱 걸기 : 직교하는 상하 부재를 연결하는 맞춤으로, 양부재를 일부 잘라내어 맞춘다. → 턱

쐐기 : 부재의 접합부를 튼튼히 하기 위하여 사용하는 삼각형의 단단한 나무. 갈라진 장부에 끼워 벌려 마찰력을 증대시킨다. → 쐐기 장부

쐐기 장부 : 장부 끼움의 맞춤으로, 장부 선단에 갈림 쐐기를 끼워 그대로 개미 모양의 장부 구멍에 박아 빠지지 않도록 한 것을 말한다.

씌운테 줄눈 : 단면이 원형인 치장 줄눈의 일종으로, 평 줄눈, 오목 줄눈, 경사 줄눈, 나온 줄눈, 작은홈 줄눈 등이 있다.

씨-채널(C-channel) : → 채널(channel)

씻어내기(washing finish of stucco) : 시멘트가 완전히 경화하지 않는 시기에 표면을 씻어내어 골재를 노출시키는 마감법의 하나.

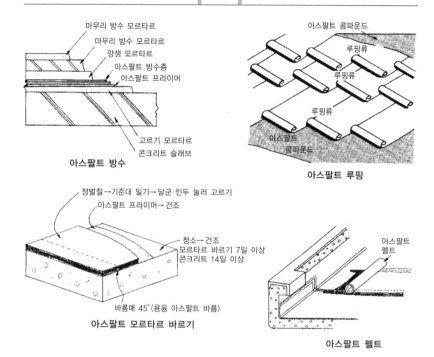

마무리 방수 모르타르
마무리 방수 모르타르
양생 모르타르
아스팔트 방수층
아스팔트 프라이머

고르기 모르타르
콘크리트 슬래브

아스팔트 방수

아스팔트 콤파운드
루핑류
루핑류
루핑류
아스팔트 콤파운드

아스팔트 루핑

정벌칠→기준대 밀기→달군 인두 눌러 고르기
아스팔트 프라이머→건조

청소→건조
모르타르 바르기 7일 이상
콘크리트 14일 이상

바름매 45°(용융 아스팔트 바름)

아스팔트 모르타르 바르기

아스팔트 펠트

아스팔트 펠트

아귀 : → 도입 홈통

아스팔트 루핑(asphalt saturated and coated felt : asphalt roofing) : 스트리트 아스팔트(street asphalt)를 침투시킨 펠트(felt)의 양면을 블론 아스팔트(blown asphalt)로 피복하고, 다시 점착 방지제를 살포한 것. 아스팔트 방수층이나 바탕 재료, 지붕 덮개 재료로 사용된다.

아스팔트 모르타르 바르기(asphalt mortar finish) : 용융 아스팔트에 건조한 모래, 돌가루, 석면 등을 넣고 개어서, 건조한 콘크리트 면에 달군 인두로 칠하는 일. 토간 마무리, 간이 포장 등에 사용된다.

아스팔트 방수(asphalt water proof) : 콘크리트를 주체로 한 지붕, 지하실, 저수조 등의 방수에 아스팔트를 사용하는 것으로, 아스팔트 루핑(asphalt roofing)류를 녹인 아스팔트를 여러 층으로 붙여서 방수층을 형성한다.

아스팔트 콤파운드(asphalt compound) : 블론 아스팔트(blown asphalt)의 내후성 및 내열성을 높이기 위하여 동·식물유를 혼합한 것. 주로 아스팔트 방수층에 사용한다.

아스팔트 펠트(asphalt saturated felt) : 섬유를 가열하여 고착시킨 펠트(felt)에 스트리트 아스팔트(street asphalt)를 침투시킨 것. 아스팔트방수나 지붕 바탕, 벽 바탕의 방수에 사용된다.

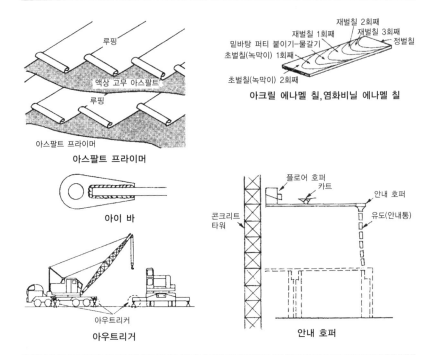

루핑

액상 고무 아스팔트

루핑

아스팔트 프라이머

아스팔트 프라이머

재벌칠 2회째
재벌칠 1회째　재벌칠 3회째
밑바탕 퍼티 붙이기-물갈기　정벌칠
초벌칠(녹막이) 1회째

초벌칠(녹막이) 2회째

아크릴 에나멜 칠, 염화비닐 에나멜 칠

아이 바

아웃트리거

아우트리거

플로어 호퍼
카트
안내 호퍼
콘크리트　유도(안내통)
타워

안내 호퍼

아스팔트 프라이머(asphalt primer) : 아스팔트를 석유 나프타(naphtha) 등의 휘발성 용제에 용해시킨 것으로, 아스팔트 모르타르면 등의 접착성을 증가시키기 위해 사용한다.

아우트리거(outrigger) : 트럭 크레인 차(truck crain car)와 같이 작업 중 하중에 의한 전도(顚倒)를 방지하기 위해 차체의 하부 가대(架臺)에서 밖으로 달아내어 안전도를 증가시킨 장치.

아웃트렛 박스 : → 전기 배선용 기구

아웃도어 레지던스(outdoor residence) : 캠프(camp). → 공사장 식당

아이 바(eye bar) : 선단부의 접합에 필요한 둥근 구멍을 갖는 봉강이나 강판. '골막대' 또는 '눈구멍 막대'라고도 한다.

아이 트레이서(eye tracer) : 도형, 형(型) 등을 광학적으로 모방, 형 절단에 사용되는 장치

아이(I)형강(I shaped steel) : 강재로 I형의 단면을 갖는 형강으로, H형강과 구별된다. → 형강(形鋼)

아일랜드 공법(Island method) : 기초 및 지하실 구축 공법의 일종. 터파기 부분의 둘레에 널말뚝을 박고, 널말뚝의 안쪽에 붙인 오픈컷(open-cut)으로 터파기 밑바닥까지 파내려가면서 중앙 부분의 기초를 구축한다. 이 기초 구조체와 주위의 널말뚝 사이에 비스듬히 버팀목을 끼우고 남은 부분을 터파기를 하면서 지하 부분을 축조하며, 동시에 중앙의 상단 공사를 진행하는 공법이다.

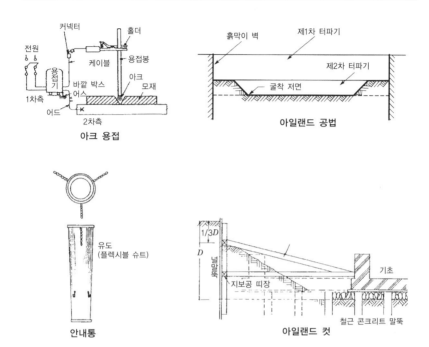

아크 용접

아일랜드 공법

안내통

아일랜드 컷

아크릴 에나멜 칠(acrylic enamel coa-
ting) : 메타크릴산에스테르(metacrylic
acid ester)를 주체로 한 니스(varnish)
와 안료(顔料)를 혼합한 것으로, 내후성(耐
朽性)이 크다.

아크 용접(arc welding) : 모재(母材)와 전
극 사이, 또는 2개의 전극 사이에 발생하
는 아크 열(arc heat)을 이용하여 용가재
(溶加材)를 쓰지 않고 작업하는 용접.

아크 용접기(arc welder) : → 아크 용접

안내 : → 안내통

안내 날개(guide vane) : 펌프, 배관, 덕트
등 유체 기기의 입구나 출구에 설치하여 흐
름을 특정 방향으로 유도하도록 한 날개.

안내통(案內筒) : 콘크리트 타설 기재로, 커
다란 낙차에 의해 타설할 때 사용하는 슈

트(chute). 유도 홈통이라고도 한다.

안내 호퍼(-hooper) : 안내통을 단 소형 호
퍼.

안료(顔料) : 광물질 또는 유기질의 고체 분
말로, 물이나 그 밖의 용제에 녹여 주로 도
료의 착색제 및 중량제로서 사용한다. 색
칠하기 위해 혼합하는 것을 착색 안료, 중
량제로서 혼합한 것을 체질(體質) 안료라
한다.

안장부 연귀맞춤 : 재료를 연귀로 마무리할
경우, 내부 맞춤을 장부로 하는 방법.

안장 홈 붙임 : 맞춤의 일종. 서양식 지붕의
맞춤대와 수평 보의 맞춤에 사용되며, 맞
춤대가 수평 보에 말타기 모양으로 올라타
도록 고정된다. 이 부분을 '맞춤대 엉덩
이'라고 한다.

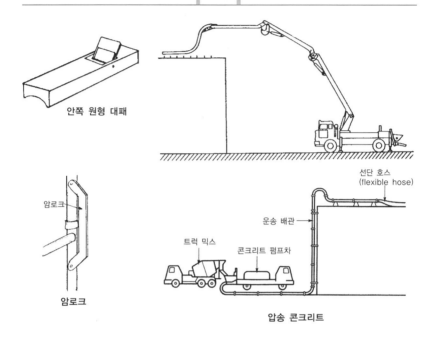

안쪽 원형 대패

암로크

암로크

선단 호스
(flexible hose)

운송 배관

트럭 믹스

콘크리트 펌프차

압송 콘크리트

안전 관리자(安全管理者) : 노동안전위생법에서 규정하는 관리자.

안전모(安全帽) : → 헬멧(helmet)

안쪽 방수 : 지하실 방수법의 일종. 지하 벽의 안쪽에 방수층을 만드는 것으로서, 바깥 방수에 비하여 방수성은 떨어지나 시공하기 쉽고 부지에 여유가 없는 경우에 좋다.

안쪽 원형 대패 : 대팻날 끝과 대를 오목하게 만든 대패.

안치수 : ① 부재와 부재의 간격, 그 부재의 안쪽 치수. '인방 치수' 라고도 한다. ② 문틱 상단에서 문미 하단까지의 높이.

알루미늄 페인트 칠(aluminium paint) : 알루미늄 분말과 슈퍼니스(super vanish)를 혼합한 칠로, 불투과성이고 내수성이 있으며, 복사열을 막을 수가 있다. 주로 옥외에 칠하여 은색으로 마무리하는 에나멜 페인트(enamel paint)의 일종이다.

RC 말뚝(RC pile) : 기성 철근 콘크리트 말뚝으로서, 원심력을 이용하여 만든 속빈 원통형이 많다. 그밖에 진동을 이용하여 만든 十자형, 삼각형, 육각형 단면의 것이나 마디를 부여한 것이 있다. → 기성 콘크리트 말뚝

암나무(여목) : 목재의 이음에서 장부 구멍이 있는 쪽의 부재. '아랫나무(하목, 여목, 계집목)' 이라고도 한다. 암나무에 대하여 장부가 붙어 있는 쪽의 부재를 숫나무(남목)라고 한다. → 턱걸이 주먹장이음

암 로크(arm lock) : 틀비계를 조립할 때, 세로 틀을 이어 올려 고정시키기 위해 사용하는 철물.

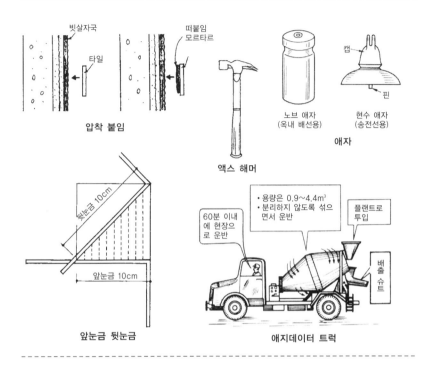

빗살자국
타일
떠붙임 모르타르
압착 붙임

노브 애자
(옥내 배선용)
캡
핀
현수 애자
(송전선용)
애자

액스 해머

뒷눈금 10cm
앞눈금 10cm
앞눈금 뒷눈금

60분 이내에 현장으로 운반
• 용량은 0.9~4.4m³
• 분리하지 않도록 섞으면서 운반
플랜트로 투입
배출 슈트
애지데이터 트럭

암수 경첩 : → 부착 개폐용 철물 p.103 참조.

암 스토퍼 : → 부착 개폐용 철물 p.103 참조.

압력 탱크 급수(pressure tank water supplying) : 강판제 밀폐형의 급수 탱크 (tank)로, 압축 공기가 들어 있는 탱크 속에 물을 압입하고, 공기의 압력을 이용하여 급수한다.

압송 콘크리트(squeeze pumping concrete) : 콘크리트 펌프(concrete pump)로 압력을 주어 관을 통하여 타설하는 콘크리트.

압입 공법(壓入工法) : 유압 또는 수압에 의해 말뚝이나 시트 파일(pile)을 땅속에 때려 박는 공법으로, 무진동, 무소음의 말뚝박기 공법이다.

압착 붙임(壓着—) : 붙임용 모르타르(mortar)를 바탕에 바르고, 그 위에 타일(tile)을 눌러 붙이는 일.

앞눈금 : 곡자의 앞면 눈금. 이에 대해 뒷면의 눈금을 '뒷눈금' 이라 한다. 앞 눈은 실제 치수로 눈금이 매겨져 있다. → 뒷눈금

애자(碍子) : 전기를 거의 통하지 않는 물질. 가공 배선이나 옥내 배선 지지용의 자기 유리, 염화비닐제의 절연물로 고압용, 저압용 네온 공사용 등이 있다.

애지테이터 트럭(agitator truck) : → 트럭 믹서(truck mixer)

액스 해머(axe hammer) : 못을 뽑는 부분이 붙어 있는 해머(hammer)

액자 돌림띠 : 액자 끈을 매다는 쇠붙이를 붙이기 위해 벽에 고정하는 돌림띠 모양의 띠장.

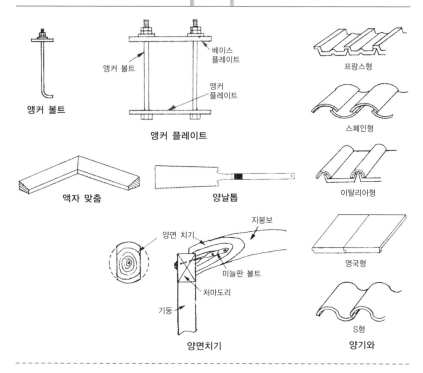

앵커 볼트

베이스 플레이트

앵커 볼트

앵커 플레이트

앵커 플레이트

프랑스형

스페인형

액자 맞춤

양날톱

이탈리아형

양면 치기

지붕보

미늘판 볼트

처마도리

기둥

영국형

S형

양면치기

양기와

액자 맞춤 : 액자틀의 단면과 같이 사다리꼴 모양대로 맞대어 맞춤하는 것.

앨리데이드(alidade) : 평판 측량의 도판(圖板) 위의 시준공(視準孔)으로부터 시준선을 보면서 목표물의 방향이나 경사를 측정하는 기구.

앵글(angle) : L형 강재(鋼材)의 형강(形鋼).

앵글 도저(angle dozer) : 토목공사용 기계의 일종. 트랙터(tractor)의 진행 방향에 대하여 토공판(土工板 : blade)의 각도를 바꾸면서 작업하는 기계로, 경사면(傾斜面)의 굴삭이나 깎아낸 흙을 옆쪽으로 밀어붙이는 작업을 한다.

앵글 커터(angle cutter) : L형강을 절단하는 기계.

앵커(anchor) : 강재를 콘크리트 등에 묻어서 뽑히지 않도록 고정시키는 철물.

앵커 볼트(anchor bolt) : 철골(鐵骨) 기둥의 다리나 목조 토대(木造土臺) 등을 콘크리트 기초에 고정시키기 위해 묻는 볼트.

앵커 플레이트(anchor plate) : 앵커 볼트 (anchor bolt)가 뽑힐 때 저항을 크게 하기 위하여 사용하는 강판.

약액 주입 공법(chemical feeding method) : 흙입자 속에 화학 약품을 주입하여 지반을 다지는 지반 개량 공법으로, 입도가 가는 토질에 이용한다.

양기와 : 한국 고유의 한식 기와에 대하여 서양에서 사용되는 모양의 기와.

양구 렌치 : → 렌치

양날톱 : 톱몸의 양단에 가로켜기와 세로켜기용 톱니가 붙은 톱.

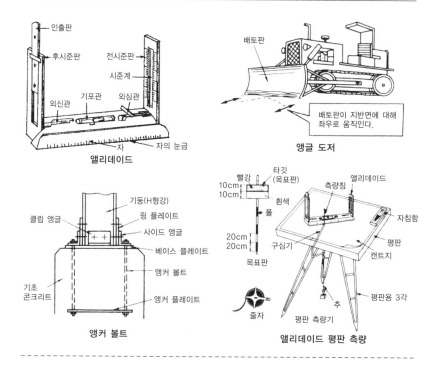

앨리데이드
- 인출판
- 후시준판
- 전시준판
- 시준계
- 외신관
- 기포관
- 외심관
- 자
- 자의 눈금

앵글 도저
- 배토판
- 배토판이 지반면에 대해 좌우로 움직인다.

앵커 볼트
- 기둥(H형강)
- 윙 플레이트
- 클립 앵글
- 사이드 앵글
- 베이스 플레이트
- 앵커 볼트
- 기초 콘크리트
- 앵커 플레이트

앨리데이드 평판 측량
- 빨강
- 타깃 (목표판)
- 측량침
- 앨리데이드
- 10cm
- 10cm
- 흰색
- 폴
- 자침함
- 20cm
- 20cm
- 구심기
- 평판
- 목표판
- 캔트지
- 추
- 평판용 3각
- 줄자
- 평판 측량기

양면치기 : 통나무재를 지붕보로 사용하는 경우에 등을 위로 한 상태에서, 양쪽 면을 평행으로 깎아내는 것.

양생(養生) : 콘크리트나 모르타르 등의 균열을 방지하고 강도를 저하시키지 않기 위해 수화반응(水和反應)이 좋은 상태에서 공사할 수 있도록 수분, 습도 등을 보존하거나, 동결을 방지하는 것.

양생 나팔 시렁 : 공사 중 낙하물을 방지하기 위해 비계 둘레에 가설한 시렁. 특히 시가지 등의 도로 쪽에는 반드시 설치해야만 한다. 간단히 '나팔 시렁' 이라고도 한다.

양생 모르타르(養生―) : 평지붕 등의 방수층을 덮고, 누름 콘크리트의 신축성을 좋게 하기 위하여 바르는 모르타르를 말한다. → 방수 공사(防水工事)

양생 온도(養生溫度) : 콘크리트 양생에 필요한 온도.

양수 펌프(揚水―) : 터파기 밑바닥의 배수, 공사용수의 공급 등 양수를 위해 사용되는 펌프. 소용돌이형, 피스톤(piston)형, 터빈(turbine)형 등이 있다.

양식 지붕 : 평보, ㅅ자 보, 매단 동바리, 빗대공 등의 부재를 이용해 트러스(truss) 모양으로 구성하는 지붕틀 구조이다. 목조 큰 보 사이의 구조에 사용된다.

양엇맞춤접합 : 평행한 두 장의 엇맞춤 이음매를 갖고 있는 접합으로, 다른 이음과 조합해 사용할 수 있다.

양쪽 비계 : → 본비계

양쪽 열기 자유 경첩 : → 부착 개폐용 철물

양판문 : 굵은 문틀이나 띠장목을 사용한 널

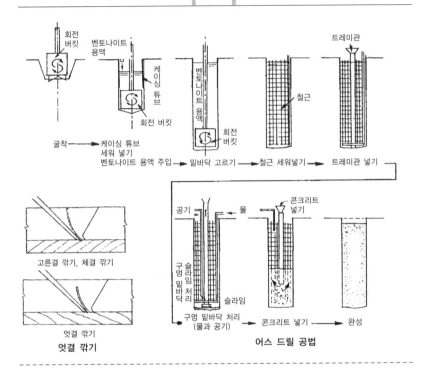

회전 버킷
벤토나이트 용액
케이싱 튜브
회전 버킷
굴착 ─── 케이싱 튜브 세워 넣기
벤토나이트 용액 주입 ─→ 밑바닥 고르기 ─→ 철근 세워넣기 ─→ 트레미관 넣기
벤토나이트 용액
회전 버킷
철근
트레미관

고른결 깎기, 체결 깎기

엇결 깎기
엇결 깎기

공기   물   콘크리트 넣기
구멍 라임
슬밀
바처
닥리
슬라임
구멍 밑바닥 처리 ─→ 콘크리트 넣기 ─→ 완성
(물과 공기)
어스 드릴 공법

문으로, 그 사이에 경판, 창살을 넣은 띠
장 양판문, 문틀에 1장의 널빤지를 끼우는
널빤지 양판문이 있다.

얇은 끌 : 날 끝이 얇은 밑끌의 일종. '격자
끌'이라고도 한다. → 대끌

얇은 문지방 : 횡창(橫窓)에 사용되고 있는
문지방으로, 보통 문지방보다 겉보기에 얇
은 것을 말한다.

얇은 상인방 : 횡창(橫窓) 상인방.

어브레이시브 워터 제트 공법(abrasive
water jet system) : 콘크리트나 암반 등
을 연마재(abrasive : 금강사)를 함유한
고압수로 절단하는 공법.

어스(earth) : → 접지(接地)

어스 드릴(earth drill) : 선단에 날이 붙은
회전식 버킷(bucket)을 갖는 굴착기. 현

장치기 콘크리트 말뚝의 조성 등 큰 지름
의 구멍을 굴착하는 데 사용한다.

어스 드릴 공법(earth drill method) : 현장
치기 콘크리트 말뚝 타설을 위한 굴착 방법
의 일종. 끝에 날이 붙은 회전식 버킷을 갖
는 어스 드릴로 굴착을 한다. 굴착 구경은
최대 1.5m까지(리머 장치는 최대 2.0m 까
지), 굴착 심도는 30cm 정도까지로 되어
있다. 단단한 점성토의 지반에서는 흙탕물
(벤토나이트액) 없이 온통파기를 할 수 있
다. 빠르고, 공사비도 싸다는 등의 장점을
갖는다. 미국의 칼웰드(Calwelled)사가 개
발하여 칼웰드 공법이라고도 한다.

어스 앵커 공법(earth anchor method) :
→ 타이백 공법(tieback-)

어스 오거(earth auger) : 스크루 오거

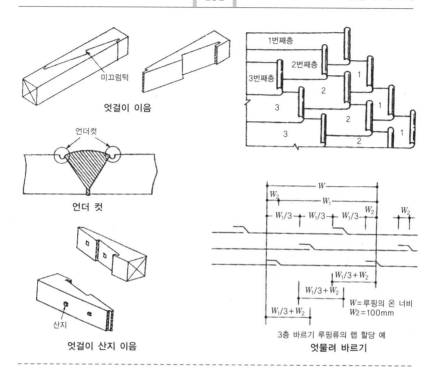

엇걸이 이음

미끄럼턱

언더컷

언더 컷

엇걸이 산지 이음

산지

1번째층
2번째층
3번째층

3층 바르기 루핑류의 랩 할당 예

엇물려 바르기

W = 루핑의 온 너비
W_2 = 100mm

(screw auger)를 크레인(crain) 안장에 고정하고 회전시키면서 구멍을 뚫는 기계로, 외관이 강관으로 된 것이 많으며, 콘크리트 말뚝 등을 만들어 넣는 데 이용되고 무진동·무소음의 펀칭이 가능하다.

언더 컷(under cut) : 용접 부분에 따라 모재가 녹아서 홈 모양으로 파인 결합 부분.

언더 피닝(under pinning) : 기존 구조물에 있어서 기초의 보강(補强), 또는 보강하기 위한 신규 기초의 설치.

얼룩 : 표면의 요철이나 도장면의 색조정이 고르지 않은 상태로, 흙손 얼룩, 바름 얼룩, 색깔 얼룩, 깎기 얼룩 등이 있다.

엇걸이 산지 이음 : 이음의 한 가지로, 층도리, 보, 도리 등의 가로재로 비교적 큰 단면을 갖는 재료의 이음에 사용된다. 뒤이

어 바르기. → 연속 바르기

엇걸이 이음 : 상호 마구리를 비스듬히 가공하여 조립하는 것으로, 엇걸이 산지 이음과 비슷하지만 비녀끼움이 없는 접합이다.

엇결 깎기 : 목재를 깎는 경우 나뭇결과 반대로 깎는 것을 말한다.

엇교차 조립 : 격자(格子) 등의 조립 방법으로 교차부의 맞춤을 교대로 깎아 내어 조립하는 방법.

엇맞춤 고르기 : 접합 재료를 동일면으로 만들기 위하여 볼록한 부분을 연마하여 평활하게 하는 일. '맞춤매 고르기'라고도 한다.

엇맞춤 이음 : 부재의 한쪽 마구리에 돌기를 만들고, 그것을 받는 다른 부재에 구멍을 파서 조합하는 것.

엇물려 바르기 : 방수층의 루핑(roofing)

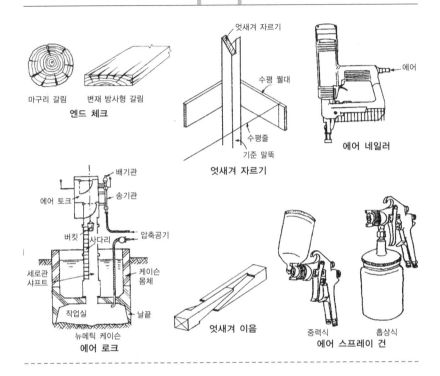

마구리 갈림　　변재 방사형 갈림
엔드 체크

엇새겨 자르기

수평 펠대

수평줄

기준 말뚝

엇새겨 자르기

에어

에어 네일러

배기관

에어 토크　　송기관

버킷　사다리　　압축공기

세로관
샤프트

케이슨
몸체

작업실　　　날끝

뉴메틱 케이슨
에어 로크

엇새겨 이음

중력식　　흡상식
에어 스프레이 건

등, 상하 이음매 부분을 교대로 끼워 겹치
는 방법.
엇새겨 이음 : 천장의 반자를 이음의 일종,
한쪽 반은 아래쪽에서부터 비스듬히, 다른
한쪽은 위쪽에서부터 비스듬히 되어 있어
이 둘을 맞추는 것으로, 연목, 장선, 서까
래 등에 사용한다.
엇새겨 자르기 : 규준틀에 사용하는 수직 말
뚝의 상단을 엇새겨 잘라 잣새의 부리와
같은 모양으로 만든 것으로, 말뚝에 외력
이 가해지면서 오르내릴 때 선단(先端)의
손상 상태로 판명하기 쉽도록 하기 위한
것이다.
에머리 클로스(emery cloth) : 카보런덤 등
의 분말을 접착시킨 연마용 면포로 베줄,
연마포 등이 있다.

에어 네일러(air nailer) : 압축 공기를 이용
하여 못을 박는 기계.
에어 로크(air lock) : 뉴매틱 케이슨 공법
(pneumatic caisson method)의 기압
조정실.
에어리스 스프레이(airless spray) : 도료
자체에 압력을 가하여 건(gun) 선단의 노
즐(nozzle)에서 분사시켜 안개 모양으로
불어 붙이는 기구이다.
에어 스프레이 건(air spray gun) : 도료를
압축 공기에 의해서 안개 모양으로 불어
붙이는 기구를 말하며, 도료 공급 방식에
따라 중력식, 흡상식, 압송식이 있다.
에어컨(air-conditioner) : → 공기 조화기
(空氣調和器)
에어 컴프레서(air compressor) : 압축기

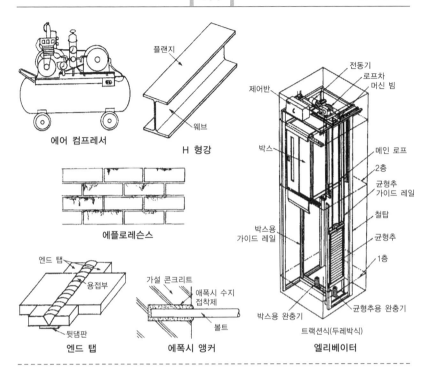

에어 컴프레서

H 형강

에플로레슨스

엔드 탭

에폭시 앵커

엘리베이터

본체, 공기 탱크(air tank), 공기 청정 압력 조정기, 원동기, 언로더(unloader) 등으로 구성되며, 공기를 소요 압력으로 높여 공급하는 기계.

에이치(H)형강 : 형강(形鋼)의 하나.

에폭시 앵커(epoxy anchor) : 드릴로 구멍을 뚫은 콘크리트에 볼트를 삽입하여 에폭시 수지(epoxy resin)로 고정하는 것.

에플로레슨스(efflorescence) : 돌붙임, 벽돌쌓기, 타일 붙이기 등의 줄눈 표면에 모르타르 속의 유리 석회가 스며 나와 결정화(結晶化)하는 것으로, '백화(白華)' 라고도 한다.

엔(N)값 : 표준 관입 시험에 의한 타격 횟수로, 토층에 경연(硬軟) 정도를 표시함과 동시에 N값을 이용하여 지반의 지내력(地耐

力)을 추정할 수가 있다.

엔드 체크(end check) : 목재의 마구리 가까이의 갈림, 목재 결점의 하나. 마구리는 다른 부분에 비해 건조가 빠르기 때문에 갈라지기 쉽다. 마구리 갈림이라고도 한다.

엔드 탭(end tap) : 맞대기 용접의 시점과 종점의 결함을 방지하기 위한 보조판.

엘리베이터(elevator) : 사람이나 짐을 동력에 의해 상하 방향으로 운반하는 장치를 말한다. 그 종류를 살펴보면, 용도별로는 승용, 화물용, 사람/화물용, 환자용, 자동차용 등이 있고, 속도별로는 저속도(45m/min 이하), 중속도(45~90m/min), 고속도(105m/min 이상)용이 있다. 또 감아올리기 전동기의 전원별, 감속기별, 조작방식에 의한 분류가 있다.

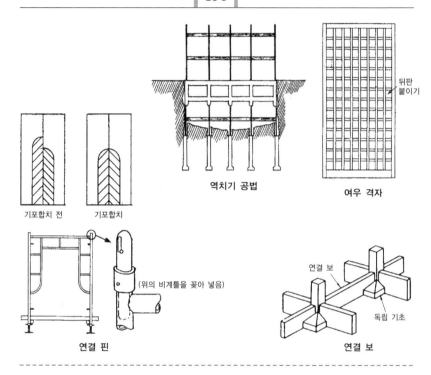

기포합치 전　　　기포합치

역치기 공법

여우 격자

뒤판
붙이기

연결 핀

(위의 비계틀을 꽂아 넣음)

연결 보

연결 보

독립 기초

엘보(90°) : → 급수관 이음 p.25 참조.

여물 : 바름벽의 균열을 방지하기 위해 바름
재에 비벼 섞어서 사용하는 섬유질 재료
로, 마여물, 짚여물, 종이 여물, 석면, 유
리섬유, 짐승 털 등이 있다.→ 토벽(흙벽)

여우 격자 : 앞면에 세로 띠장을 통과시키
고, 가로 띠장은 뒷면에서 정사각형이 되
도록 짜 넣은 것을 말하며, 팔작집 구조의
박공 격자(搏工格子) 등에 사용된다. '목
련격자(木蓮格子)'라고도 하며, 널빤지 뒷
면 치기한 목련 격자문 등이 있다.

여유 구멍 : 끼움장부 홈을 위한 장부 구멍
으로 주먹 장부의 끈을 끼워 넣는 구멍이
다. 기둥의 끝부분 처리나 상인방을 매다
는 달대공의 맞춤 등에 사용한다.

역지붕 이기 : 풀지붕이나 짚지붕은 보통 이

삭 끝을 위로하여 겹쳐 포개면서 지붕 이
기를 하게 되나 이삭을 아래로 하여 반대
로 지붕 이기를 하는 것.

역치기 공법 : 건물 본체의 바닥이나 보를
먼저 시공하고, 이것을 동바리공(支保工)
으로 하여 하부를 굴삭하면서 아래층의 몸
체를 시공해 나가는 공법.

엮어 붙이기 : 외엮기 바탕을 만들 때, 가로
대나무와 외엮기 대나무를 외엮기 끈으로
감아 부착시키는 일. → 외엮기

연결 보 : 보 사이가 긴 경우. 중간에 평보
또는 평 마룻대를 설치하고, 이의 양쪽으
로 걸쳐놓는 보.

연결 핀 : 틀비계에서 선틀의 연결부에 사용
하는 이음쇠로, 조인트 핀(joint pin)이라
고도 한다. → 틀비계

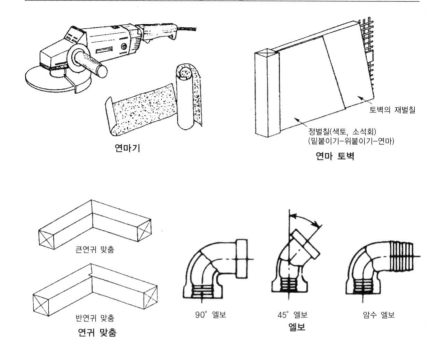

연마기

토벽의 재벌칠

정벌칠(색토, 소석회)
(밑붙이기-위붙이기-연마)
연마 토벽

큰연귀 맞춤

반연귀 맞춤
연귀 맞춤

90° 엘보

45° 엘보
엘보

암수 엘보

연귀 맞춤 : 절구공이형, 장구형의 맞춤목을 별도로 만들어 이웃한 재료에 끼워 넣어 접합하는 방법. 널빤지의 옆면을 맞추는 경우에도 사용한다.

연귀 숨은 주먹장 맞춤 : 중방이나 창호의 연귀 맞춤에 사용되는 것. 내부에 사개를 숨긴 것이 작은 주먹장과 비슷하다.

연귀 주먹장 맞춤 : 접합의 일종. 장식 마루에서 마룻귀틀의 모서리에 사용하는 이음.

연기 감지기 : → 감지기

연마기(polishing machine) : 표면을 갈아 다듬는 기계로, 그라인더(grinder)라고도 한다.

연마 다듬질(polish finishing) : 폴리싱 콤파운드(polishing compound) 등을 붙여서 연마한 다음, 액상 왁스(wax)를 사용하여 연마하는 것.

연마지(硏磨紙) : 세립 연마재를 튼튼한 종이에 접착제로 접착시킨 것으로, 바탕 만들기나 여러 가지 바르기 공정의 연마에 사용한다. '종이 줄', '샌드 페이퍼(sand paper)'라고도 한다.

연마지 갈기 : 바탕의 더러움, 녹, 바르거나 칠한 면의 부착물 등을 제거하고, 면을 평활하게 함으로써 도료의 부착성을 좋게 하기 위하여 연마지로 가는 것을 말한다.

연마 토벽(硏磨土壁) : 토벽 중에서 최상급으로 다듬질하는 고급 토벽. 밑 붙임, 위 붙임의 2공정으로 정벌칠을 하고 흙손 갈기를 한 다음, 젖은 천으로 여러 번 닦아내고 끝으로 부드러운 천으로 닦아서 거울면처럼 광택을 갖게 하는 다듬질이다.

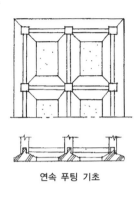

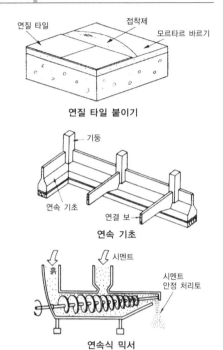

연질 타일 붙이기

연속 푸팅 기초

연속 기초

연속 기초

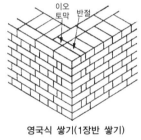

영국식 쌓기(1장반 쌓기)

연속식 믹서

연마포(研磨布) : 연마재를 튼튼한 면포에 접착제로 접착한 것으로, 바탕 고르기, 부착물의 제거, 녹 제거 등에 사용한다.

연면적(延面積) : 각층의 바닥 면적을 합한 면적.

연속 기초(continuous footing) : 건축물의 벽체 또는 기둥의 하중을 지지하는 연속한 기초.

연속 리벳 치기 : 금속 박판의 끝을 리벳으로 결합하여 죄어 연결하는 것.

연속식 믹서(continuous mixer) : 믹서의 한쪽 방향에서 콘크리트 재료 등을 연속적으로 공급하고 다른 쪽에서 인출하는 것.

연속 바르기 : 미장 공사에서 한 층을 바른 뒤에 마르는 정도를 보면서 계속하여 겹쳐 바르는 일.

연속 보(continuous beam) : 3개 이상의 지점으로 지탱된 보.

연속 푸팅 기초(—footing—) : → 줄기초(continuous footing)

연질 타일 붙이기(—tile—) : 아스팔트, 고무, 플라스틱, 리놀륨 등의 시트를 폭 30cm 정도의 타일 모양으로 가공하여 접착제로 붙이는 바닥 마감질.

연화(軟化) : 가열, 용제(溶劑) 등의 원인으로 건조한 도막이 연하게 되는 현상.

열 교환기(熱交換器) : 일반적으로 두 유체 사이의 온도 차에 의한 열의 수수를 행하는 장치.

열 매체(熱媒體) : 공기조화 설비 등에 있어서 공기, 냉·온수, 증기, 냉매 등 기계실에서 각 룸으로 열을 운반하는 물질.

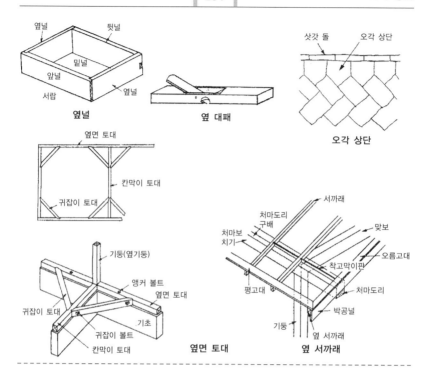

옆널

옆 대패

오각 상단

옆면 토대

옆 서까래

영국식 쌓기 : 벽돌 쌓기의 한 가지로, 줄마
  다 짧은 면(마구리면), 긴 면이 교대로 나
  타나게 쌓는 방법.

옆구리 선반 : 도꼬노마에 설치한 선반.

옆기둥 : 건물의 외주부에 있는 기둥.

옆널 : 일반적으로 건물 남쪽에 면한 툇마루.
  또한 서랍의 옆쪽 판을 말하기도 한다.

옆 대패 : 비스듬히 고정된 날끝을 대패대의
  하단과 옆면으로 내어 홈의 옆면 등을 깎
  는 대패.

옆도리 : 목조 계단의 부재로, 계단을 양쪽에
  서 지탱하는 도리재.

옆면 토대 : 건물의 외주부(外周部)를 따라
  고정시키는 토대(土臺)를 말하며, 이에 대
  한 내부의 토대를 칸막이 토대라고 한다.

옆 밑동잡이 : 기둥의 안쪽을 파내고 고정하

는 밑동잡이로, 반 밑동잡이라고도 한다.
  → 밑동잡이

옆 서까래 : 박공지붕부터 보의 끝부분에서
  박공판과 접하면서 고정되는 서까래.

옆 장선 : 벽의 끝부분에 고정되는 장선.

옆판 : 서랍의 측면과 정면에 대하여 좌우 측
  면에 사용하는 판의 총칭.

예비 조사(豫備調査) : 지반 조사 가운데 예
  비적인 것을 말한다. 건설 부지 주변의 과
  거 조사 자료를 수집하거나 지형에 의한
  지반 개황(槪況)의 판단 및 부근 구조물의
  기초를 조사하여 신축 건물의 기초 형식을
  결정하고 또한 설계 및 시공 방법을 계획
  하기 위해서 실시한다.

오각 상단 : 돌쌓기에서 상단석(上端石)의 표
  면이 오각형을 이룬 것. 이밖에 삼각형을

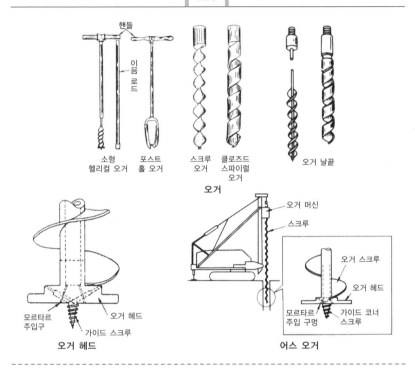

오거

소형 헬리컬 오거　포스트 홀 오거　스크루 오거　클로즈드 스파이럴 오거　오거 날끝

핸들　이음 로드

오거 헤드

모르타르 주입구　오거 헤드　가이드 스크루

어스 오거

오거 머신　스크루

오거 스크루　오거 헤드　모르타르 주입 구멍　가이드 코너 스크루

이룬 것을 삼각 상단이라 하고, 두 개가 한 개의 조로 오각형을 이룬 것을 부부 상단(夫婦上端), 부부 상단에서 둘의 크기에 차이가 있는 경우는 알배기 상단이라 한다.

오거(auger) : 땅속에 구멍을 뚫는 기구로, 송곳 모양의 날 끝을 갖는 천공기. 동력으로 오거를 회전시켜서 구멍을 뚫는 기계를 어스 오거(earth auger)라 한다.

오거 드릴(auger drill) : 어스 오거의 부속 부품으로 지중 천공하기 위한, 끝에 오거 헤드를 가진 스크루.

오거 보링(auger boring) : 공구로 로드(rod)의 선단에 고정하고 인력 또는 동력으로 땅속에 돌려 넣어 구멍을 뚫는 방법으로, 인력에 의한 경우를 핸드 오거 보링(hand auger boring)이라 하고, 동력에 의한 경우를 어스 오거 보링(earth auger boring)이라 한다.

오거 파일(auger pile) : 오거로 굴착한 뒤에 모르타르를 압입하여 보강 철근을 넣는 장소에 타설(打設)하는 콘크리트 말뚝.

오거 헤드(auger head) : 어스 오거(earth auger)의 스크루(screw) 선단에 부착하는 지반 굴착용 커터(cutter)로서 모래용, 자갈용, 일반용 등이 있다.

오너(owner) : → 시공자(施工者)

오늬 쌓기 : 수직 쌓기.

오늬 자르기 : 화살의 활촉처럼 브이(V)자 모양으로 자르는 일, 엇갈려 자르기와 같이 수평 말뚝의 높이가 틀어졌을 때 즉시 알 수 있도록 한 것이다.

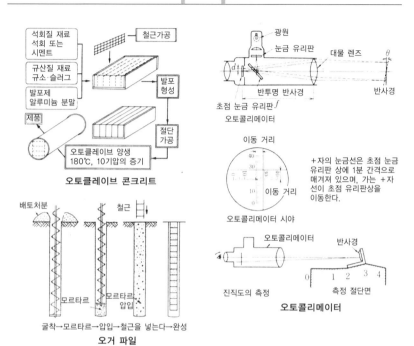

오토클레이브 콘크리트

오거 파일

굴착→모르타르→압입→철근을 넣는다→완성

진직도의 측정

오토콜리메이터

+자의 눈금선은 초점 눈금 유리판 상에 1분 간격으로 매겨져 있으며, 가는 +자선이 초점 유리판상을 이동한다.

오토콜리메이터 시야

오뚝이 펌프(—pump) : 피혁(皮革)이나 고무로 되어 있는 격막(隔膜)을 상하로 움직여 흡상 밸브를 조절함으로써 유체를 흡상하는 기기로, '다이어프램 펌프(diaphragm pump)', '격막 펌프'라고도 한다.

오름 띠장 : 지붕 밑바닥의 끝머리 테에 사용되는 것으로, 합각쪽 박공판 위에 부착시켜 박공단 기와를 받치는 재료이다.

오름 잔교(—棧橋) : 비계 승강에 사용하는 경사진 통행용 비계 디딤판. 경사도는 30°이하로 하고 15°이상인 경우에는 비계판이 디딤 띠장을 달아 손잡이를 설치한다. 또 높이 7m마다 계단참이 꺾여 들도록 설치한다.

오리목 기와 : 겹치게 되는 두 변에 오리목 모양의 턱을 내놓은 기와로, 대문이나 담장 등의 지붕 이기에 사용된다.

오리목 울타리 : 관통 펠대에 세로결 판자를 박고, 널빤지의 이음매에 오리목을 박은 울타리.

오리목 지붕 이기 : 널빤지 이기 지붕의 줄눈 부분에 오리목을 박은 것으로, 가설 창고 등에 사용한다.

오일 잭(oil jack) : 유압에 의하여 중량물을 밀어 올리는 기계.

오토콜리메이터(autocollimator) : 미소 각도를 측정하는 광학적 측정기. 평탄도·직각도·평행도 기타 미소 각도의 차를 측정하는 데 사용된다.

오토클레이브 경량 콘크리트(autoclaved light-weight concrete) : ALC 강철제 탱크 속의 고온(약 180℃)·고압(약 10기

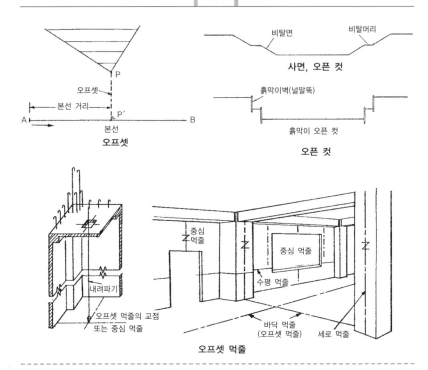

사면, 오픈 컷

오프셋

오픈 컷

오프셋 먹줄

압)하에서 15~16시간 양생하여 만든 기포 콘크리트 제품. 제품에는 패널과 블록이 있으며 내외벽·지붕·바닥으로 사용된다. 경량이고 단열성·내화성이 뛰어나다.

오프셋(offset) : 골조 측량을 바탕으로 하여 건물의 위치를 구할 때, 기준이 되는 본선 에서 수직선을 내려 그 위치를 표시하는 것. 평면 형상 측량법의 하나로 오프셋 (offset) 측량이라 한다.

오프셋 먹줄 : 먹줄내기를 하는 경우에 원하 는 먹줄을 직접 낼 수 없을 때 일정한 거리 를 두고 엇갈리게 설정하는 먹줄.

오픈 스페이스 : 공간이 두 개 이상의 층에 걸쳐지면서 중간에 층의 바닥이 없고 천장 이 높게 구성된 실내 공간. 또는 외주부를 기둥만을 이용하여 밖으로 개방적으로 만

들어진 처마 아래 공간.

오픈 에어리어(open area) : 공지 지구(空 地地區). 일조(日照)나 통풍을 좋게 하고, 화재의 연소를 방지하기 위해 주거 지역 내에 두어진 공지 지구. 공지를 제한함으 로써 건축물의 연면적 또는 건축 면적에 대한 대지 면적을 제한한다.

오픈 컷(open cut) : 지반을 굴착하는 공법 의 한 가지이다. 지표면(地表面)에서 아래 의 굴착 부분이 그대로 노출되는 터파기 방법. 흙막이 오픈 컷과 비탈 오픈 컷이 있다.

오픈 케이슨(open caisson) : 지하실 부분 의 바깥틀 벽을 지상에 만들고, 내부의 지 반을 굴삭하면서 이것을 수평으로 침하시 켜 지하 부분을 구축하는 방법. 기초 부분

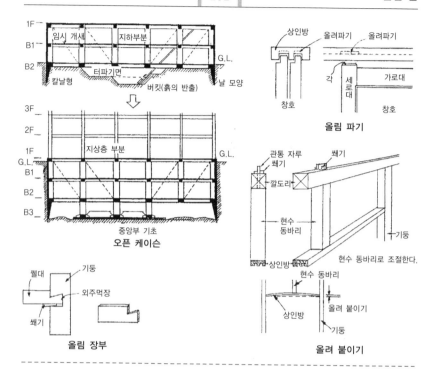

은 일정한 깊이에 도달한 뒤에 시공된다.
→ 케이슨(caisson)

오픈 트래버스(open traverse) : 출발점과 최종점이 일치하지 않고 기지점과 결합하지 않는 트래버스, 오차의 크기를 확실히 할 수 없기 때문에 높은 정밀도가 요구되는 트래버스 측량에는 부적합하다.

오(O)형 다월 : → 다월

옥내 배선도용 기호(symbols for wiring plan) : 전기 설비도는 기기의 위치, 배선의 방법, 종별, 위치 등을 표시하는 것으로, KS 옥내(屋內) 배선도용 기호(記號)가 사용된다.

옥내 소화전함 : → 소화전

옥탑(屋塔) : 펜트 하우스(pent house).

온수기(water heater) : 온수를 만드는 장치로, 석탄 연소 온수기, 증기 가열 온수기, 가스 저탕식 온수기, 가스 순간 온수기, 중유 보일러(boiler) 등이 있다.

온탕 수도꼭지 : → 위생 철물

온통파기 : → 전면 파기, 터파기

올려 붙이기 : 상인방 등의 부재가 나중에 하중으로 인하여 내려앉을 것으로 예상되는 곳을 약간 올려붙이는 것.

올림 장부 : 맞춤의 한 가지로, 기둥에 펠대를 붙이는 등의 경우에 펠대 끝을 한쪽 주먹장으로 하여 쐐기를 박는다.

올림 파기 : 창호(빈지문, 미닫이문 등) 세로귀틀의 상단을 연장해 놓고 이를 상인방 홈의 한 곳에 넣을 수 있도록 그 부분만큼 깊게 홈파기를 한 것.

올림 홈 : → 올림 파기

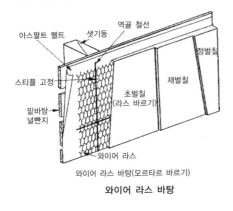

와이어 라스 바탕(모르타르 바르기)

와이어 라스 바탕

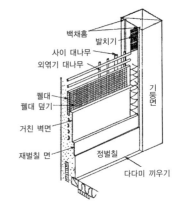

외엮기 바탕 진벽 설명도

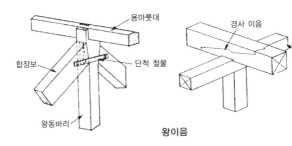

왕이음

와이어 라스 바탕(wire lath─) : 목조 외벽의 모르타르 바르기 바탕에 사용되며, 방수지(防水紙) 위에 철사를 엮어 만든 와이어 라스(wire lath)를 스테이플(staple)로 고정하고, 뼈대를 넣어서 보강(補强)하는 바탕이다.

와이어 메시(wire mesh) : 용접 쇠그물

완전 밑동잡이 : → 밑동잡이

왕기둥 : → 대들보

왕동바리 : → 진동바리

왕이음 : 특별한 경우에 도리나 보를 기둥의 상부 중심에서 연결하는 것.

왜식 기와(倭式─) : 서양(西洋)에서 사용하는 양기와에 대하여 옛날부터 사용되어 온 일본식 기와의 명칭. 기와는 점토(粘土)를 소성(燒成)하여 만들지만, 표면 다듬질에 따라 그을린 기와, 유약 기와, 소금구이 기와 그리고 흰 기와(棄瓦)로 구분한다. 또한 치수에 따른 분류, 사용 장소에 따른 형상의 분류가 있다. '일본식 기와'라고도 한다.

외(lath) : 진벽(眞壁)의 바탕 재료로, 뼈대를 의지하여 대나무를 종횡으로 짠 것. 쪼갠 대나무를 가는 새끼줄로 격자 모양으로 짜며, 중간대를 일정한 간격으로 넣는다.

외방수(外防水) : 지하 구조물의 외주벽 바깥쪽에 방수층을 두는 방수 공법. 지하 골격의 타설 후에 방수하는 공법과 먼저 방수층을 시공해 두는 공법의 2종이 있다.

외엮기 : 바탕을 엮는 것

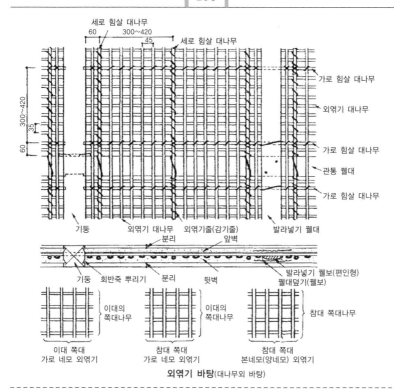

세로 힘살 대나무
60 300~420
45 세로 힘살 대나무

300~420
35
60

가로 힘살 대나무
외엮기 대나무
가로 힘살 대나무
관통 꿸대
가로 힘살 대나무

기둥   외엮기 대나무   외엮기줄(감기줄)   발라넣기 꿸대
분리   앞벽

기둥 회반죽 뿌리기 분리 뒷벽   발라넣기 꿸보(편인형)
                              꿸대덮기(꿸보)

이대의   이대의
쪽대나무   쪽대나무   참대 쪽대나무

이대 쪽대   참대 쪽대   참대 쪽대
가로 네모 외엮기   가로 네모 외엮기   본네모(양네모) 외엮기

외엮기 바탕(대나무외 바탕)

외엮기 꿸대 : 외엮기 대나무와 함께 진벽의 바탕이 되는 벽꿸대.

외엮기벽 : 흙벽으로, 바탕에 대나무 평고대를 두고, 초벽(찰흙에 여물류를 섞고, 물을 가하여 비벼서 칠하는)의 건조 후 재벌 바름하여 플라스터, 회반죽, 새벽, 색토 등으로 마감하는 벽. → 토벽(土壁)

외장 공사(外裝工事) : 건물의 외벽과 같은 바깥벽 둘레의 마감 공사로, 미장 공사, 도장공사, 돌 공사가 있다.

외장 벽돌(face brick) : 건축물의 외장에 쓰이는 평판상의 벽돌. 석기질 또는 자기로 착색을 한다. 전면쌓기 벽돌, 외장 타일이라고도 한다.

외장 타일 : → 타일의 용도

외주먹장 : 맞춤 또는 이음의 한 가지로, 역사다리꼴의 주먹장 머리를 세로로 반토막 낸 장부.

외줄 비계(single scaffold) : 비계가 한 줄로 된 것. 한쪽 비계의 일종이다. 깔 재료, 비계 기둥을 한 면에 설치하여 비계판 없이 간단한 공사에 사용할 수 있다.

외줄턱 이음 : 이음의 한 가지로, 삼발이턱 이음과 비슷하나 턱 붙은 면에 비녀장을 끼운다.

외짝창 : 폭이 넓은 창살을 세로로 고정하여 그 안쪽에 같은 모양의 창살을 가진 미닫이 창문을 설치한 것으로, 미닫이 창문에 의하여 개폐하는 것. 주로 환기창(換氣窓)으로 이용된다.

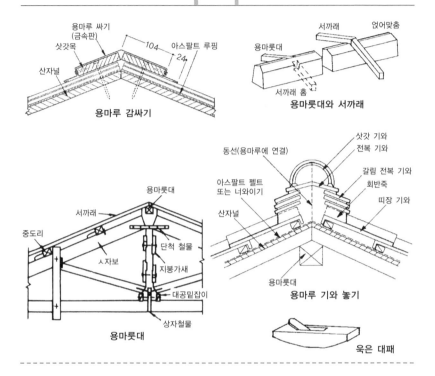

용마루 감싸기

용마룻대와 서까래

용마룻대

용마루 기와 놓기

욱은 대패

용마루 감싸기 : 금속판(金屬板), 석면 슬레이트판(asbestos cement slate board) 등의 파형판(波形板) 평판 이기에 있어서 용마루 부분에 씌우는 감싸기 판. 또는 감싸는 것을 말한다. → 금속판 지붕이기

용마루 기와 놓기 : 전복 기와, 삿갓 기와, 도깨비 기와 등의 용마루기와를 바탕 재에 선재(線材)로 붙이는 일. 선재로서는 동선, 아연도금 철선 등이 사용된다.

용마루 동자 기둥 : 일본식 지붕틀 구조에 이용되는 부재의 일종. 마룻대를 받치는 지붕 동바리를 말한다.

용마루 쌓기 : 용마루 기와를 쌓는 일. 박공, 팔각 지붕, 모임 용마루 등의 기와 지붕으로, 용마룻대, 내림마룻대, 합각 보의 부분에 쌓고, 용마루 기와 위에 삿갓 기와가

얹혀진다.

용접(鎔接) : 금속을 부분적으로 용융하여 접합하는 것.

용접 건(welding gun) : 용접기의 일부로, 피용접재에 대고서 스폿(spot) 용접을 하는 부분.

용접봉(鎔接棒) : 가스 용접(gas welding), 아크 용접(arc welding)에 있어서 모재(母財)와 함께 용융시켜 모재를 접착시키는 금속 막대.

우물통 : → 케이슨(caisson)

우물통병(—disease) : → 케이슨병(caisson disease)

욱은 대패(warping planer) : 대패대의 아래 면을 선박 밑 모양으로 휘어지게 한 대패. 욱은 박공 등의 휘어진 면을 깎는 데

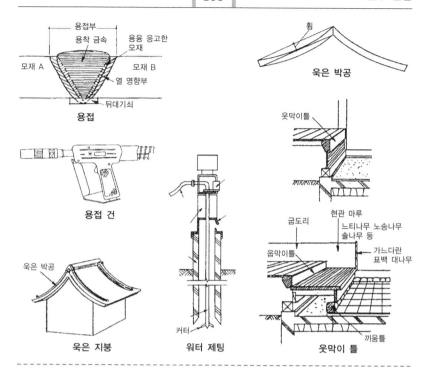

용접

욱은 박공

욱은 박공

욱은 지붕

워터 제팅

웃막이 틀

사용한다.

욱은 박공(—撑拱) : 박공판을 위쪽으로 오목
하게 욱여 만든 것.

욱은 지붕(warping roof) : 흐름 면이 위쪽
으로 오목하게 휜 모양으로 된 지붕으로
'휜 지붕'이라고도 한다.

웃막이 틀 : 현관이나 출입구의 마룻바닥 옆
부분에 붙이는 연목.

웅덩이 : 터파기 밑바닥의 지하수를 고이게
하기 위한 구덩이로, 여기에 흡수관을 넣
고 펌프(pump)로 양수하여 배수한다. '배
수 피트(排水 pit)'라고도 한다.

워시 보링(wash boring) : 보링 로드(bo-
ring rod)의 선단에 고정된 워시 포인트
(wash point)에서 압력수를 분출하여 지
반을 뚫는 보링(boring) 공법.

워커빌리티(workability) : → 시공난이도
(施工難易度)

워터 제팅(water jetting) : 압력수를 말뚝
의 선단부에서 분사시켜 지반을 부드럽게
함으로써 말뚝이 파고들기 쉽게 하거나 고
압수를 직접 지반에 분사시키는 굴착
수단.

원도급자(元都給者) : 시공자 가운데 건축주
와 직접 도급 계약에 의하여 공사를 하는
사람으로, 원래 청부를 맡은 업자를 말
한다.

원주 눈금(圓周) : 곡자(曲尺)의 뒷면에 새긴
눈금의 하나로, 실치수를 새긴 앞면 눈금
의 1/π 눈금으로 한다. 원형 단면재에 그
눈금을 대어 읽혀지는 지름이 그대로 단면
의 원둘레가 된다.

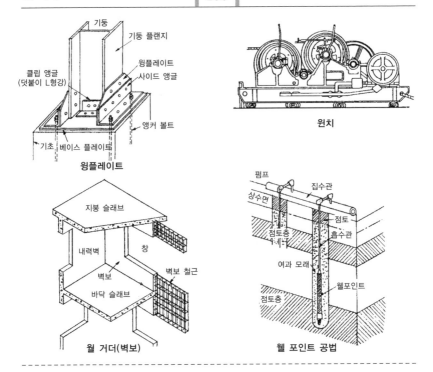

윙플레이트

기둥
기둥 플랜지
윙플레이트
사이드 앵글
클립 앵글
(덧붙이 ㄴ형강)
앵커 볼트
기초 베이스 플레이트

윈치

월 거더(벽보)

지붕 슬래브
내력벽
창
벽보 철근
벽보
바닥 슬래브

웰 포인트 공법

펌프
집수관
상수면
점토
점토층
흡수관
여과 모래
웰포인트
점토층

월 거더(wall girder) : 철근 콘크리트 구조로 벽 부분을 춤이 높은 보로 하는 것으로, '벽보' 라고도 한다.

월 실드(wall shield) : 특수한 기초 공사의 경우에 사용되는 것으로, 널말뚝 겸용의 거푸집으로 사용하는 강판.

웨브(web) : 조립재나 H형강과 같은 단일재의 플랜지(flange)를 연결하는 플레이트(plate).

웰 포인트 공법(well point method) : 웰 포인트(well point)라고 하는 흡수 파이프(pipe)를 약 1m 정도 지중에 매설하고, 이것을 지상의 집수관에 연결하여 특수 펌프(pump)로 배수하는 공법.

위생 관리자(衛生管理者) : 노동안전위생법에 규정된 관리자.

위생 기구(衛生器具) : 급수, 급탕, 배수 설비로 사용되는 용기, 장치, 도구. 세면기, 수세기, 대소변기, 욕조, 설거지대 등이 있다.

위생 설비 배관도 기호(衛生設備配管圖記號) : 위생 설비 배관도는 급배수 배관도, 공기 조화 냉난방용 배관도, 공기 조화 환기용 덕트도(圖) 등이 있는데 기계의 위치, 배관, 덕트 배치, 옥외와의 접속 등을 표시하며, KS(한국산업표준 규격) 배관도 기호가 주로 사용된다.

위생 철물(衛生鐵物) : 급수, 급탕, 배수 기구에 장착되는 급배수 밸브(valve), 급배수관, 접속 철물, 고정 철물 등을 말한다.

윈치(winch) : 드럼에 로프(rope)를 감아 무거운 것을 올리거나 내리면서 이동시키는

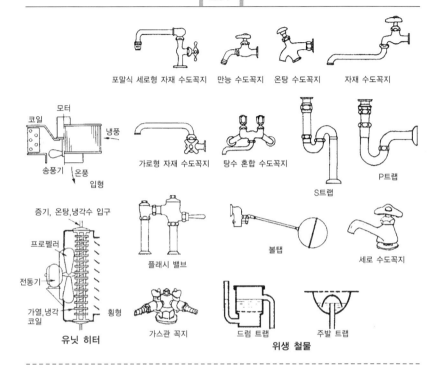

포말식 세로형 자재 수도꼭지　만능 수도꼭지　온탕 수도꼭지　자재 수도꼭지

모터
코일　냉풍
송풍기　온풍
입형

가로형 자재 수도꼭지　탕수 혼합 수도꼭지　P트랩

S트랩

증기, 온탕,냉각수 입구
프로펠러
전동기
가열,냉각 코일　횡형
유닛 히터

플래시 밸브

볼탭

세로 수도꼭지

가스관 꼭지

드럼 트랩

주발 트랩

위생 철물

기계. 단통식, 복통식, 다통식이 있고, 동력으로서는 전기, 디젤(diesel) 기관, 증기 기관, 인력 등이 있다.

윗면 연귀 장부 맞춤 : 맞춤의 일종, 상단 겉보기 부분을 연귀로 하고, 그 아래를 작은 장부로 만든 것. 옆면에서 보면 마구리나 장부의 선단이 보인다.

윗문틀 : 창호의 위틀로, '상인방'이라고 한다. → 미닫이문

윙 플레이트(wing plate) : 철골의 기둥 밑 부분에 고정되는 강판으로, 응력을 베이스 플레이트(base plate)에 분산시켜 기초에 전달한다.

유닛 바르기(unit finish) : 유닛 타일(unit tile)을 발라 붙이는 일.

유닛 타일(unit tile) : 표면 또는 뒷면에 종이나 네트(net : 그물) 등을 붙여 여러 개의 타일(tile)을 연결한 것으로, 네트에서 겉바르기 한 것은 떼어 내고, 뒷바르기 한 것은 그대로 붙여서 사용한다.

유닛 히터(unit heater) : 철판제 케이싱(casing) 속에 송풍기와 가열 코일(coil)을 내장한 것으로, 코일에 증기를 흐르게 하여 공기를 가열하고 이를 송풍기를 이용하여 실내로 불어낸다.

유리 공사 : 건축물에 유리 부착을 전문으로 하는 공사로, 창호용 판유리. 유리벽(glass wall) 등이 있으며, 창호 공사와는 별도로 이루어진다.

유리문 : 문틀이나 문살에 판유리를 끼운 창호(窓戶)로, 목제와 금속제가 있고 한 장의 통유리를 그대로 창호로 하는 것도 있다.

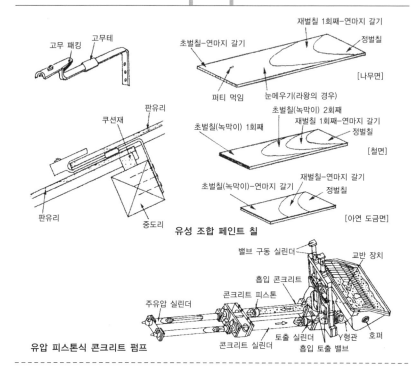

유성 조합 페인트 칠

유압 피스톤식 콘크리트 펌프

유리 이기 : 유리를 사용하여 지붕을 이는
것으로, 온실 등의 지붕을 구성하는 판유
리 이기, 채광을 위한 유리기와 이기 등이
있다.

유리칼 : 선단에 다이아몬드(diamond) 등의
경석(硬石)을 붙인 판유리 절단용 커터
(cutter)로, 자를 대어 커터(cutter)로 홈
을 새기고 그 선을 따라 꺾어 절단한다.

유리 퍼티 : 판유리를 창틀에 끼워 넣는 데
사용하는 풀 모양의 것. 경화성의 것과 비
경화성의 것이 있다. 후자는 열선 흡수 유
리 등의 특수 유리 부착에 사용한다.

유사 지붕 이기 : → 너와지붕 이기

유성 조합 페인트 칠(油性組合—) : 안료, 건
성유를 주된 원료로 하여 혼합한 것으로,
옥외의 내후성용(耐候性用), 옥내의 미장

용으로 칠하며, 도막이 두껍다.

유압 크레인(hydraulic crane) : → 하이
드로 크레인(hydro-crane)

유압 피스톤식 콘크리트 : 아직 굳지 않은
콘크리트를 원거리에 수송하기 위한 펌프.
피스톤식과 스퀴즈식이 있다.

유압 피스톤식 콘크리트 펌프 : → 콘크리트
펌프.

유인 유닛 방식 : → 공기 조화 방식

유(U)자 도랑 : 유(U)자형 단면의 철근 콘크
리트(concrete) 제품으로, 옆 도랑을 만드
는 데 사용한다.

융단 깔기 : 바닥 깔기용 펠트(felt)를 틈새
가 울퉁불퉁하지 않도록 전면을 깔고 융단
이나 양탄자 등의 깔개 주위에 못을 박거
나 접착제로 붙이면서 들뜨지 않도록 까는

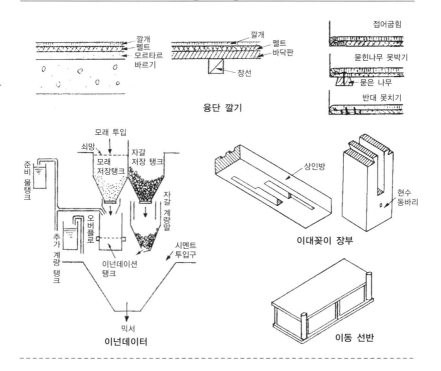

융단 깔기

이넌데이터

이대꽂이 장부

이동 선반

바닥 마감질.

은촉 붙임 : → 개탕 붙임

은행잎 정 : → 판금용 공구

이넌데이터(inundator) : 콘크리트 재료 계량 장치의 일종. 물과 시멘트의 비를 결정한다.

이대꽂이 장부 : 상인방을 매다는 달대공의 맞춤에 사용되는 것으로, 달대공의 선단에 주먹 장부를 만들어 상인방 상단에 조금 크게 낸 장부 구멍에 넣고, 그 틈새에 이대를 2개 붙여서 조합한다. → 구석 기준틀

이동 거푸집 공법 : → 트레블링 폼 공법 (traveling form method)

이동 선반 : 일본식 도꼬노마 형식의 하나로, 본마루와 달리 이미 만들어져 있는 것을 벽쪽에 두는 형태의 치장 선반이며, '부착선반' 이라고도 한다.

이동 창살 : 널빤지 창살을 고정시킨 것과 이동시킬 수 없는 것을 조합한 것으로, 한쪽이 움직여지도록 개구(開口)하거나 폐쇄(閉鎖)할 수 있도록 되어 있다.

이삭(穗) : → 대팻날의 끝부분

이어 쌓기 : 줄눈을 수평으로 이어지게 돌을 쌓는 것.

이어 치기 : 콘크리트 공사에서 앞에 타설한 콘크리트에 이어, 연속적으로 타설하는 것을 말한다.

이음매 댐판 : 판의 이음매에 붙이는 폭이 좁은 널빤지. 이음매의 틈새를 덮기 위해 대는 이음매 판이다.

이음매 천장 붙이기 : → 천장 붙이기 방식

이음손 : 부재를 재료의 축 방향으로 잇는 경

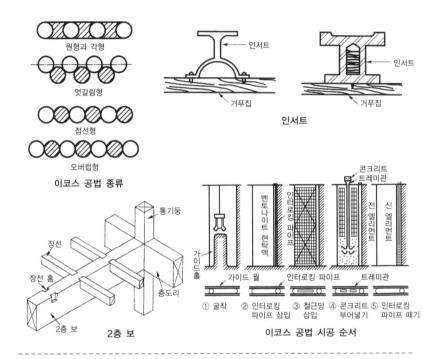

원형과 각형

엇갈림형

접선형

오버럽형

이코스 공법 종류

인서트

거푸집

인서트

거푸집

인서트

통기둥

장선

장선 홈

층도리

2층 보

2층 보

가이드홀

벤토나이트 현탁액

인터로킹 파이프

전 엘리먼트

신 엘리먼트

콘크리트 트레미관

가이드 월   인터로킹 파이프   트레미관

① 굴착 ② 인터로킹 파이프 삽입 ③ 철근망 삽입 ④ 콘크리트 부어넣기 ⑤ 인터로킹 파이프 떼기

이코스 공법 시공 순서

우의 접합부. 재료 끝을 여러 가지 모양으로 가공하여 조립하며, 그 모양에 따라 각각 명칭이 다르다.

이중 보 : 일본식 지붕틀 구조에 사용되는 보의 한 가지로, 지붕보에 기둥을 세우고, 다시 보를 걸치는 경우의 두 번째 보를 말한다.

이층 보 : 2층 마룻바닥을 받치는 보로, 중요한 것을 큰 보라고 하고, 큰 보에 걸치는 것을 작은 보라고 한다.

이층 증축(二層增築) : 목조 2층 건물에서 통기둥을 사용하지 않고 1층과 2층에 따로 관 기둥을 사용한 구조이다. 또 단층집을 2층으로 올리는 경우도 증축한다고 하며, '증축 건물'이라고도 한다.

이코스 공법(ICOS method) : 특수한 비트

(beat)나 해머 그래브(hammer grab)에 의해 원형 또는 직사각형의 콘크리트 벽을 흙속에 형성하는 공법. 이 굴착에서는 벤토나이트(bentonite)를 사용하여 방수처리하고, 콘크리트를 흘려 넣는다.

이형 육각면(異形六角面) : 양 모서리를 크게 경사지게 깎아내어 원숭이 볼과 같은 모양이 된 면을 말하며, 천장의 반잣대 등에 사용된다. 이형 육각 면으로 가공한 띠장을 이형 육각띠장이라 한다.

인력 연마(人力硏磨) : → 인조석 바름 갈기다듬질

인방 : 출입구나 창문 등 개구부의 상부에 고정시키는 수평재(水平材). → 창틀

인방 펠대 : 벽 펠대로, 상인방이나 창문 및 출입구의 상부에 고정시키는 막대이다. 천

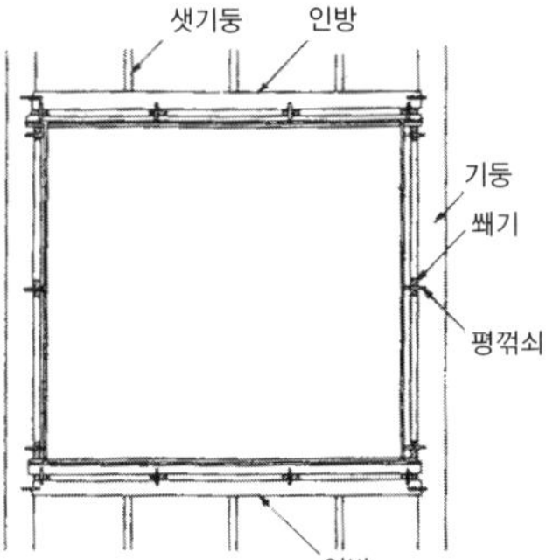
샛기둥
인방
기둥
쐐기
평꺾쇠
인방
인방

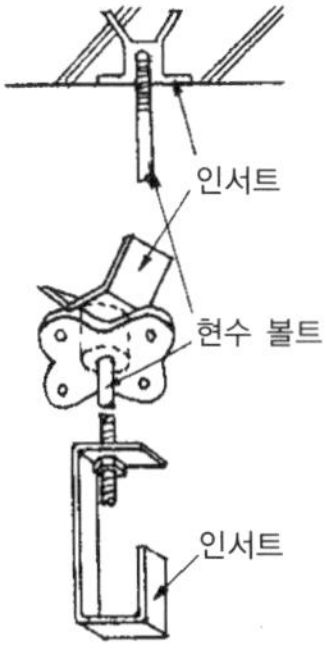
인서트
현수 볼트
인서트
인서트

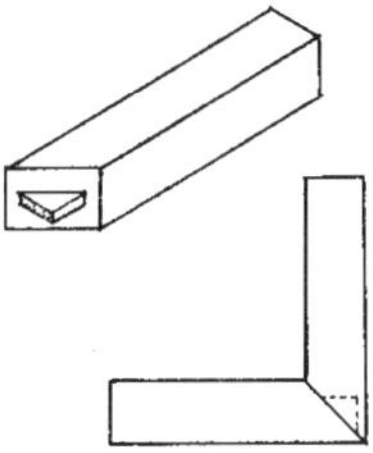
인장부 연귀 맞춤

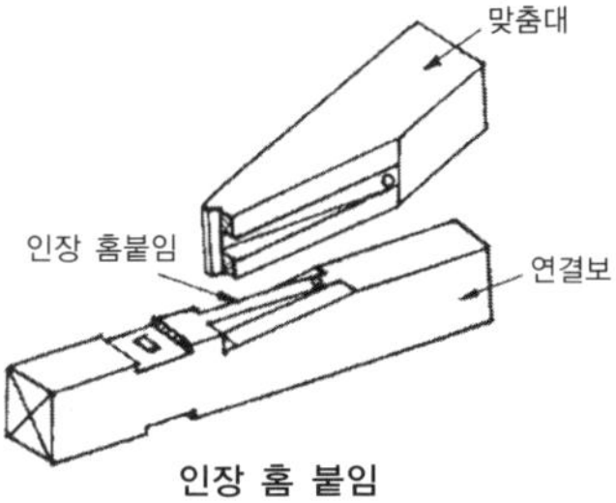
맞춤대
인장 홈붙임
연결보
인장 홈 붙임

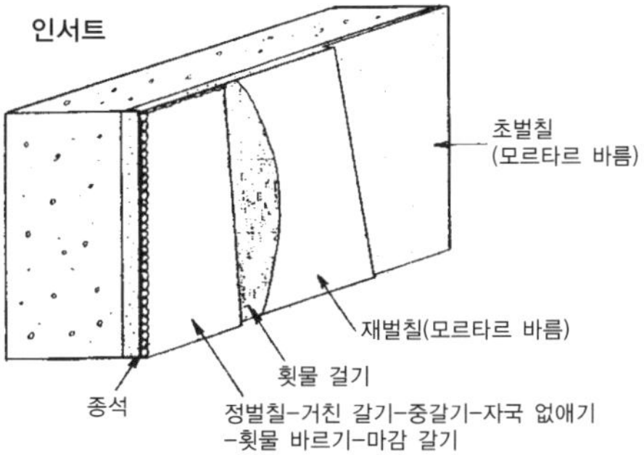
초벌칠
(모르타르 바름)
재벌칠(모르타르 바름)
횟물 걸기
종석
정벌칠-거친 갈기-중갈기-자국 없애기
-횟물 바르기-마감 갈기
인조석 바름 갈아내기 다듬질

장 오리목보다 한 단 아래의 것이다. → 펠대

인방 높이 : 일반적으로 문지방 상단에서 상인방 하단까지의 치수.

인방 돌림띠 : → 돌림대

인방재 : 상인방, 문지방, 중방 등의 제작 재료를 말한다.

인서트(insert) : 콘크리트의 벽이나 슬래브(slab) 등에다 마감재나 바탕 재를 고정시키기 위한 쇠붙이로, 콘크리트를 타설할 때 거푸집에 붙어 있다가 콘크리트에 매입되는 것. 천장 바탕재는 이것에 달 볼트를 달아 매달리게 된다.

인장부 연귀 맞춤 : 연귀 맞추기의 한 가지.

인장 홈 붙임 : 보와 맞춤대를 연결하기 위한 홈 붙임.

인조석 갈기 : → 인조석 바름 갈아내기 다듬질

인조석 바르기 : 모르타르 재벌칠 위에 화강암, 대리석 등의 작은 돌조각을 종석(種石)으로 더해 모르타르 위를 정벌칠하여 돌과 비슷한 느낌을 내는 것. 다듬질에는 씻어내기, 갈아내기, 잔다듬이 있다.

인조석 바름 갈아내기 다듬질 : 인조석 바르기의 위바르기 다음, 경화의 정도를 가늠하면서 손 갈기, 기계 갈기 등으로 표면을 갈아서 연마하고, 다시 왁스(wax) 등으로 윤을 내는 다듬질. '인조석 갈기', '갈아내기', '인조 갈기' 라고도 한다.

인조석 바름 씻어내기 다듬질 : 인조석 바르기의 위바르기를 한 다음, 돌의 배치를 조정하면서 흙손으로 눌러 넣고 물빠짐 정도를 가늠하면서 맑은 물을 뿜어 표면의 종

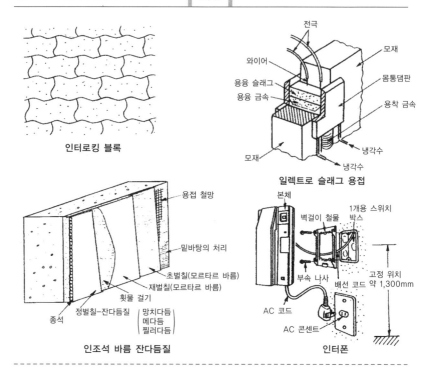

인터로킹 블록

일렉트로 슬래그 용접

인조석 바름 잔다듬질

인터폰

석을 씻어내는 다듬질. '인조석 씻어내기', '인조씻기', '씻기' 라고도 한다.

인조석 바름 잔다듬질 : 인조석 바르기의 위바르기 다음, 경화 정도를 보면서 석공 공구로 표면을 잔다듬하여 거친 면으로 만드는 다듬질로, '인조석 잔다듬' 이라고도 한다.

인조석 블록 붙이기 : → 모의석 블록 붙이기

인조석 씻기 : → 인조석 바름 씻어내기 다듬질

인조석 잔다듬 : → 인조석 바름 잔다듬질

인터로킹 블록(interlocking block) : 보도나 광장 등에 사용되는 콘크리트제의 포장용 블록이다.

인터폰(interphone) : 일반 국선 전화기와 접속되어 있지 않은 구내 전용 전화. 일반

전화기와 같은 형식과 확성기, 마이크로폰(microphone)을 조합한 것이 있고, 접속 방식에 따라 단독식(單獨式), 상호식(相互式), 복합식(複合式) 등이 있다.

일꾼 수 : 그날의 작업 현장에 나온 직별(職別) 노무자(기능인) 수.

일렉트로 슬래그 용접(electro slag welding) : 용접 금속과 용융 슬래그(slag)가 용접부에 흘러나오지 않도록 감싸고 전류가 통하는 용접봉을 용융 슬래그액 속에 연속적으로 공급하여, 주로 용융 슬래그의 저항열에 의하여 모재와 용접봉을 용융시키는 용접.

일식 지붕 : 일본의 재래식 공법으로 만들어진 목조 지붕틀 구조. 보 위에 동바리를 세워서 지붕을 받치도록 되어 있다.

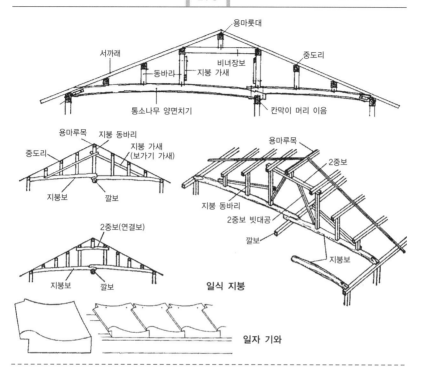

일식 지붕

일자 기와

일(一)자 기와 : 처마끝 기와의 한 가지로, 겉보기에 하단부가 일직선이 되는 띠장 기와, 처마 둘레를 금속판으로 깔고, 상부로 향하여 기와를 입히는 경우에 선단 기와로서 사용된다. → 기와

일(一)자 지붕 이기 : 금속판, 석면 슬레이트판 등에 사용하는 지붕이기 방법의 일종. 지붕면의 수평 방향으로 포개는 선은 일직선이 된다.

임시 깔기 : 시트(sheet)류를 바닥 깔기할 때, 깔기 전에 며칠간 밑바탕의 바닥면에 깔고서 신축이 멈출 때까지 방치하여 길들이는 것.

임시 용접(臨時鎔接) : 용접을 할 때, 부재가 움직이지 않도록 하기 위한 가벼운 용접.

임시 울타리 : 공사 현장을 구분하는 판재 울타리나 철판 울타리로, 도난 방지나 위험 방지를 위해 공사중인 가설물이다.

임시 조이기 : 조립에 있어서 본격적으로 접합하기 전에 임시로 결합하는 일. 철골 세우기 등은 볼트의 일부를 임시로 조이고 변형을 수정한 다음에 본격적으로 조이기를 한다.

임시틀 : → 거푸집

임팩트 렌치(pneumatic impact wrench) : → 공기 렌치(pneumatic wrench)

입찰(入札) : 설계도, 현장 설명 등을 기초로 하여 산출한 공사비를 복수의 시공업자가 건축주에게 제출하고, 공사 청부(請負)를 위한 경쟁을 하는 방식으로, 일반 경쟁 입찰과 지명 경쟁 입찰이 있다.

잇대어 붙이기 : 목재를 잇대어 붙이는 방식.

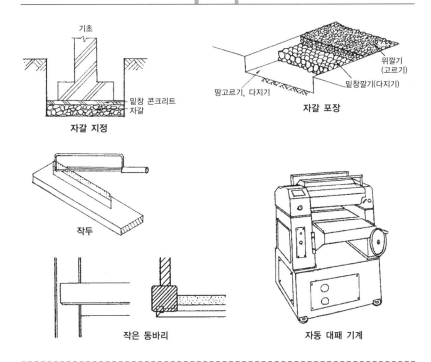

기초

밑창 콘크리트
자갈

자갈 지정

위깔기
(고르기)

땅고르기, 다지기

밑창깔기(다지기)

자갈 포장

작두

자동 대패 기계

작은 동바리

ㅈ

자갈(gravel) : 암석이 자연 작용에 의해 입
자화 된 것으로, 하천 자갈, 산자갈 등이
있다. 콘크리트의 거친 골재로 지정용, 조
경용, 포장용 등에 사용되고, '밸러스트
(ballast)' 라고도 한다.

자갈 지정(地釘) : 터파기한 밑바닥에 자갈을
넣어 다지는 기초 공사.

자갈 포장(鋪裝) : 자갈, 깬돌(碎石)을 깔아
통로나 건물 주변을 포장하는 것.

자동 대패 기계 : 그림 참조

자막대 : 현장에서 만든 가늘게 제재된 자로,
목재 가공 시 먹줄 긋기를 할 때, 특히 부
재의 길이를 측정할 때 사용한다. '장척

(長尺)' 이라고도 한다.

자연석 막쌓기 : → 돌쌓기

자연 환기 장치 : → 벤틸레이터

자재 관리(資材管理) : 현장 관리자 직무 중
하나로, 공사의 진행에 따라 재료의 적산,
발주, 납입, 보관, 사용 및 잔류 자재에 관
한 관리.

작두 : 벽토에 넣을 짚여물을 자르는 공구.

작업 관리(作業管理) : 현장에 있어서 공사
관리자가 하는 업무의 하나로, 능률적이고
원활한 공사를 위한 절차와 준비, 현장 작
업원에 대한 기술 지도, 조립과 마무리 검
사 등 적절한 공사의 촉진을 도모하기 위
한 업무로, '시공 관리' 라고도 한다.

작업장(作業場) : 현장 부지 내에 설치되는
가설 건물로, 목재, 철근, 미장 재료 등의

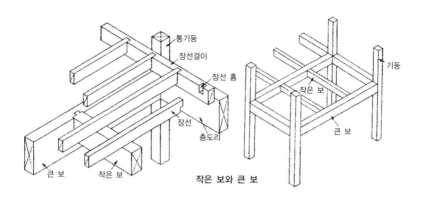

통기둥
장선걸이
장선 홈
장선
층도리
큰 보
작은 보
기둥
작은 보
큰 보

작은 보와 큰 보

잔다듬질

잔디
떼흙(줄눈 부분)
떼흙 뿌리기
객토

잔디 붙이기

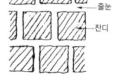

줄눈
잔디

가공 장소.

작은(병아리) 동바리 : → 새우 동바리

작은 면 쌓기 : → 마구리 쌓기

작은 모자 다듬기 : 모르타르 바르기나 회반
죽 바르기 등의 위 바르기 표면을 수세미
등으로 두들겨 거친 면으로 만들어 흙손으
로 가볍게 누르는 마감질.

작은 보 : 큰 보 위에 직교하여 건너지른 보
로, 마룻바닥의 하중을 받아서 큰 보에 전
달한다.

작은 뿌리 장부 : 맞춤 장부의 하나로, 장부
를 2중 계단 모양으로 만든 맞춤. 선단의
가느다란 부분을 작은 뿌리라 하고, 밑 부
분을 큰 뿌리라 한다.

작은 솔기 : → 솔기 접기

작은자귀 다듬기 : → 큰자귀 다듬기

잔다듬 마무리 : → 잔다듬질

잔다듬질 : 쌓을 돌의 표면 가공 다듬질의 한
가지로, 다듬망치 100번의 면 또는 정다듬
질의 끝 다듬질 면에서 양날을 사용하여
세밀한 평행성을 새기면서 다듬질한다. 정
자국이 남지 않을 정도의 1회 다듬기, 다
듬망치 자국이 남지 않을 정도의 2회 다듬
기, 3회 다듬기가 있으며, 잔다듬 마무리
라고도 한다.

잔디 붙이기 : 줄떼를 심는 것을 말한다. 지
반이 나쁜 경우는 객토를 깔아 고르고 줄
떼를 통줄눈이 되지 않도록 붙인다.

잘라 넣기 : 맞춤의 한 가지로, 부재가 교차
하는 경우에 재료의 너비만큼 잘라 넣는
방법. 내려걸기와 비슷하다.

잘라낸 격자문 : → 격자문

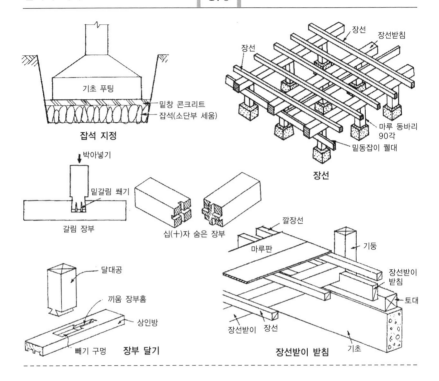

잡석 지정

장선

장부 달기

장선받이 받침

잠자리 죄기 : 회반죽을 주입하는 경우, 돌이 밀려나오는 것을 막기 위해 세로 줄눈 부분에 가는 구리줄로 잠자리 모양의 나무 조각을 묶어서 조이는 것.

잡석(雜石) : 기초공사에서 지반을 단단하게 하기 위해 사용하며, 암석을 분쇄하여 밤톨 크기로 만든 작은 돌로, 쇄석(碎石)이라고도 한다.

잡석 지정(雜石地釘) : 기초 밑바닥 아래에 쇄석의 뾰족한 쪽을 밑으로 하여 세워 깔고, 그 틈새에 눈메움 자갈을 펴서 지반을 다지기 위한 기초공사.

잡음 주먹장 : 마룻귀틀과 마루판의 고정부 등을 조이기 위한 것으로, 주먹 모양으로 된 연결 목.

장력(tensile force) : 물체에 작용하는 외력

이 서로 당기는 방향으로 작용했을 때 물체 내에 생기는 축방향력.

장미창(rose window) : 꽃잎형의 장식 격자(tracery)에 스테인드 글라스를 끼워넣은 원형의 창.

장방 각재(長方角材) : 직사각형의 단면을 가진 목재로서, 보통 정사각형의 목재에 대하여 직사각형의 재료.

장부 : 부재와 부재를 접합하기 위해 한쪽 부재를 가공한 돌기(突起). 장부 맞춤의 총칭으로, 그 형태에 따라 여러 가지가 있다.

장부 끼우기 : 나무 구조의 부재를 장부와 장부구멍으로 접합하는 맞춤. 못, 쐐기, 나무못 등의 보강 철물이 병용된다.

장부 달기 : 접합의 일종. 동바리로 상인방을 매다는 경우에 사용한다.

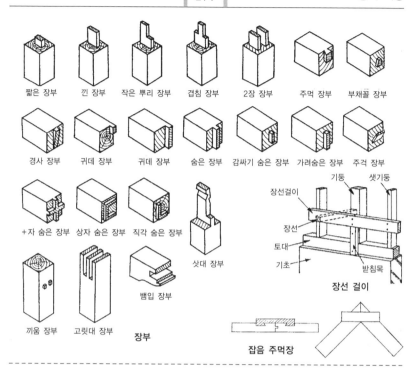

짧은 장부　긴 장부　작은 뿌리 장부　겹침 장부　2장 장부　주먹 장부　부채꼴 장부

경사 장부　귀데 장부　귀데 장부　숨은 장부　감싸기 숨은 장부　가려숨은 장부　주걱 장부

＋자 숨은 장부　상자 숨은 장부　직각 숨은 장부　　삿대 장부

뱀입 장부

끼움 장부　고릿대 장부　**장부**

기동　샛기동
장선걸이
장선
토대
기초　받침목
장선 걸이

잡음 주먹장

장부 접합 : 가구의 맞춤으로, 장부와 장부 구멍을 조합(組合)하여 접합한다. 장부가 있는 부재를 '남목(숫나무)', 장부 구멍이 있는 부재를 '여목(암나무)'이라고 한다.

장부촉 : 두 부재를 밀착시키기 위해 접합부에 삽입하는 나비형의 작은 조각

장부촉 홈 : 맞춤의 한가지로, 기둥에 돌림테나 돌림띠를 고정시키는 경우, 기둥에 끼우기 위해 홈파기 한 것을 말한다.

장부홈 대패 : 주먹 장부 구멍이나 안쪽 구석 등을 깎는 대패.

장선 : 마루 조립재(組立材)의 일종. 마룻판을 직접 받치는 가로재이며, 장선은 마룻보나 장선받이로 지탱된다.

장선 걸이 : 마루 구조재의 하나로, 벽면에서 장선의 끝 부분을 받치는 가로재.

장선 마루 : 장선만으로 마루판을 지탱하는 마루 구조. 툇마루, 복도, 반침 등과 같이 스팬(span)이 짧을 때 사용한다.

장선받이 : 1층 바닥 조립재의 한 가지로, 장선을 받치는 가로재.

장선받이 받침 : 장선받이 끝 부분을 받치는 가로재로, 토대 측면에 고정한다.

장선 파기 : 장선을 받치기 위해 마루보 등에 장선을 부착할 맞춤 구멍을 파내는 일. → 2층 보

장식 선반 : 도꼬노마의 한 옆에 설치하는 응접실 장식의 한 가지로, 높이에 차이가 있는 장식 선반을 중심으로 하여 위쪽과 아래쪽에 벽장을 설치한다. → 도꼬노마

장식 지붕 : 한쪽 흐름의 지붕 상부를 일부 접어 꺾은 모양의 지붕.

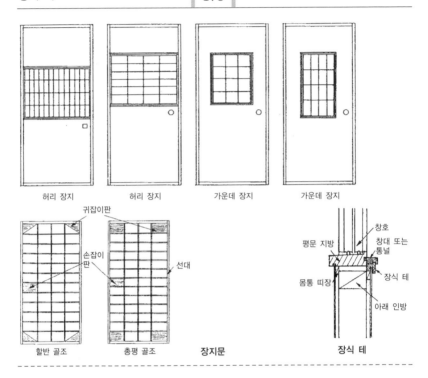

허리 장지 · 허리 장지 · 가운데 장지 · 가운데 장지

귀잡이판
평문 지방 · 창호
손잡이판 · 창대 또는 통널
선대 · 장식 테
몸통 띠장
아래 인방
할반 골조 · 총평 골조 · **장지문** · **장식 테**

장식 테 : 창 둘레 처리에 사용되는 부재의 일종. 통널(경판) 아래에 부착한다.

장인 : 특정한 기술을 가진 각종 건축 기술인 으로, 기능공(技能工)이라고도 한다.

장지문 : 문살이 있는 창호에 창호지가 붙어 있는 것으로, '미닫이문'이라고도 한다.

장척(長尺) : → 자막대

재공비(材工費) : 재료비와 공임을 말하는 것 으로, 건설 공사비의 견적 계산에 있어서 재료비와 노무비를 합쳐서 계산하는 것을 재공비 또는 복합 경비라고 한다.

재무 관리(財務管理) : 자금의 조달, 운영에 관한 관리. 공사 현장에서 관리자가 해야 할 업무 중의 하나이다. 건설비로서 현장 에 배정된 실행 예산의 관리 및 운용에 관 한 업무를 말한다.

재벌칠 : 정벌칠의 밑바탕 층을 바르는 것으 로, 정벌칠에 지장이 없도록 평탄하게 발 라야 한다.

재시공(再施工) : 일의 순서를 바꿔 다시 손 질하는 일로서, 공사 진행에 차질을 빚어 원활히 이루어지지 못하고 원상태로 되돌 아가 공사를 다시 하여 고치는 일.

재우기 : 벽토나 석회 등을 사용하기 전에 이 겨서 일정 기간 동안 방치하여 두는 것.

재타격법(再打擊法) : → 탬핑(tamping)

재하시험(載荷試驗) : 지반 및 때려 박는 말 뚝에 하중을 걸어서, 그 지지력을 조사하 는 시험 방법으로, 재하 시간(載荷時間)과 하중도(荷重度)를 기초로 침하량(沈下量) 을 기록한 도표를 작성하여 지반의 지지력 이나 허용응력을 산출한다.

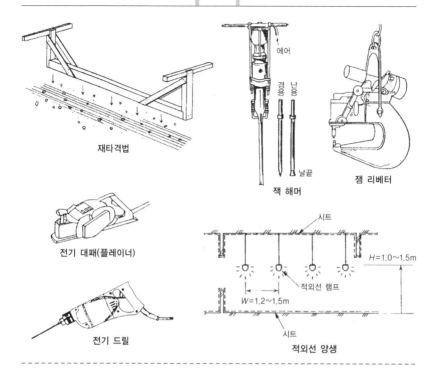

재타격법

잭 해머

잼 리베터

전기 대패(플레이너)

전기 드릴

적외선 양생

에어

경용 난용

날끝

시트

적외선 램프

시트

$H=1.0\sim1.5m$

$W=1.2\sim1.5m$

잭 해머(jack hammer) : 컴프레서(com-pressor)에 의한 압축 공기를 동력으로 사용하는 착암기로, 대형인 것은 '드리프터(drifter)' 라고 한다.

잼 리베터(jam riveter) : 공기를 이용한 리벳 해머(rivet hammer), 받침대가 일체화된 리베팅 기계(riveting machine). '조 리베터(jaw riveter)' 라고도 한다.

잿물 닦기 : 낡은 창호, 바닥, 벽 등의 나무로 만들어진 부분을 소다 용액으로 닦아서 더러운 것을 씻는 일을 말한다.

적산(積算) : 설계도와 시방서에서 공사에 필요한 재료의 수량, 필요 인원 등을 산출하고, 여기에 값을 매겨 공사비 예산액을 산출하는 작업을 말하는데, 공사비 산출에 치중하는 경우에는 견적(見積)이라고 한다.

적산 전력계(積算電力計) : 소비 전력량을 계측하여 누계하는 전력량계(電力量計). 유도형 전력량계는 알루미늄 원판이 전력에 비례한 속도로 회전하고, 어느 시간 내의 회전수가 그 시간 내의 전력량을 나타낸다.

적심(赤心) : 목재의 나무 중심 부분으로 색이 짙은 부분.

적외선 양생(赤外線養生) : 콘크리트를 다져 넣은 다음, 적외선 램프(lamp)를 근처에 매달고, 그 열을 이용하여 양생하는 일.

전기 대패 : 휴대용 전동 대패를 말하는 것으로, '플레이너(planer)' 라고도 한다.

전기 드릴(electric drill) : 모터(motor)에 의하여 선단의 드릴(drill)을 회전시켜 구멍을 뚫는 기구.

록너트　　부심　　새들　　커플링　　아우트렛 박스　　노멀 벤드　　콘크리트 박스

전기 배선용 기구

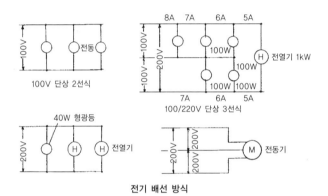

전기 배선 방식

전기 배선 방식(電氣配線方式) : 전기를 공급하는 배선 방법으로 크게 직류식과 교류식으로 나눌 수 있다. 건축용 전기 배선 방식은 전력 회사에서 보내는 교류식이 사용되고, 직류식은 비상용 전원이나 축전지를 사용하는 경우 등에 한정된다. 옥내 배선 방식으로는 단상 2선식 및 3선식, 3상 3선식 등이 있다.

전기 배선용 기구(電氣配線用器具) : 전선(電線), 애자류(碍子類), 관류(管類), 덕트(duct), 선미류(線尾類), 기타 배선 기재(配線器材)를 말한다. 주요 전선으로는 고무 절연 전선과 비닐 절연 전선이 있다. 애자(碍子) 끌기 노즐 공사에서는 클리트(cleat), 노브(nob), 유도관 등이 많이 사용된다. 전선관은 강제류가 많고, 부속품으로 커플링(coupling), 새들(saddle), 아우트렛 박스 등이 있다. 덕트(duct), 선피류(線皮類)로서는 플로어 덕트, 노출 메탈 몰딩(metal moulding) 등이 있다.

전기 인두 : 판금용 철물 p.233 참조.

전기 해머(electric hammer) : 전기를 동력원으로 하여 머리 부분이 앞뒤로 왕복함에 따라 해머 작용을 하는 공구.

전동 덤 웨이터(motor dumb waiter) : → 덤 웨이터(dumb waiter)

전면 기초(全面基礎) : 직접 기초의 일종. 건물 밑면의 전면 또는 일부를 기초 슬래브로 한 것이다. 기둥 다리를 연결하는 기초보, 기초 슬래브(slab)로 이루어진다. → 푸팅 기초(footing foundation)

전면 도로 : 건축부지가 접하는 도로. 이 도

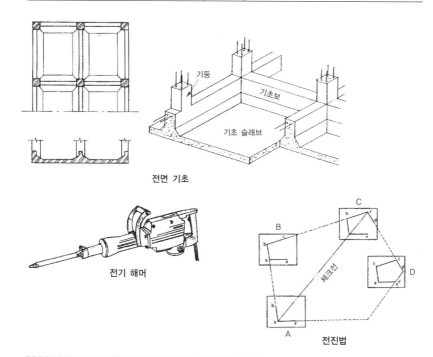

전면 기초

전기 해머

전진법

로가 도로 사선 제한, 도로폭에 의한 용적 제한 등을 규정한다.

전면 바르기 : 종이, 천, 시트(sheet) 등의 전면에 풀이나 접착제를 발라 붙이는 일.

전면 파기(全面) : 건조물의 밑바닥 전면에 걸쳐 터파기를 하는 일로, '온통 파기'라고도 한다. → 터파기

전벽의 샛기둥 : → 샛기둥

전압(轉壓) : 지반다지기의 일종으로 진동이나 충격에 의한 것이 아니고, 롤러(roller)를 굴려서 가압하는 방법을 말한다.

전주품(電鑄品) : 전해법(電解法)에 의해 금속을 일정한 주형(鑄型)에 석출(析出)시켜 도금층만으로 형성시키는 장식 철물로, '전기 주조품(電氣鑄造品)'이라고도 한다.

전진법(前進法) : 골조 측량에 많이 사용되는 평판 측량법의 하나로, 먼저 측량 구역 내에 적당한 측점(測點)을 설정, 순차적으로 각 측점에 평판을 설치하여 각각 측선(測線)의 방향과 거리를 측정하여 각 측점을 연결하는 방법으로, 넓은 부지나 좁고 긴 부지에 사용된다. '절측법(折測法)', '도선법(導線法)'이라고도 한다.

전처리(前處理) : → 밑바탕 처리

전단 먹줄 기호 : 먹물치기용 먹줄 기호의 한 가지로서, 목재를 절단하는 위치를 표시하는 기호를 말한다.→먹줄 기호

절삭 여유(切削餘裕) : 목재를 깎아 다듬을 때, 깎아내는 부분의 두께.

절측법(折測法) : → 전진법(前進法)

점검구(點檢口) : → 개수구(改修口)

점 용접(點鎔接) : → 스폿 용접

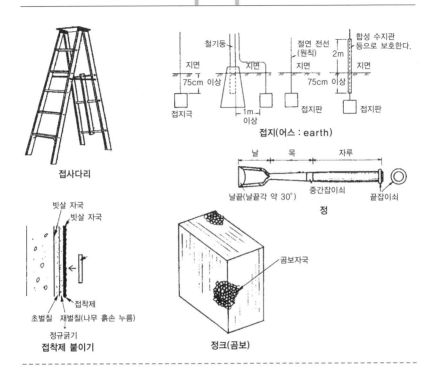

접사다리

접지(어스 : earth)

정

접착제 붙이기

정크(곰보)

접사다리 : 작업용 자립 사다리. 사다리 겸용 비계로, '말비계'라고도 한다. 실내의 내장 공사나 정원수를 다듬질하는 데 사용된다.

접시널 : → 깔대판

접어놓기 : 처마 도리와 지붕보의 조립 방법으로, 기둥 위에 지붕보를 얹어놓고, 그 위에 처마도리를 가설하는 방법. '접어놓기 조립'이라고도 한다.

접어놓기 조립 : → 접어놓기

접음대 : → 판금용 공구

접지(接地) : 전기기기나 전기 회로의 일부를 지반(地盤)에 접속하는 것으로, 전선이나 기기의 절연이 파괴되거나 또는 전구나 전기기기의 소손(燒損) 감전 및 화재의 발생 등을 방지하기 위해 설치한다. '어스 (earth)'라고도 한다.

접착제 붙이기 : 전용 접착제를 바탕면에 바르고, 그 위에 타일을 눌러 붙이는 것.

접촉 부식(接觸腐蝕) : 이종 금속(異種金屬) 의 접촉에 의하여 일어나는 금속판의 부식으로, 금속간(金屬間) 이온화 경향의 차이에 의한 전기적 부식을 말한다.

정(chisel) : ① 강재를 절단하기 위해 사용하는 끌과 같은 모양의 공구이다. ② 석공이 사용하는 공구로, 돌면에 힘살을 붙이거나 맞춤부의 각을 깎을 때 사용한다.

정각 데릭(定脚—) : → 스티프 레그 데릭 (stiff leg derrick)

정다듬 : 쌓을 돌의 표면 가공 다듬질로, 혹두기 면에 정을 대어 편편한 거친 면으로 만드는 다듬질. 조밀 정도에 따라 거친정다듬, 중정다듬, 고운정다듬 등이 있다.

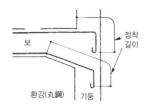 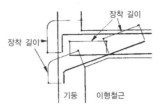

정착

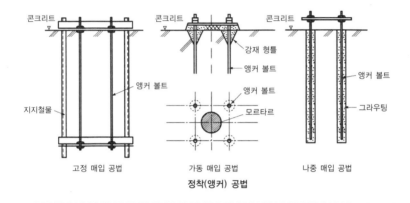

정착(앵커) 공법

정벌칠 : 마지막 다듬질을 위하여 칠하는 도료, 또는 그 칠하는 층을 말하며, '마무리 칠'이라고도 한다.

정온식 스폿형 화재감지기 : → 화재 감지기

정전기 도장(靜電氣塗裝) : 스프레이 건의 선단에서 도료 입자에 마이너스(−) 전압을 띠게 하여 플러스(+) 전하의 도장 면에 흡착시키는 도장을 말한다.

정착(定着) : 보의 주근을 기둥에 묻거나 슬래브(slab)의 철근을 기둥, 보 등에 묻는 것을 말한다. '앵커(anchor)'라고도 한다.

정초(定礎) : 콘크리트 건축물의 기초부에 끼우는 명석(銘石)으로, 콘크리트 공사가 끝난 날짜, 시행자명 등이 새겨진다. 본래는 석조 건축물 등의 초석(礎石)을 정할 때 행하는 의식을 정초식(定礎式)이라 하였다.

정크(junk) : 타설한 콘크리트 표면에 시멘트 페이스트(cement paste)가 잘 돌지 않고 자갈만 나타나는 부분으로, '콩판(豆板)', '홈집', '곰보자국'이라고 부른다.

제너럴 컨트랙터(general contractor) : → 종합 공사업자(綜合工事業者)

제바탕 외엮기 : 기와 지붕에 너와판을 아래이기 하는 경우 등에 사용되는 밑바탕재로, 서까래에 인방재를 좁은 간격으로 되풀이하여 박는 일.

제치기 콘크리트 : → 콘크리트 제치기 마무리

조립 부호(組立符號) : 부재를 조립하여 결합하기 쉽도록 하는 부호로, '마킹(marking)', '맞춤번호'라고도 한다.

조명 방식(照明方式) : 전등에 의한 조명 방법으로, 광원으로부터의 직접광을 이용하

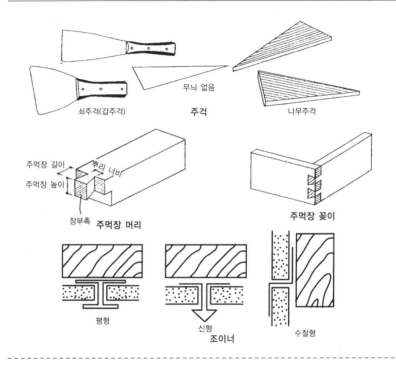

쇠주걱(갑주걱)　　주걱　　무늬 없음　　나무주걱

주먹장 길이　뿌리 너비
주먹장 높이
장부촉　주먹장 머리　　주먹장 꽂이

평형　　신형　　수절형
조이너

는 직접 조명과 간접광을 이용하는 간접
조명이 있고, 중간적인 반직접 조명, 확산
조명, 반간접 조명이 있다. 또 피조명 면
전체를 고르게 조명하는 전반 조명, 필요
한 곳만을 조명하는 국부 조명(局部照明),
천장 면이나 벽면에 매입하는 건축화 조명
등이 있다.

조성 계획(land formation plan) : 설계된
지반 높이가 되도록 하는 토공사 등의 절
차에 대한 계획.

조수봉 : 긴 막대 끝에 도장 재료를 얹는 용
기가 부착되어 있어, 위쪽에 있는 미장이
에게 그 재료를 건네주기 위한 도구이다.
간단히 '중개' 또는 '조수' 라고도 한다.

조이너(joiner) : 보드(board) 류의 이음재
를 접합하기 위한 줄눈 막대로, 목제, 알

루미늄(aluminum)제, 플라스틱(plastic)
제가 있다.

조인트 벤처(joint venture) : 공동 청부로,
둘 이상의 시공자에 의한 공공 책임 청부
를 말한다. 대규모 공사, 특수 기술을 필
요로 하는 공사 또는 중소기업이 공동으로
융자의 증대를 도모하는 등 특정 공사에
한하여 공동의 기업체를 만들어 청부하는
형태이다.

조인트 핀(joint pin) : → 연결 핀

조합(調合) : 콘크리트 등을 혼합할 때, 콘크
리트를 구성하는 각 재료의 비율(比率).

졸대 바탕 : 삼나무 재 등 폭이 좁은 널빤지
를 틈새에 박아 붙인 칠 바탕.

종마루 누름판 : 금속판 지붕이기 용마루나
외벽과의 접합부에 붙이는 두꺼운 널빤지

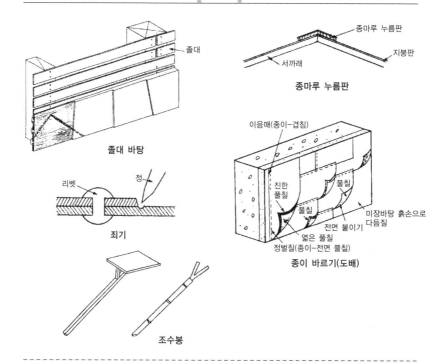

졸대

졸대 바탕

리벳 정

죄기

조수봉

종마루 누름판

지붕판

서까래

종마루 누름판

이음매(종이-겹침)

진한 풀칠 풀칠

풀칠

미장바탕 흙손으로 다듬질

전면 붙이기

얇은 풀칠

정벌칠(종이-전면 풀칠)

종이 바르기(도배)

로, 지붕의 끝머리나 비를 피하기 위해 붙인다.

종석(種石) : 테라초(terrazzo)나 인조석 바르기의 마무리에 사용하는 화강암, 대리석 등의 쇄석류로, 다듬질 면에 노출시켜 마감하는 씨돌이다.

종이 바르기 : 벽지를 바르는 방법으로, 세천지(細川紙), 미농지(美濃紙), 반지(半紙) 등의 종이를 밀가루 풀을 사용하여 틈바르기, 전면 바르기, 두겹 바르기, 청(淸) 바르기 등으로 초벌칠을 하고, 그 위에 벽지를 모양에 맞추어 바르는 것을 말한다.

종이줄 : → 연마지(研磨紙)

종합공사업자(綜合工事業者) : 건축 공사 전반을 청부하는 업자. 건축주와의 청부 계약에 의해 직접 공사를 청부하는 경우가 많으며, 원청부가 되는 시공업자이다.

조 리베터(jaw riveter) : → 잼 리베터(jam riveter)

죄기 : 그림 참조.

주걱 : 퍼티 등을 배합하거나 바르는 데 사용하는 도구로, 나무 주걱과 쇠주걱(강주걱)이 있다.

주근(主筋) : 철근 콘크리트 구조에서 부재의 축 방향으로 배치하는 철근. 축 방향력과 휨 모멘트에 대하여 저항한다.

주름 : 리프팅(lifting)

주먹장 구멍(홈) : 주먹장부를 넣는 장부 구멍

주먹장 걸이 : 주먹장 이음의 한가지.

주먹장 꽂이 : 직각으로 이어지는 비교적 넓은 목재의 이음에 사용한다.

주먹장 머리 : 주먹 모양의 장부를 말한다.

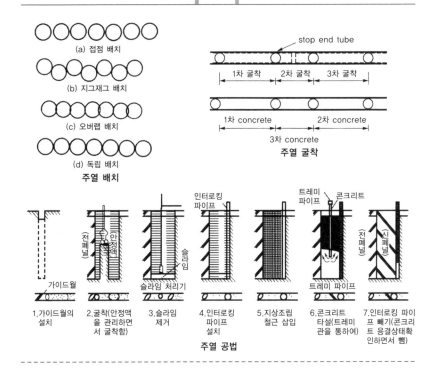

(a) 접점 배치
(b) 지그재그 배치
(c) 오버랩 배치
(d) 독립 배치
주열 배치

stop end tube
1차 굴착 / 2차 굴착 / 3차 굴착
1차 concrete / 2차 concrete
3차 concrete
주열 굴착

1.가이드월의 설치
2.굴착(안정액을 관리하면서 굴착함)
3.슬라임 제거
4.인터로킹 파이프 설치
5.지상조립 철근 삽입
6.콘크리트 타설(트레미 관을 통하여)
7.인터로킹 파이프 빼기(콘크리트 응결상태확인하면서 뺌)
주열 공법

주먹 장부 : 주먹장 이음에 사용되는 역사다리꼴 모양의 장부.

주먹장 이음 : 부재와 부재를 주먹장 머리로 잇는 방법으로, 일반적으로 사용되는 접합방법이다.

주먹장 장선 : 주먹 모양의 장부붙이 장선을 말한다.

주발 트랩 : → 위생 철물 p.167 참조.

주사위 : → 캐러멜(caramel)

주열 공법(柱列工法) : 천공기에 의해 땅 속에 구멍을 파고 인발 후의 공극에 콘크리트나 모르타르, 소일 시멘트 등을 충전한 현장 타설 말뚝을 연속적으로 나란히 시공함으로써 일종의 지하 연속벽을 만드는 공법이다.

주입 모르타르 : → 주입 반죽

주입 반죽 : 벽마감으로 석재(石材)를 부착하는 경우, 돌 뒷면의 틈새나 구멍에 주입하는 시멘트 페이스트(cement paste)를 말한다. 모르타르의 경우는 '주입 모르타르(grout mortar)' 라고 한다.

주입 보수(grouted repair) : 돌이나 타일(tile) 등의 부착된 물체가 뜨는 경우 에폭시 수지(epoxy resin) 접착제를 주입하여 보수하는 것.

주입 콘크리트(注入─) : → 프리팩트 콘크리트(prepacked concrete)

준공(竣工) : 공사가 완료되는 일. 공사 완료 시의 검사를 준공 검사라 하고, 공사 완료를 관련자가 모여서 축하하면서 피로연을 베푸는 것이 준공식(竣工式) 또는 낙성식(落成式)이다.

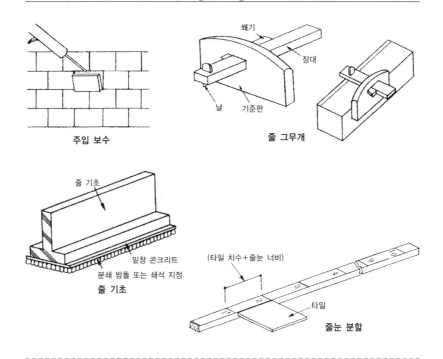

주입 보수

줄 그무개

쐐기
장대
날
기준판

줄 기초

밑창 콘크리트
분쇄 밤돌 또는 쇄석 지정
줄 기초

(타일 치수+줄눈 너비)
타일
줄눈 분할

준비(準備) : 공사의 착수에 앞서 공사가 원활하게 진행되도록 가설물, 기계 공구류를 준비하거나 계획하는 것으로 '채비'라고도 한다.

준칙(準則) : → 법술(法術)

줄 그무개 : 부재의 나무 옆면을 따라 평행으로 줄을 긋거나 잘라 쪼개기 위한 것, 쪼갬줄기 자라고도 한다. → 낮줄긋기 자

줄 기초(continuous footing) : 역T자형의 단면이 띠처럼 계속 이어지는 기초로 목조나 RC벽 구조 등에 사용된다. '연속 푸팅 기초'라고도 한다.

줄 기초 파기 : 줄 기초를 형성할 때와 같이 일정한 폭으로 연속하여 길게 파내는 일로, 'T자 파기'라고도 한다. → 터파기

줄눈 : 타일(tile)이나 석재를 붙이는 경우의 맞춤 부분으로, 벽돌, 블록(block), 석재를 쌓을 때의 쌓기 맞춤매. 또 신축에 의한 균열을 줄눈 부분에 발생시켜 도면(塗面)이 보기 흉해지지 않도록 하기 위해, 또는 치장을 위해 설치하는 힘줄 모양의 구획을 말한다.

줄눈 고르기 : 줄눈 파기를 한 다음, 치장줄눈을 파서 다듬는 것.

줄눈 분할 : 의장적(意匠的)으로 아름답고 마무리하기 좋게 분할하는 일.

줄눈 파기 : 치장줄눈을 파는데 있어서 장애가 되는 여분의 모르타르 등을 미리 제거하는 일.

줄 띄우기 : 건물의 위치를 현장에 표시하기 위해 배치도에 따라 건물의 윤곽선을 중심으로 말뚝을 박고 줄을 치는 일. 이때 건축

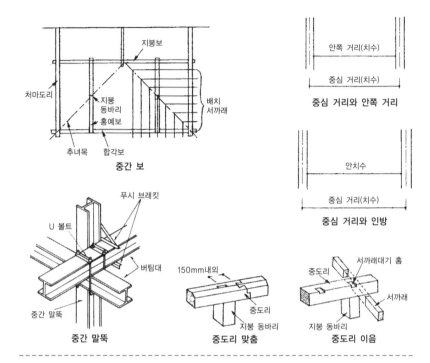

중간 보

중심 거리와 안쪽 거리

중심 거리와 인방

중간 말뚝

중도리 맞춤

중도리 이음

주, 설계자, 시공자가 입회하여 확인하고, 이것을 바탕으로 공사가 시작된다.

줄무늬 강판 : 표면을 미끄럽지 않게 하기 위해서 요철을 낸 강판(鋼板)으로, '체커드 플레이트(cheqered plate)' 라고도 한다.

줄받이 기준틀 : 기준틀의 위치에 따른 명칭. 보통 간격이 7m 이상 떨어져 있을 때 수평 줄이 느슨해지는 것을 방지하기 위해 설치하는 것이다.

줄쌓기 : 돌쌓기에서 세로 줄눈은 통하지 않게 쌓고 가로 줄눈은 수평으로 통하게 쌓아 상단에 쌓는 돌이 하단에 쌓는 돌에 걸쳐지게 함으로써 하중이 균등하게 배분되도록 쌓아올리는 일. → 돌쌓기

줄자 : 측량에 있어서 길이나 거리를 측정하는 테이프 모양의 스케일(scale)로, 용기에 감겨져 있다. 강제, 직포제, 나일론제 등이 있으며, 폭은 10mm 정도, 길이는 10~50m의 것이 많이 사용된다.

중간 대패 : → 중다듬 대패

중간띠 격자문 : → 격자문

중간 말뚝 : 그림 참조.

중간 문지방 : 반침 등을 상하 2단으로 나누는 경우, 앞면 중간 귀틀에 홈을 파서 문지방으로 만든 것.

중간 보 : 그림 참조.

중다듬 대패 : 황삭(荒削) 후의 부재를 깎아 중간 다듬질하기 위한 대패로, '중간 대패' 라고도 한다.

중도리 : 지붕틀 구조에 있어서 지붕 동바리 또는 합장대를 지탱하고 서까래를 받치는 가로재를 말한다. 도리 위에 있는 것은 처

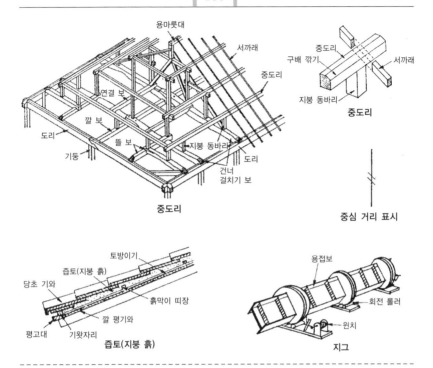

중도리

용마룻대
서까래
중도리
연결 보
깔 보
뜰 보
도리
기둥
지붕 동바리
도리
건너
걸치기 보
중도리

중도리
구배 깎기
서까래
지붕 동바리
중도리

중심 거리 표시

토방이기
즙토(지붕 흙)
당초 기와
흙막이 띠장
깔 평기와
평고대
기왓자리
즙토(지붕 흙)

용접보
회전 롤러
원치
지그

마도리가 되고, 용마루부에 있는 것은 용
마룻대가 된다.

중도리 맞춤 : 중도리를 주먹장이음으로 연
결하는 것.

중도리 이음 : 중도리 위에 홈을 파고 서까래
를 얹는 일.

중력식 에어 스프레이 건 : → 에어 스프레
이 건

중심 거리(中心距離) : 한쪽의 부재 중심에서
다른 부재 중심선까지의 거리로, 중심 치
수를 뜻한다.

중심 기둥 : 큰 기둥

쥐이빨 송곳 : → 세발 송곳

즙토 : 지붕기와 밑에 까는 흙으로, 석회, 여
물 등을 섞은 점토. → 바탕 지붕이기

증기력 말뚝박기 기계 : → 스팀 해머

증기 해머(蒸氣—) : → 스팀 해머

증축 건조(增築建造) : → 이층 증축

지그(jig) : 부재를 고정시키거나 구속하기
위한 도구.

지내력(地耐力) : 지반의 하중에 대하여 견딜
수 있는 강도. 건축 기초 구조 설계 기준에
서는 지반의 지지력(支持力)과 장애가 없
는 정도의 침하량(沈下量), 양쪽 모두를 고
려하는 것을 지내력이라 하고, 이에 대하
여 안전율을 적용하는 것을 허용 지내력이
라 한다.

지보공 : → 띠장

지붕 가새 : 지붕틀 구조를 보강하기 위해 도
리 방향으로 넣는 가새로, 용마룻대 밑의 동
바리를 연결한다. '구름 가새'라고도 한다.

지붕 버팀대 : 서양식 지붕틀 부재의 하나로,

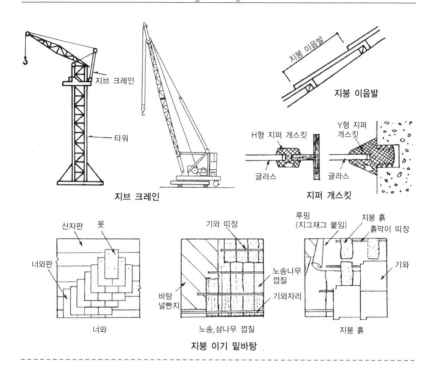

지브 크레인

타워

지브 크레인

지붕 이음발

지붕 이음발

H형 지퍼 개스킷   Y형 지퍼 개스킷

글라스   글라스

지퍼 개스킷

산자판   못   기와 띠장   루핑 (지그재그 붙임)   지붕 흙 흙막이 띠장

너와판   노송나무 껍질   기와

바탕 널빤지   기와자리

너와   노송,삼나무 껍질   지붕 흙

지붕 이기 밑바탕

합장목과 평보 사이에 비스듬히 고정한 부재이다.

지붕 보: 일본식 지붕 가장 아래 부분에 있는 부재로, 동바리를 지탱하여 지붕의 하중을 처마도리나 기둥에 전달하는 보이다.

지붕 이기 거친 바탕: → 지붕 이기 밑바탕

지붕 이기 밑바탕: 지붕 이음 재료의 밑바탕이 되는 것으로, 산자 널, 나무 껍질, 루핑, 기와 띠강, 즙토(지붕이기 흙) 등이 있다. 이를 '지붕 이기 바탕'이라고도 한다.

지붕 이기 바탕: → 밑바탕 지붕이기

지붕 이음발: 지붕이음 재료는 보통 처마 끝에서 상부로 향하면서 포개 이어지나 겹치는 부분을 제외한 지붕 표면에 나타나는 지붕이기 재료의 길이를 말한다.

지붕틀 구조: 지붕의 하중을 지탱하는 골조(骨組)로, 보에 지붕 동바리를 세우는 일본식 지붕과 전체를 트러스(truss) 모양으로 조립하는 서양식 지붕이 있다.

지붕 흔들막이: 지붕틀 구조의 왕기둥 하부를 도리 방향으로 연결하는 부재이다.

지브 크레인(jib crane): 지브(jib), 타워(tower), 동력부(動力部), 차대(車臺)의 네 가지 요소로 이루어져 주행, 감아 올리기, 돌리기 등, 세 가지 운동의 조합에 의하여 작업하는 크레인(crane)을 말한다.

지신제(地神祭): → 지진제(地鎮祭)

지심재(持心材): 단면에 수심(樹心)을 갖는 목재로서, 보통 구조재에는 지심재를 사용한다.

지스(JIS): 일본 공업 규격 (Japan Industrial Standard).

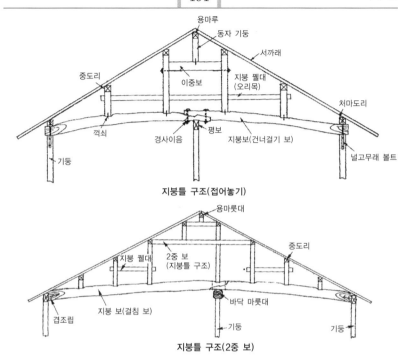

지붕틀 구조(접어놓기)

지붕틀 구조(2중 보)

지저깨비 이기 : → 너와 이기

지지력(支持力) : 지반의 강도에 관련된 하중만을 지탱하는 능력으로서, 지지력에 대해 일정한 안정률을 적용한 것을 허용지지력이라 한다. 그리고 침하에 대해서도 일정한 허용치를 넘지 않도록 고려한 것을 허용지내력(許容地耐力)이라 한다.

지진제(地鎭祭) : 공사 착수에 있어서 부지에 제사상을 차려 놓고 지주신(地主神)을 진정시켜 공사의 안전을 기원하는 의식으로, 지신제(地神祭)라고도 한다.

지터버그(jitterburg) : 콘크리트를 두드려 단단하게 하기 위한 탬핑용 대형 탬퍼(tamper). → 탬핑(tamping)

지판(地板) : 도꼬노마나 도꼬노마 한 옆의 바닥판으로, 돗자리(다다미)면과 같은 높이의 널빤지. 장식 선반, 장식 벽장의 아래에서 돗자리(다다미)면과 같은 높이로 붙어 있는 널빤지로서, '바닥판', '깔기판'이라고도 한다.

지퍼 개스킷(ziper gasket) : 새시(sash)나 콘크리트에 유리를 부착하는 경우에 사용하는 합성 고무제의 접착제로, 기밀성과 수밀성이 얻어진다.

직각 긋기 : 각재의 두면에 직각자를 사용하여 직각선을 긋는 일.

직각 꺾기(直角—) : → 직각 손

직각 내기 : 목조 건물의 직각 내기 기술에서 전래된 것으로, 그 기준이 되는 직각을 내는 것을 말한다.

직각 손 : 직각으로 굽어 있는 자를 말하며, '곱자' 라고도 한다.

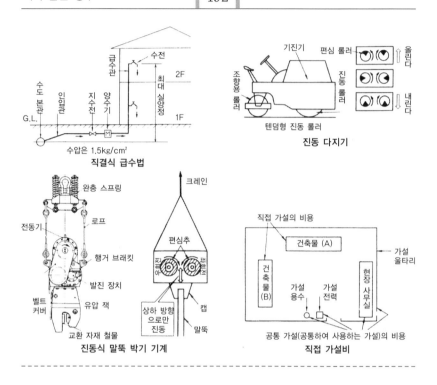

직결식 급수법

진동 다지기

진동식 말뚝 박기 기계

직접 가설비

직각 숨은 장부 : 이음 및 맞춤의 하나로, L 자형을 한 눈가림 장부.

직각자 : 목수 도구의 하나로, 긴 쪽과 짧은 쪽으로 이루어지는 L자형의 자로서, 눈금으로 앞눈금과 뒷눈금이 있다. 뒷눈금은 앞눈금의 2배 간격으로 새겨져 있다.

직결식 급수법 : 수도 본관의 수압에 의해서 직접 급수전에 물을 공급하는 방식. 보통 2층 이하의 소규모 주택에 급수하는 데 적합하다.

직능별 전문 공사 업자(職能別專門工事業者) : 종합 공사 업자(청부 업자) 밑에서 하청으로 공사를 청부하는 경우가 많다. 주된 것으로 목수 공사, 비계 공사, 토공사, 돌공사, 타일, 미장 공사, 지붕 방수 공사, 전기 공사, 위생 배관 공사, 거푸집 공사, 철

근 공사, 철골 공사, 창호 가구 공사, 지반 조사-보링(boring) 공사 등이 있다.

직별 공사(職別工事) : 건축 공사를 각 공사별로 구분한 것으로, 이를테면 가설 공사, 토공사, 말뚝지정 공사, 콘크리트 공사, 철근 공사, 조적 공사, 방수 공사, 돌 공사, 타일 공사, 목공사, 지붕 공사, 금속 공사, 미장 공사, 창호 공사, 유리 공사, 도장 공사, 내장 공사, 잡공사, 기타 각종 설비 공사 등이 있다.

직접 가설(直接假設) : 공사에 직접적으로 관련되는 가설물(假設物)로, 비계, 흙막이, 공사용 기계, 거푸집, 양생시설(養生施設) 등을 말한다. 직접 가설에 대하여 임시 울타리, 가설 건축물, 공사용 제반 시설 등을 공통 가설(共通假設)이라 한다.

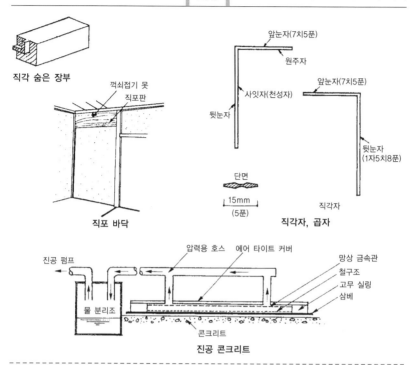

직각 숨은 장부

꺽쇠접기 못
직포판

직포 바닥

뒷눈자

앞눈자(7치5푼)

원주자

사잇자(천성자)

앞눈자(7치5푼)

뒷눈자
(1자5치8푼)

단면

15mm
(5푼)

직각자

직각자, 곱자

진공 펌프

압력용 호스 에어 타이트 커버

망상 금속관
철구조
고무 실링
삼베

물 분리조

콘크리트

진공 콘크리트

직포 바닥 : 도꼬노마 형식의 일종. 직포판을
부착하고, 겉대 등으로 매다는 구조의 평
면 마룻바닥. 보통 도꼬노마와 같은 길이
는 없다.

직포판(織布板) : 직포 마룻바닥의 정면 뒤쪽
에서 돌림대 아래에 대는 너비 18~21cm
정도의 판으로, '면포판'이라고도 한다.

진공 콘크리트(vacuum concrete) : 콘크리
트 타설 뒤, 진공 매트(mat)를 덮어 대기
의 압력으로 굳히는 공법. 초기 강도가 크
고 수밀성을 높이는 등의 이점이 있다.

진공 펌프(vacuum pump) : 대기압보다 압
력이 낮은 기체를 만들기 위하여 사용하는
펌프(pump).

진관식 기초 공법(眞管式基礎工法) : 피어
(pier)를 완성시키는 기초 공법의 일종. 예

정 피어(pier) 중심에 지름 15cm 정도의
강판을 소정의 지반(地盤)까지 박고, 이것
을 가이드로 하여 강판제의 실드를 압입,
내부의 토사를 굴착한다. 구멍의 주변 벽
은 깔판의 보강 링으로 지탱하면서 목적하
는 밑바닥에 도달하면 저부(底部)를 벌려
서 콘크리트를 박아 넣는다.

진동 다지기 : 콘크리트를 타설한 다음, 외부
에서 진동을 주어 내부의 기포나 빈틈을
제거한 치밀한 콘크리트를 구석구석까지
치는 일이다.

진동바리 : 서양식 지붕틀 구조에서 중앙에
위치하는 동바리로, 상부의 장부형이나 부
재 모양에 따라 '화살촉 동바리', '절굿대
동바리'라고도 한다. → 지붕틀 구조

진동식 말뚝 박기 기계 : → 바이브로파일

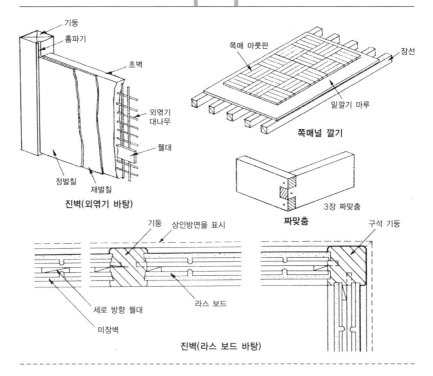

기둥
홈파기
초벽
외엮기 대나무
펠대
정벌칠
재벌칠
진벽(외엮기 바탕)

쪽매 마룻판
장선
밑깔기 마루
쪽매널 깔기

3장 짜맞춤
짜맞춤

기둥 상인방면을 표시
구석 기둥
세로 방향 펠대
라스 보드
미장벽
진벽(라스 보드 바탕)

해머(vibro - pile hammer)

진동 한계(振動限界) : 콘크리트가 굳은 후에 바이브레이터(vibrator) 등을 사용하게 되면 오히려 악영향을 미치는 상태가 되는 한계.

진벽(眞壁) : 외엮기 바탕에 황벽(荒壁)을 바르고 중바르기와 위바르기로 다듬는 바름 벽으로, 벽이 기둥 사이에 들어 있는 형태의 벽이다.

진북 방위각(眞北方位角) : 지구의 극을 향하는 남북선(진북선)을 기준으로 하여 시계 방향으로 측선(測線)까지를 측각(測角)한 수평각.

진 폴 데릭(gin pole derrick) : 데릭의 일종으로, 1개의 기둥을 보조 로프로 경사지게 지지하고 윈치를 별도로 설치하여 와이어 로프와 도르래를 써서 중량물을 들어 올리고 내리는 것.

질석 모르타르 바르기(vermiculite mortar coating) : 시멘트 페이스트(cement paste)에 경량 골재의 질석을 가한 모르타르를 발라서 다듬질한 것으로, 내화, 보온, 흡음, 단열 등을 목적으로 하는 내벽(內壁)에 사용된다.

집게목(集게목) : → 끼움 말뚝

집게 : → 판금용 공구

집수관(集水管) : 웰 포인트 공법(well point method)에 사용되는 집수 주관(主管)으로, 각 흡수관(吸水管)에서 물을 모아 배수 펌프로 유도한다. 펌프 1세트(set)로 약 100m까지 연결할 수 있으며, '헤더 파이프(header pipe)'라고도 한다.

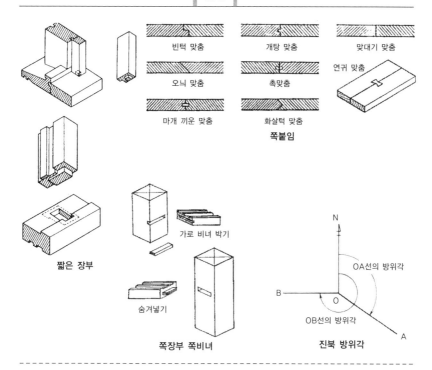

빈턱 맞춤

개탕 맞춤

맞대기 맞춤

오늬 맞춤

촉맞춤

연귀 맞춤

마개 끼운 맞춤

화살턱 맞춤

쪽붙임

짧은 장부

가로 비녀 박기

숨겨넣기

쪽장부 쪽비녀

N

OA선의 방위각

B

O

OB선의 방위각

A

진북 방위각

짚단 이기 : 짚풀을 다발로 사용하여 끝머리
가 보이게 계단 형식으로 지붕 이기를 한
짚풀지붕 이기 → 짚풀지붕 이기

짚여물 : 짚이나 새끼줄 등을 짧게 잘라 마디
가 있는 것은 제거하고 물에 적시어 두들
겨 푼 여물을 말하는 것으로, 토벽의 중 바
르기에 사용된다.

짜맞춤 : 판상 재료를 직각으로 짜 맞추는 경
우의 맞춤으로, 마구리의 한 쪽을 1개의
볼록형 장부로 만들고, 다른 쪽을 두 개의
오목형 장부로 만들어 조합하며, 세 개의
장부로 짜맞추는 것 등이 있다.

짧은 기둥 : → 왕기둥

짧은 장부 : 길이가 비교적 짧은 장부, 상인
방을 기둥에 고정하는 경우 등에 흔히 사
용된다.

쪽매널 깔기 : 여러 가지 단단한 목재를 조합
하여 바닥에 까는 일. 주로 마룻바닥 깔기
에 사용되고, 표면색, 나뭇결이 다른 마름
질판을 종횡으로 조합하여 깔아 붙인다.

쪽매널 블록 : 쪽매널 깔기 모양으로 표면재
를 바탕판에 붙인 바닥용 합판. 아름답고
마모에 강하다.

쪽붙임 : 널빤지를 붙이는 경우 판과 판의 끝
맞춤 방법으로, 나무끝 이음을 총칭하여
말한다. 개탕 붙임, 널말뚝 맞춤 턱 붙임,
반턱쪽매 붙임, 오늬 붙임, 뾰족한 붙임 등
이 있다.

쪽장부 쪽비녀 : 문지방을 기둥에 부착시키
는 방법으로, 문지방의 한 쪽을 짧은 장부
끼움으로 하고, 다른 쪽은 기둥과 함께 홈
을 파서 비녀를 끼우는 방법이다.

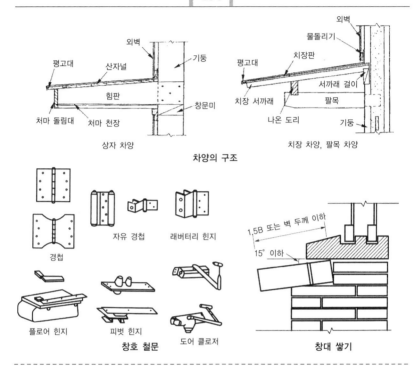

차양의 구조

상자 차양 / 치장 차양, 팔목 차양

경첩 / 자유 경첩 / 래버터리 힌지

플로어 힌지 / 피벗 힌지 / 도어 클로저

창호 철물

창대 쌓기

1.5B 또는 벽 두께 이하 / 15° 이하

ㅊ

차단기(遮斷器) : 전기회로의 전부 또는 일부를 차단하기 위한 기구. 회로에 제한값을 넘는 전류·전압이 발생하면 자동적으로 차단하지만, 수동적으로도 반복 사용이 가능한 개폐기를 말한다. 전자형, 열동형(熱動形) 및 전자 열동형이 있다.

차동식 감지기 : 화재 감지기의 일종. 주위 온도의 상승률이 소정의 값 이상일 때 동작하는 감지기. 스폿형과 분포형이 있다.

차례 붙이기 : 현장 조립에 있어서 부재를 조립하는 경우, 틀리지 않도록 미리 각 부재에 붙이는 부호로, 먹줄 작업의 경우에 부재 끝부분에 붙인다. → 판도(板圖)

차림판 : 창문의 실내 쪽에 있는 액자의 일부로 액자 하부에 해당하는 부분에 수평으로 부착한 치장재. → 문틀 구조

차양 : 일반적으로 창, 출입구, 포치(porch) 등의 상부에 설치되는 편류(片流 : 한쪽 흐름)의 지붕을 말한다. 외벽 면보다 돌출하여 비가 내리치는 것을 막거나 햇빛막이의 역할을 하는 것으로, 안개막이 차양, 수평 차양, 가로대 차양 등이 있다.

착고막이판 : 처마도리 위에서 서까래와 서까래 사이의 틈새를 덮기 위한 판. 잘린 착고막이판, 통착고막이판 등이 있다.

착공(着工) : 시공자가 건축공사에 착수하는 일. 현장 작업은 일반적으로 지신제(地神祭)를 거쳐 부지의 정리, 줄치기, 수평보기, 기준틀 가설 등으로부터 시작한다.

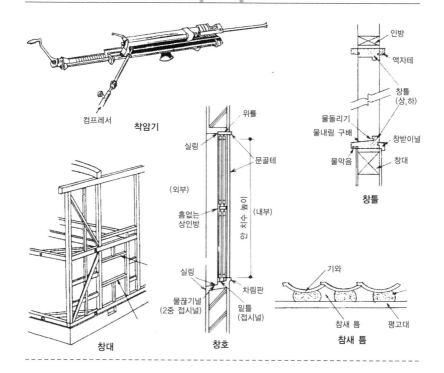

컴프레서 **착암기**

위틀

실링

문골테

(외부)

흠없는 상인방

한 켜 높이

(내부)

실링

물끊기널 (2중 접시널)

차림판

밑틀 (접시널)

창대 **창호**

인방

액자테

창틀 (상,하)

물돌리기
물내림 구배

창받이널

물막음

창대

창틀

기와

참새 틈 평고대

참새 틈

착색 : 목재에 투명 도료를 칠하여 마감하는 경우, 먼저 바탕에 스테인(stain) 등의 착색제를 칠하는 일.

착색 안료(coloring pigment) : 착색을 위해 사용하는 안료.

착암기 : 압축기의 압축공기나 전력을 동력으로 암석에 구멍을 뚫는 기계. 회전식, 타격식 등이 있고 잭 해머 및 드리프터(drifter)라고도 한다.

찰쌓기 : 석재, 벽돌을 고정시키는 데 모르타르를 사용하여 쌓아올리는 일.

참새 틈 : 처마 돌림과 처마 기와 사이에 생기는 틈새를 말한다. 참새가 둥지를 트는 데서 유래된 말.

참주먹장 이음 : → 큰 주먹장 이음

창대 : 창의 아래 틀을 받치는 보강재로, 일

반적으로 창대 대신에 몸통 펠대를 사용하거나 문지방을 토대에서 묶음대로 지탱하는 경우가 많다.

창살(문살) 격자 : 구조재의 겉보기 치수 폭의 2~3배로 간격을 두는 비교적 거친 격자(格子). 창살은 한쪽 방향으로만 간격을 두어 띠장목을 차례로 늘어놓은 것이나, 이것은 창살에 직각 방향으로도 문살을 성기게 배치하였다.

창틀 : 창문이나 창호를 고정하기 위한 틀. 위 틀, 아래 틀, 세로 틀로 이루어지고, 상인방이 위 틀, 문지방이 아래 틀로 되는 경우도 있다.

창호(窓戶) : 개구부에 부착하여 그 부분을 개폐하는 문이나 창 등의 총칭이다. 보통은 창틀과 가동부로 구성되지만 용도에 따

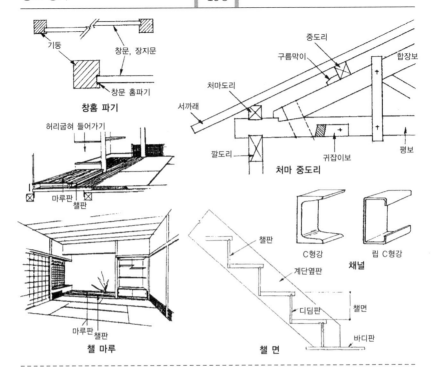

창홈 파기

기둥 / 창문, 장지문 / 창문 홈파기

처마 중도리

중도리 / 구름막이 / 합장보 / 처마도리 / 서까래 / 깔도리 / 귀잡이보 / 평보

허리굽혀 들어가기 / 마루판 / 챌판

채널

C형강 / 립 C형강

챌 마루

마루판 / 챌판

챌 면

챌판 / 계단옆판 / 디딤판 / 챌면 / 바디판

라 틈새가 없는 경우와 창호가 가동되지 않는 경우가 있다.

창호 넣기 : 미리 준비된 창호류를 제자리에 맞춰 개구부에 부착하는 일.

창호 표시 기호(窓戸表示記號) : 창호를 재료 종류별, 개폐 방법별, 구성 종류별로 표시하고자 할 때 사용하는 제도 표시 기호.

창홈 파기 : 기둥 또는 창틀에서 창호가 닿는 부분에 홈을 파낸 것으로, 틈새에 바람이 들어가지 않도록 고려한다.

채난 양생(採暖養生) : 시트를 덮거나 담장 또는 헛간 등의 옥내에서 채난(採暖)하는 한중(寒中) 콘크리트의 양생(養生).

채널(channel) : U자 모양의 형강(形鋼)을 말하는 것으로, '홈 형강', 'U-채널(U-channel)' 이라고도 한다.

챌 마루 : 마룻귀틀 대신에 그 위에 챌판을 사용하여 마루판을 덮어씌운 마룻방.

챌 면 : ①계단의 디딤널 간에 넣는 수직의 판. ②건축설비의 난방이나 냉방, 급배수관 등에서 수직으로 설치되어 있는 관.

챌 판 : 계단의 수직 부분(챌면)에 사용되는 널빤지. 또는 계단 바닥에 수직인 부분의 널빤지를 말한다.

챔퍼(chamfer) : 모. 각단면(角斷面)을 갖는 부재의 모서리 부분을 깎아내서 만들어지는 부분. 보통 평면이지만 둥근면 등 많은 종류가 있다.

처마 : 외벽면에서 밖으로 돌출한 지붕. 외벽을 비로부터 보호하고, 개구부의 일조 조정의 구실을 한다.

처마끝막음 : → 참새틈

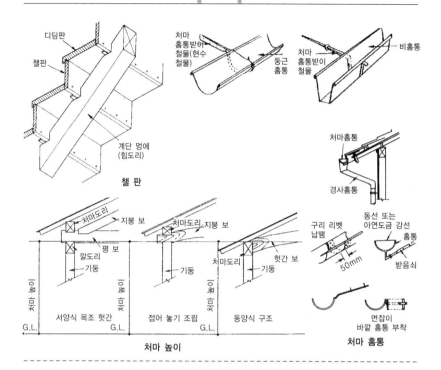

처마 높이

처마 홈통

처마 높이 : 지반면에서 지붕틀 구조의 깔도
리, 처마도리 상단까지의 높이. 꺾어놓기
구조의 경우에는 기둥 상단까지의 높이를
말한다.

처마도리 : 지붕틀 구조에서 서까래를 받치
는 지붕보를 도리 방향으로 연결하는 가로
가설재로서, 처마도리를 겹치는 경우에는
깔도리가 된다.

처마도리기울기 : 동바리, 추녀, 처마도리,
두겁대 등에서 상부로 경사져 있는 면을
말한다.

처마 돌림대 : 처마 끝의 서까래 마구리를 감
추기 위해서 부착하는 가는 널빤지.

처마 뒤천장 : 처마 뒤의 서까래나 산자널을
감추기 위해 붙이는 천장으로서, 천장을
붙이지 않는 경우에는 치장 처마 뒷면으로

한다.

처마 뒷면 : 서까래나 산자널이 처마도리로
부터 나온 부분의 아래 면.

처마 보치기 : 처마도리 등의 기울기에서 아
래 측면. → 처마 끝막음

처마 중도리 : 처마도리 부분에 위치하는 중
도리. 서양식 헛간에서는 깔도리 위에 있
고, 일본식 헛간에서는 보통 처마도리가
처마 중도리를 겸한다.

처마 홈통 : 처마 끝에서 떨어지는 빗물을 받
아 세로 홈통으로 유도하는 수평 홈통. 홈
통받이 철물로 지지하며, 1/100 정도의 물
매를 취한다. 재료로는 아연, 도금, 철판,
동판 등의 박판 가공품이나 플라스틱 제품
이 많다. 반원형의 둥근 모양 또는 상자 모
양으로 처마 끝에 노출하여 고정시킨다.

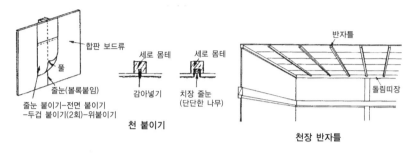

합판 보드류
풀
줄눈(볼록붙임)
줄눈 붙이기-전면 붙이기
-두겁 붙이기(2회)-위붙이기

세로 몸테
감아넣기

세로 몸테
치장 줄눈
(단단한 나무)

천 붙이기

반자틀
돌림띠장

천장 반자틀

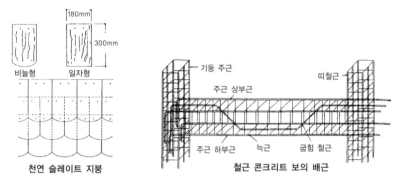

비늘형   일자형
180mm
300mm

천연 슬레이트 지붕

기둥 주근
주근 상부근
띠철근
주근 하부근   늑근   굽힘 철근

철근 콘크리트 보의 배근

천 붙이기 : 벽이나 천장에 천을 붙여 마감하는 일로, 얇은 천의 경우에는 손 놀리기가 좋은 일본 종이에 풀을 발라 달라붙도록 붙인다.

천연 슬레이트 지붕(natural slate—) : 얇고 일정한 형상으로 성형된 천연 슬레이트(slate) 판으로 지붕을 이는 방법을 말하는데, 지붕 이기의 형상에 따라서 평지붕, 거북무늬 지붕, 미늘모양 지붕 등이 있다.

천장(ceiling) : 실내의 상면을 구획하여 구성하는 것으로, 지붕틀 구조나 위층의 마루틀 구조를 은폐하거나 실내의 보온, 방음 등을 위해서 부착한다.

천장 높이 : 바닥 마감 면에서 천장 아래 면까지의 높이를 말한다.

천장 돌림테 : 벽과 천장이 접하는 부분에 사용되는 끝머리 띠장으로, '돌림테' 라고도 한다.

천장 반자틀 : 천장판을 부착시키기 위한 바탕재. 천장 뒤쪽의 띠장나무로, 천장달대에 고정되어 천장과 일체화한다. '실링 조이스트(ceiling joist)', '반자틀' 이라고도 한다.

천장 주행용 크레인(—crane) : 건물의 길이에 따라 벽에 설치된 2중의 주행로에 다리 형태의 도리를 가설해 주행시키는 크레인(crane).

천판(天板) : 일반적으로 책상, 카운터, 선반, 찬장 등의 상판이나 상면에 부착된 널빤지.

철근공(鐵筋工) : 철근의 가공, 조립, 배근 등을 하는 기능인(機能人).

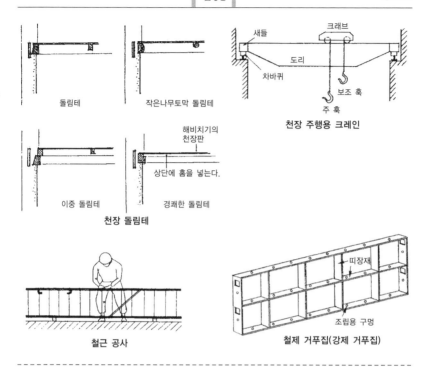

돌림테

작은나무토막 돌림테

이중 돌림테

해비치기의 천장판

상단에 홈을 넣는다.

경쾌한 돌림테

천장 돌림테

새들

크래브

도리

차바퀴

보조 훅

주 훅

천장 주행용 크레인

철근 공사

띠장재

조립용 구멍

철제 거푸집(강제 거푸집)

철근 공사(鐵筋工事) : 철근의 가공, 배근, 결속, 조립 등의 공사(工事).

철근 절단기(鐵筋切斷機) : → 바 커터(bar cutter)

철근 콘크리트 보의 배근 : 늑근

철물 공사(鐵物工事) : 철골 공사, 철근 공사, 판금 공사, 금속제 창호 공사, 설비 공사를 제외한 모든 금속제에 관련된 공사를 말한다. 구조적인 철물 공사와 장식적인 철물공사로 나눌 수 있다.

철제 거푸집 : 콘크리트 거푸집을 강판으로 만든 것.

첫삽질 : 공사 착수 시의 착공 기념 의식(着工記念儀式) 또는 지신제(地神祭) 의식 중 하나로, 지신제를 기공식(起工式)이라고 하는 경우도 있다.

청각채 : 적조류(赤藻類)의 해조(海藻)로서, 회반죽바르기나 토벽 등의 위바르기 풀로 사용된다.

청결 닦기 : → 갯물 닦기

청부(請負) : 기초 공사(基礎工事)나 토목 공사(土木工事)를 상거래(商去來) 계약에 근거하여 수주 받는 일로, '콘트랙트(contract)'라고도 한다. 작은 도급을 '수주(受注)'라고 한다.

청부업자(請負業者) : 건설공사(建設工事)를 계약에 따라 수주(受注) 받아 공사를 시공하는 업자로, 콘트랙터(contracter)라고도 한다.

청숫돌 : 천연숫돌의 일종. 숫돌에는 거친숫돌, 중숫돌, 다듬숫돌 등이 있으나, 청숫돌은 중숫돌에 해당된다. → 거친 숫돌

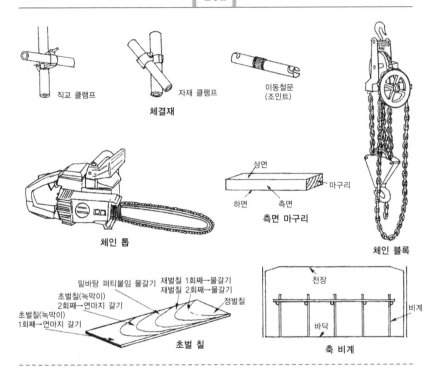

직교 클램프 · 자재 클램프 · 이동철문(조인트)

체결재

체인 톱

상면 · 마구리 · 하면 · 측면

측면 마구리

체인 블록

밑바탕 퍼티붙임 물갈기 · 재벌칠 1회째→물갈기 · 재벌칠 2회째→물갈기
초벌칠(녹막이) 2회째→연마지 갈기 · 정벌칠
초벌칠(녹막이) 1회째→연마지 갈기

초벌 칠

천장 · 비계 · 바닥

축 비계

체결재(締結材) : 통나무 비계를 조립할 때 통나무를 묶는 재료로, 지름 4.19mm 또는 3.4mm의 풀림 철선이 사용된다. 또한 거푸집의 조립에 사용되는 세퍼레이터 (separator), 폼 타이(form tie), 칼럼 클램프(column clamp), 각종 쇠붙이, 철선 등을 말한다.

체인 블록(chain block) : 도르래와 체인이 조합되어 만들어진 것으로, 인력에 의해 중량물을 끌어올리는 기구이다.

체인 톱(chain saw) : 체인(chain) 형태로 된 톱니를 원형 강판의 가장자리를 따라 회전시키면서 목재를 자르는 전동 톱.

체인 피더(chain feeder) : 입경(粒徑)이 큰 골재 등을 연속적으로 일정량씩 공급하는 장치. 회전하는 드럼에 중량이 큰 체인을

감아 걸어 저장통의 출구로 늘어뜨리고 원석의 흐름을 억제하면서 체인의 이동으로 적량을 송출하는 피더.

체커드 플레이트(cheqered plate) : 줄무늬 강판.

초가 지붕 이기 : 새나 갈대 등 볏과의 다년초(多年草)를 사용하여 지붕을 이는 것. 밀짚이나 볏짚을 혼합하여 지붕을 이는 것을 짚풀 지붕 이기라고도 한다.

초기 양생(初期養生) : 콘크리트가 초기 강도를 얻기까지의 보온 양생(保溫養生).

초벌 칠 : → 그림 참조.

초벽(황벽) : 외엮기 벽의 중심부에 가장 먼저 바르게 되는 거친 토벽, 보통 점토를 물로 개어 짚을 잘라 넣은 것을 사용한다.

초벽 바르기 : 초벽토를 물로 개어 짚여물을

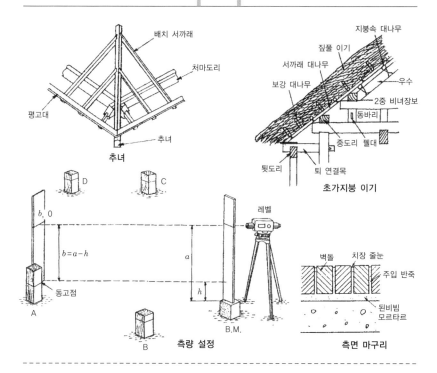

배치 서까래
처마도리
평고대
추녀
추녀
D
C

지붕속 대나무
짚풀 이기
서까래 대나무
보강 대나무
우수
2중 비녀장보
동바리
중도리 펠대
툇도리
퇴 연결목
초가지붕 이기

$b, 0$
$b = a - h$
동고점
A
B
레벨
a
h
B.M.
측량 설정

벽돌 치장 줄눈
주입 반죽
된비빔
모르타르
측면 마구리

혼합한 것을 외엮기 바탕에 문질러 넣어 관재와 동일면이 되도록 바르는 일로서, '초벌 바르기'라고도 한다.

총평 골조 : → 장지문

추녀 : 팔작집, 용마루 모임지붕 등의 지붕틀 구조에서 추녀마루를 지탱하기 위한 마룻대 모양의 부재.

축 비계 : → 비계

충격식 보링(impact boring) : 퍼커션 보링(percussion boring)

취관(吹管) : 아세틸렌 가스(acetylene gas)와 산소를 혼합하고 조절하여 불꽃을 만드는 도구로, 강재의 가스 절단(gas cutter)이나 용접(鎔接) 등에 사용된다. '토치(torch)'라고도 한다.

측량 설정(測量設定) : 측량 결과를 현장에 설정하는 일.

측면(側面) **마구리** : 판재의 마구리가 아닌 재료의 옆면. 섬유 방향에 평행인 옆쪽 면을 말한다.

측면 세우기 : 측면이란 돌, 나무, 벽돌 등 육면체의 가장 작은 면을 말하며 쇄석이나 벽돌쌓기의 경우, 측면 상하 방향을 향해 배열하는 것을 말한다.

측벽 도갱 선진 공법(側壁導坑先進工法) : 터널 굴착 단면 하부의 좌우 측벽부에 도갱을 선진시키는 공법으로, 주로 불량 지질에서 아치 기초의 지지력이 부족할 경우에 많이 이용된다. 독일식의 굴착 공법은 이 측벽 도갱을 이용하는 것이다. 중경암(中硬岩)의 지산에 대해서도 이 공법을 사용한다.

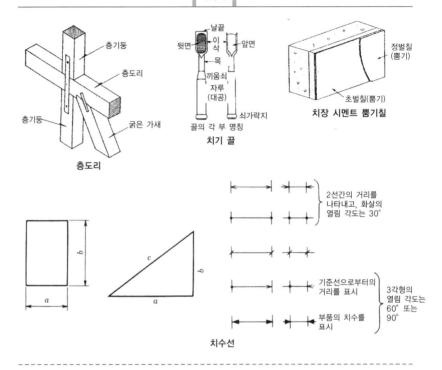

층기둥

층도리

층기둥

굵은 가새

층도리

날끝
이삭
목
끼움쇠
자루
(대공)
뒷면
앞면
쇠가락지
끌의 각 부 명칭
치기 끌

정벌칠
(뿜기)

초벌칠(뿜기)

치장 시멘트 뿜기칠

2선간의 거리를
나타내고, 화살의
열림 각도는 30°

기준선으로부터의
거리를 표시

부품의 치수를
표시

3각형의
열림 각도는
60° 또는
90°

치수선

층도리(girth) : 나무 뼈대 구조의 2층 마루
보 위치에서 통기둥에 접합시켜 관기둥을
연결하는 가로 가설재(架設材).

치기끌 : 자루 머리에 쇠가락지(ring)를 끼
우고 쇠망치로 두들겨 사용하는 끌로, 구
멍이나 홈을 파내기 위한 공구(工具).

치수선(-數線) : 간극, 폭, 거리, 높이, 두께
등의 치수를 기입하기 위해 나타낸 선. 보
통 그 중앙에 치수 숫자나 기호(*l*, *d* 등)를
기입하고 양단은 화살표 또는 점으로 범위
를 나타낸다.

치장 서까래 : 처마 밑 또는 지붕 밑이 아래
에서 보이도록 만들어지는 경우, 거기에
나타나는 서까래를 말한다. 치장이란 보이
는 부분을 의장적, 장식적으로 마감하는
것을 말한다.

치장 시멘트 뿜기칠 : 일반적으로 방수 리신
(waterproofing lithin), 시멘트 리신
(cement lithin)이라고도 부른다. 포틀랜
드 시멘트(portland cement)에 혼화제
(混和劑), 점착제(粘着劑), 안료(顔料)를
가한 것으로, 외장에 뿜어 마감한다.

치장 쌓기 : 벽돌, 블록 등의 표면을 그대로
마감 쌓기하는 것으로, 줄눈은 치장줄눈으
로 한다.

치장 줄눈 : 줄눈 흙손 등을 사용하여 표면
을 의장적(意匠的)으로 다듬은 줄눈.

치장 콘크리트(置粧-) : 거푸집을 제거한 면
이 그대로 마감이 되는 콘크리트. 콘크리
트면을 다른 재료로 마감하지 않으므로 신
중한 거푸집 공사나 확실한 콘크리트 치기
가 필요하다.

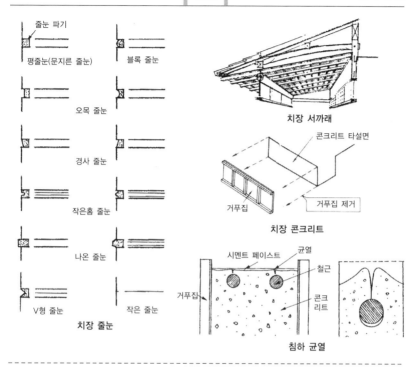

치장 줄눈

치장 서까래

치장 콘크리트

침하 균열

치환 공법(置換工法): 연약한 지반으로 지반 층이 얇은 경우의 지반 개량 공법이며, 지반의 일부 또는 전면을 모래나 양질의 흙과 바꾸는 공법.

칠 견본: 소형의 판에 도장 공정에 따라 각 층마다 겹쳐 칠한 것으로, 색 조정이나 광택 등에 대해 승인을 받는 것을 말한다.

칠 경계: → 색경계(色境界)

침강 속도(沈降速度): 부유 미립자가 기체 또는 액체 중을 침강하는 속도.

침전조(沈澱槽): 수중의 현탁 물질을 비중차를 이용하여 침강시켜 고체와 액체를 분리하기 위한 조. 물처리는 고체·액체 분리라고 할 만큼 중요하며, 침전 공정의 효율이 전체의 처리 효율을 좌우한다.

침투수(浸透水): 흙의 틈을 흐르는 중력수.

그 흐름을 침투류 또는 침투 흐름이라 하고, 흙입자에 미치는 압력을 침투 수압이라 한다.

침하(沈下): 일반적으로 지반이 각종 요인에 의해 침하하는 현상의 총칭. 자연 현상으로서는 지각 변동, 해면 상승 등이나 재해에 의한 지변을 들 수 있다. 인위적 요인으로서는 지하수의 과도한 양수나 매립 하중에 의한 침하, 굴착에 따른 침하가 있다. 구조 설계상은 즉시 침하, 압밀 침하로 나누어서 생각되는 경우가 많고, 고른 침하와 부동 침하에 대해 검토된다.

침하 균열(沈下龜裂): 콘크리트를 타설한 다음, 분리된 시멘트 페이스트(cement paste)가 표면에서 들뜸으로써 콘크리트가 침하하여 표면을 이루는 균열.

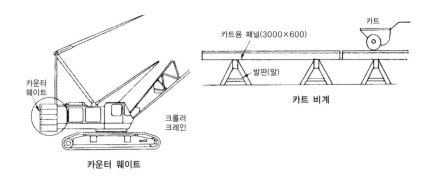

카운터
웨이트

크롤러
크레인

카운터 웨이트

카트용 패널(3000×600)

발판(말)

카트

카트 비계

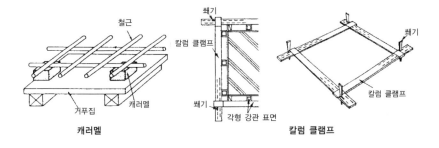

철근

거푸집

캐러멜

캐러멜

쐐기

칼럼 클램프

쐐기

각형 강관 표면

쐐기

칼럼 클램프

칼럼 클램프

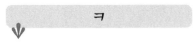

ㅋ

카보런덤(carborundum) : 경도가 높은 결정 입자로 석재 등의 연삭에 사용하는 연마재(研磨材).

카운터(counter) : → 카운터 웨이트(counter weight)

카운터 웨이트(counter weight) : 인양기(引揚機), 기중기(起重機), 엘리베이터(elevator), 극장의 현수 장치 등에 매달린 하중(荷重)의 균형을 유지하기 위해 다는 추(錘)로, '카운터(counter)', '밸런스 웨이트(balance weight)' 라고도 한다.

카트(cart) : 콘크리트 운반용 수동 2륜차로, 용적은 0.1~0.2m³의 것이 많다. 외륜차보다도 안정성이 있고, 작업 능률이 높다. '두발 수레' 라고도 한다.

카트 비계(cart scaffold) : 콘크리트를 타설할 때, 카트(cart)의 통로가 되는 가설 비계로, '낮은 비계' 라고도 한다.

카펜터(carpenter) : 목수(木手).

카펫 그리퍼(carpet gripper) : → 그리퍼 에지(gripper edge)

칸막이 : 건물의 내부를 벽이나 창호로 막는 것. 내부 공간을 막은 벽을 '칸막이 벽' 이라고 한다.

칸줄 : 부지(敷地) 등의 거리를 측정하기 위한 줄자의 대용품. 신축(伸縮)이 있으므로 정밀한 측정에는 사용되지 않는다.

칼럼 베이스(column base) : 그림 참조.

칼럼 클램프(column clamp) : 기둥의 거푸

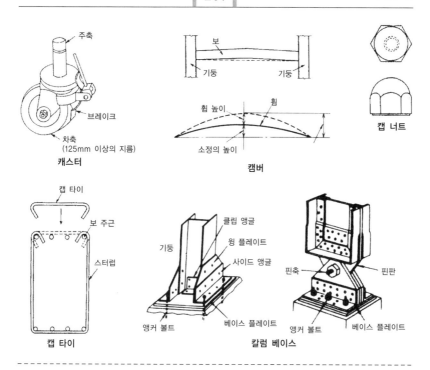

주축

브레이크

차축
(125mm 이상의 지름)
캐스터

보

기둥 기둥

휨 높이 휨

소정의 높이
캠버

캡 너트

캡 타이

보 주근

스터럽

캡 타이

클립 앵글

기둥

윙 플레이트

사이드 앵글

핀축 핀판

앵커 볼트 베이스 플레이트

앵커 볼트 베이스 플레이트

칼럼 베이스

집을 사방에서 조이기 위한 띠강(帶鋼).

캐러멜(caramel) : 철근을 덮는 두께를 확보하기 위한 스페이서(spacer)로, 사각 캐러멜 모양을 한 모르타르제 블록(block)이다. '주사위'라고도 한다.

캐비테이션(cavitation) : 기체나 액체가 펌프(pump)의 임펠러(impeller)에 부딪혀 방향 변화가 있는 경우에 저압부(低壓部)가 생기게 되어 빈곳이 만들어지는 현상.

캐스터(caster) : 일반적인 가구의 발바퀴(脚車)로, 롤링 타워(rolling tower)의 다리부에 붙어 있는 회전이 자유로운 발바퀴.

캐핑(capping) : 콘크리트 테스트 피스(test piece)의 상단을 평활하게 다듬는 것을 말하며, '두겁' 또는 '두겁대'라고도 한다.

캠버(camber) : 콘크리트 타설에서 미리 거푸집에 낸 만곡부로, 무게에 의한 처짐이 규정된 위치에서 그치도록 하기 위한 것이다.

캡(cap) : → 파일 캡(pile cap)

캡 너트(cap nut) : 반구상(半球狀)의 모자 붙이 너트(nut)로, 볼트(bolt)가 관통하지 않는 형태의 선단부를 보호하기 위한 너트이다. '주머니 너트'라고도 한다.

캡 타이(cap tie) : U자형으로 가공하여 위로부터 덮는 늑근(肋筋)으로, 사각형으로 조립이 되지 않는 경우에 사용된다.

커튼 월(curtain wall) : 단순한 칸막이벽, 장벽(障壁) 등으로, 구조적으로는 중요하지 않은 벽을 말한다. 구조체(構造體)란 별도로 외벽에 부착되는 것으로, 금속 패널(metal panel), 글라스 월(glass wall),

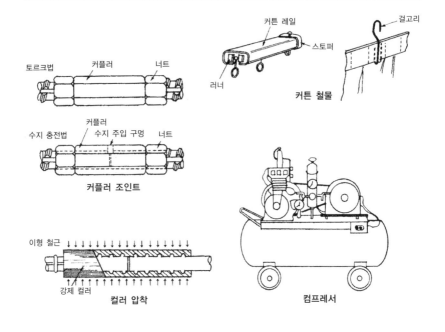

토르크법   커플러   너트

수지 충전법   커플러   수지 주입 구멍   너트

커플러 조인트

커튼 레일   걸고리

스토퍼

러너

커튼 철물

이형 철근

강제 컬러   **컬러 압착**

컴프레서

프리캐스트 패널(precast panel) 등이 있다.

커튼 철물(curtain hardware) : 커튼 레일 (curtain rail) 또는 이를 지탱하는 브래 킷(bracket), 커튼(curtain)을 이동시키 는 고리(ring), 스토퍼(stopper) 등의 철 물을 말한다.

커플러 조인트(coupler joint) : 안쪽에 봉 강 지름에 맞는 나사를 낸 철제통에 봉강 (棒鋼)을 끼워 접합하는 이음.

커플링 : 전기 배선용 기구

컨베이어(conveyor) : 토사의 반출(搬出), 적재(積財), 매립(埋立) 등 물자를 일정 방 향으로, 또한 연속적으로 운반하는 반송 기계(搬送機械).

컨시스턴시(consistency) : 모르타르, 콘크

리트 등의 유동성(流動性) 정도.

컬러 압착(collar—) : 강제 컬러를 철근의 이음 부분에 끼우고, 유압 잭(jack)으로 조여 철근과 일체화시키는 접합 방법.

컬러 콘(color corn) : 교통 규제나 위험한 장소의 구역 표시에 사용하는 원추형의 보 안 용구. '세이프티 콘(safety corn)'이 라고도 한다.

컴프레서(compressor) : 도장 뿜기용 등에 사용되는 고압 공기를 만드는 기계. → 에 어 컴프레서

컷오프 철근(cutoff—) : → 톱 철근

컷아웃 스위치 : 개폐기

케이블(cable) : 가는 도선을 꼬아서 절연 피 복한 도선. 비닐 외장 케이블, 클로로프렌 외장 케이블 등이 있다. 케이블은 지중에

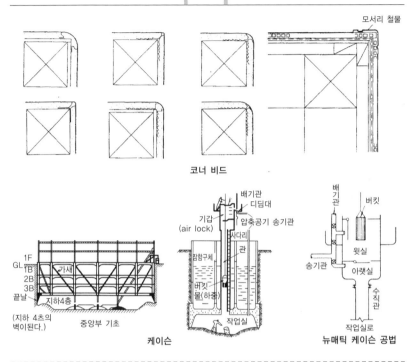

모서리 철물

코너 비드

케이슨

뉴매틱 케이슨 공법

매설할 수 있다.

케이블 크레인(cable crane) : 하중을 지지
하는 캐리지(carriage), 트롤리(trolley)
가 2개의 지지 간에 가설된 와이어로프를
궤도로 하여 주행하는 크레인.

케이슨(caisson) : 콘크리트제의 속이 빈 상
자를 미리 지상에 구성하여 아래쪽의 토사
를 굴삭하면서 자중으로 침하시켜 소정의
지반에 도달하게 하여 기초를 만드는 것이
다. '우물통'이라고도 한다.

케이슨 병(caisson disease) : 뉴매틱 케이
슨 공법에 있어서 작업자가 우물통 속 고
압하에서 작업할 경우에 일어날 수 있는
잠수병과 비슷한 신체 장애를 말한다.

케이싱(casing) : 보링(boring) 구멍이나 현
장치기 콘크리트 말뚝(concrete pile) 구

멍을 굴삭한 다음, 붕괴되지 않도록 넣는
강관(鋼管). 에워싸는 것 또는 외피(外皮)
의 역할을 하는 것으로, '케이싱 튜브
(casing tube)', '보호관'이라고도 한다.

케이싱 튜브(casing tube) : → 케이싱

케이싱 파이프(casing pipe) : 보링을 할 때
천공한 측벽이 무너져 내리지 않도록 측벽
에 박아넣는 강관

케이에스(KS) : 한국산업규격.
Korea Industrial Standard

코너 비드(corner bead) : 벽의 구석 부분,
콘크리트 기둥의 모서리 등을 보호하기 위
해 부착하는 모서리 철물(角形鐵物). 미장
마감의 경우에는 빈틈없이 부착 마감의 경
우에는 위에서 씌운다. 방청처리 철판, 황
동제, 알루미늄제 등이 있다.

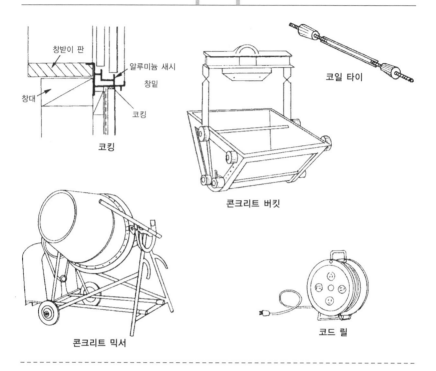

코일 타이

코킹

콘크리트 버킷

콘크리트 믹서

코드 릴

코드 릴(cord real) : 전기 코드(cord)를 감는 장치와 콘센트(concent)를 조립한 원통형 기구.

코마개 : 박은 장부가 빠져 나온 부분에 박는 쐐기로, 이것에 의해 장부가 빠지지 않도록 한 것이다.

코어 샘플(core sample) : 보링 로드(boring rod)의 선단에, 교란되지 않은 샘플(sample)을 부착시켜 채취된 원주형 토질 시료로, 물리적 시험의 공시체(供試體)로서 사용된다.

코어 튜브(core tube) : 보링(boring) 구멍 밑의 굴삭토 또는 암층(岩層)을 빼내기 위한 기구. 관상의 기구로, 선단에 크라운(crown)을 고정하고, 이것을 회전시켜 토층을 도려낸다. → 보링(boring)

코일 타이(coil tie) : 거푸집에 사용하는 세퍼레이터(separator)의 일종. 여러 개의 철선을 코일 모양 나사에 용접한 것을 말한다.

코킹(caulking) : 외부 창호 둘레의 외벽재 이음매 등 누수의 염려가 있는 틈새에 충전재(充塡材)를 채우는 일. 퍼티(putty) 모양의 충전재를 총칭하여 '코킹재(caulking compound)'라고도 한다.

코킹 건(caulking gun) : 실링재나 코킹재를 줄눈 내로 주입 충전하기 위한 시공 기구. 실링 건이라고도 한다.

코킹재(caulking compound) : 석면(石綿), 호분(胡粉 : 조개를 태워 만든 가루), 아연화(亞鉛華), 연백(鉛白), 탄산칼슘 등의 광물 재료(필러 : filler)와 합성수지, 불건성

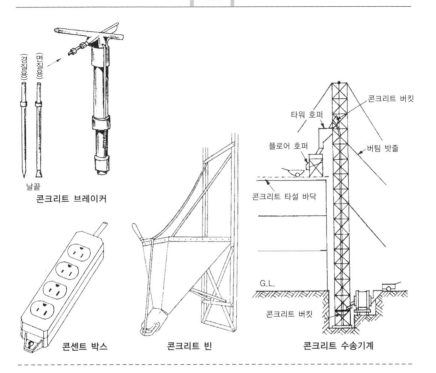

콘크리트 브레이커

콘센트 박스 콘크리트 빈 콘크리트 수송기계

유, 건성유, 아스팔트(asphalt)계 등의 액체(비이클 : vehicle)를 여러 가지로 조합하여 점착성 물질로 만든 것이다.

코흘림 : → 에플로레슨스(efflorescence)

콘센트 박스(concent box) : 전기 코드(cord)를 접속하기 위한 차입구(差入口)를 조립한 상자.

콘스트럭션 매니지먼트(construction management) : 건설업자(建設業者) 등이 발주자(發注者)를 대신하여 종합적인 건설 관리(建設管理)를 하는 것.

콘스트럭터(constructor) : 건설 공사에 종사하는 노동자(勞動者).

콘크리트 도면(concrete—) : 콘크리트 공사에서 시공을 위한 설계도에 따라 각 층의 평면 및 보의 배치도를 작성한 것.

콘크리트 믹서(concrete mixer) : 시멘트, 물, 골재를 소정의 비율로 섞어 균일한 콘크리트를 만드는 기계. → 터빈 믹서

콘크리트 박스 : 전기 배선용 기구.

콘크리트 버킷(concrete bucket) : 콘크리트 타워(concrete tower)를 승강(昇降)시켜 콘크리트를 운반하는 버킷.

콘크리트 브레이커(concrete breaker) : 압축 공기를 동력으로 하는 콘크리트 파괴용 착암기. 압축 공기로 선단의 파쇄용 날 끝에 타격을 주어 '바위 뚫기'하며, 전동식도 있다.

콘크리트 빈(concrete bin) : 콘크리트를 일시적으로 보존해 두는 호퍼(hopper).

콘크리트 수송 기계(concrete transporter) : 콘크리트를 운반하는 기계. 콘크리

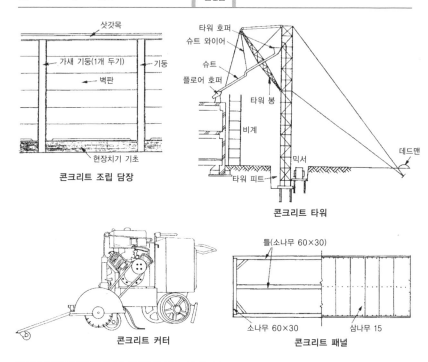

콘크리트 조립 담장

콘크리트 타워

콘크리트 커터

콘크리트 패널

트 타워(concrete tower), 콘크리트 펌프 (concrete pump), 콘크리트 플레이서 (concrete placer), 버킷 컨베이어 (bucket conveyor), 레미콘 등이 있다.

콘크리트 시트 파일(concrete sheet pile) : 건축의 지하 공사를 할 때, 토사의 붕괴나 침수를 방지하기 위해 사용하는 철근 콘크리트제의 판(板).

콘크리트의 온도 상승(一溫度上昇) : 콘크리트가 응결할 때의 수화열(水和熱)에 의한 온도 상승.

콘크리트 제치기 마무리 : 거푸집을 뜯어낸 그대로의 콘크리트 생지(生地) 표면을 마무리 면으로 하는 것으로, '제치기 콘크리트'라고 한다.

콘크리트 조립 담장 : 기성 콘크리트의 기둥,

가새 기둥, 벽판, 삿갓대 등을 현장치기 밑 굳히기 콘크리트로 세워서 조립하는 담장.

콘크리트 진동기(concrete vibrator) : 콘크리트를 타설할 때, 진동을 주어서 콘크리트 속에 기포가 생기지 않도록 함과 동시에 거푸집이나 철근, 철골의 사이에 치밀한 콘크리트를 충전시키는 기계로, '바이브레이터'라고도 한다. → 진동 다지기

콘크리트 카트(concrete cart) : 콘크리트를 운반하는 데 사용되는 손수레로, 일륜차 또는 이륜차가 있다. →카트

콘크리트 커터(concrete cutter) : 콘크리트를 절단하기 위한 기계.

콘크리트 타워(concrete tower) : 4개의 지주(支柱)와 이음재, 가새로 조립한 망대(望臺)에 가이드 레일(guide rail)을 설치하

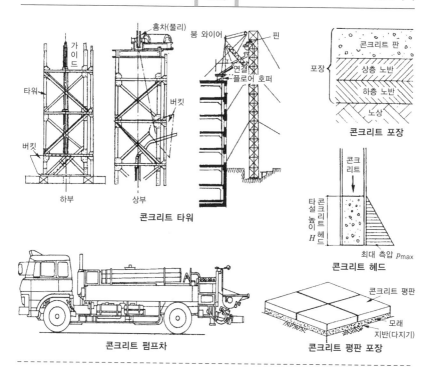

콘크리트 타워

콘크리트 포장

콘크리트 헤드

콘크리트 펌프차

콘크리트 평판 포장

고, 버킷(bucket)을 감아 올려 콘크리트를 올리는 장치

콘크리트 파일(concrete pile) : → 기성 콘크리트 말뚝(prefabricated concrete pile)

콘크리트 패널(concrete panel) : 거푸집에 사용하는 합판.

콘크리트 펌프(concrete pump) : 생 콘크리트나 모르타르가 파이프(pipe)를 통하여 수평 및 수직으로 수송되는 압송기계(押送機械)를 말한다. 피스톤식(piston type)과 스크루식(screw type)이 있고, 파이프의 지름은 75~150mm이다. 양정(揚程)은 30~80m 정도가 많다.

콘크리트 펌프 차(concrete pump truck) : 생콘크리트 차로부터 생콘크리트를 호퍼(hopper)에 받아 건물에 콘크리트를 타설하기 위하여 콘크리트 펌프(concrete pump)를 장착한 트럭.

콘크리트 평판 포장 : 모래를 깐 후 주행용 콘크리트 평판을 깔아 통로 등을 포장하는 것.

콘크리트 포장 : 노면을 콘크리트로 마감하는 일.

콘크리트 플레이서(concrete placer) : 콘크리트를 압축공기의 동력에 의하여 파이프(pipe) 속으로 압송하는 기계.

콘크리트 피니셔(concrete finisher) : 콘크리트 타설로부터 마무리까지의 모든 공정을 행하는 기계.

콘크리트 헤드(concrete head) : 측압(側壓)이 최대가 되는 콘크리트의 타설 높이.

콘트랙터(contractor) : → 하청업자

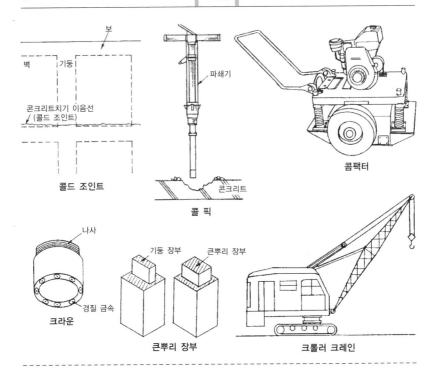

콜드 조인트

콜 픽

크라운

콤팩터

큰뿌리 장부

크롤러 크레인

콜드 조인트(cold joint) : 콘크리트를 타입 (打入)한 면이 굳어서 후에 타설된 콘크리트와 밀착하지 않는 접합면.

콜 픽(coal pick) : 콘크리트를 해체 또는 부수기 위 압축 공기를 동력으로 한 착암기로서, '브레이커(breaker)'라고도 한다.

콤비네이션 칠(combination coating) : 도장한 위에 다른 색의 도료를 스폰지나 타월(towel) 등에 묻혀서 모양내기를 하여 임의의 모양으로 다듬는 것.

콤팩터(compacter) : 하부에 붙은 평판의 상하 진동에 의해 지반을 다지는 기계.

쿨링 타워(cooling tower) : → 냉각탑

큐비클(cubicle) : 철제 박스에 배전반(配電盤)을 수납한 것으로, 실내용과 실외용이 있다.

크라운(crown) : 피트(pit)의 일종으로 보링 구멍의 밑바닥에서 흙의 시료나 슬라임(slime)을 떠낼 때 사용하는 코어 튜브(core tube) 선단에 고정하는 것으로, 회전에 의해 토층을 도려내는 칼날 모양의 날이 붙어 있다.

크랙(crack) : 균열(龜裂) 및 실금같이 갈라진 것을 말한다.

크레센트 : 문단속 철물 p.80 참조.

크레인(crane) : 동력으로 중량물을 달아 올려 이동시키는 기계 장치로, 천장 크레인(ceiling crane), 트럭 크레인(truck crane), 케이블크레인(cable crane), 휠크레인(wheel crane), 지브 크레인(jib crane), 타워 크레인(tower crane), 스티프레그 데릭 크레인(stiff-leg derrick

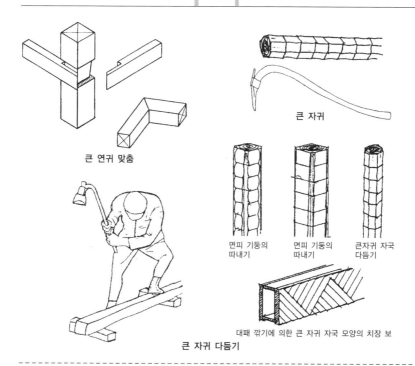

큰 연귀 맞춤

큰 자귀

면피 기둥의
따내기

면피 기둥의
따내기

큰자귀 자국
다듬기

대패 깎기에 의한 큰 자귀 자국 모양의 치장 보

큰 자귀 다듬기

crane) 등이 있다.

크로바(crowbar) : 못 빼기나 해체 작업의 지렛대로 사용되는 목수용 공구로서, '쇠 지레' 라고도 한다.

크로스(십자) : 급수관 이음용 연결재

크롤러 크레인(crawler crane) : 캐터필러 (caterpillar : 무한궤도)로 주행하는 이동 식 크레인.

큰 기둥 : 건물의 중앙 부근에 있어 다른 기둥보다 굵으며, 상징적으로 중심 기둥이라고 한다.

큰 펠대 : 상인방 위의 작은 벽에 발라 넣는 펠대재로, 상인방을 모양내기 위해 설치한 재료이다. '힘 펠대' 라고도 한다.

큰 도끼 : 나무를 자르거나 깎는 도구로, 도끼와 비슷하나 한층 큰 것을 말한다.

큰 메 : → 나무 메

큰 모 따기 : 기둥재 등의 각을 크게 깎은 것으로, 큰 면 따기를 한 면을 말한다.

큰 보 : 기둥 위에 직접 고정시키는 보로, 보통 작은 보를 받치는 가로재를 말한다.

큰 벽의 샛기둥 : 샛기둥

큰 뿌리 장부 : → 굵은 장부

큰 연귀 맞춤 : 부재를 직각으로 접합하는 맞춤으로, 상호간에 단면을 45°로 잘라내어 연귀로 맞추는 접합.

큰 자귀 : 목재 면을 깎는 공구로, 괭이처럼 사용하여 다듬질한다.

큰 자귀 다듬기 : 부재를 큰 자귀로 깎아 요철이 있는 상태 그대로를 치장재로서 다듬는 일로, '건목치기' 라고도 한다. → 큰 자귀자국 깎기

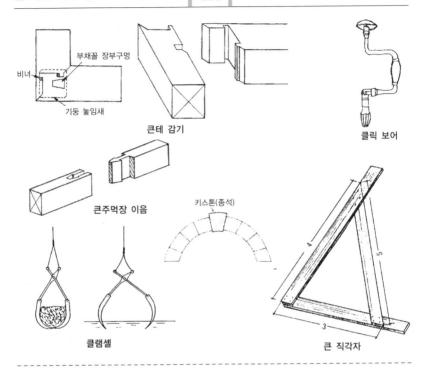

부채꼴 장부구멍

비녀

기둥 놓임새

큰테 감기

클릭 보어

큰주먹장 이음

키스톤(종석)

클램셸

큰 직각자

큰 자귀 자국 깎기 : 큰자귀 깎기.

큰 주먹장 이음 : 이음(接合)의 일종. 열쇠머리 모양을 위에서 아래 면까지 만든 것으로, 토대 등의 이음에 사용된다.

큰 직각자 : 기준틀 공사의 수평 줄을 직각으로 칠 때 사용하는 현장용의 커다란 직각자로, 곧은 오리목을 사용하며, 3변의 길이 비를 3 : 4 : 5로 하여 만든다.

큰 테 담기 : 토대나 층도리의 모서리에 사용되는 맞춤으로, 서로 마구리에 큰테 장부를 만들어 각(角)을 비스듬히 조합한 것.

클라이언트(client) : → 시공주(施工主)

클래드 강(clad steel) : 강판에 다른 금속판을 압착시킨 것. 예를 들면 강판과 스테인리스 강판을 압착시킨 스테인리스 클래드 강 등.

클램셸(clamshell) : 붐(boom)의 선단에 버킷(Bucket)을 매달고, 버킷을 벌려 낙하시키고 닫으면서 움켜쥐는 일을 반복하여 토사를 굴삭한다. 바로 아래의 지반이나 좁은 지반에서의 깊은 굴삭에 적합한 기계이다.

클램프(clamp) : 거푸집이나 강관 비계의 조립에 사용되는 결합용 철제 도구로, 직각으로 고정하는 것과 각도를 조절하는 자재(自在) 클램프 등이 있다.

클리어 래커 칠(clear lacquer coating) : 투명한 도막을 형성하는 속건성(速乾性) 도료로, 일반적으로 뿜기 칠을 하여 갈아 다듬는다. 도막이 단단하고 담색(淡色)의 우아한 광택을 갖고 있어, 나무 바탕에 사용된다.

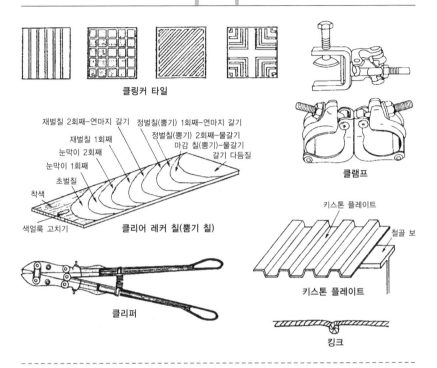

클링커 타일

재벌칠 2회째-연마지 갈기 정벌칠(뿜기) 1회째-연마지 갈기
재벌칠 1회째   정벌칠(뿜기) 2회째-물갈기
눈막이 2회째   마감 칠(뿜기)-물갈기
눈막이 1회째   갈기 다듬질
초벌칠
착색
색얼룩 고치기   클리어 레커 칠(뿜기 칠)

클램프

키스톤 플레이트
철골 보

키스톤 플레이트

클리퍼

킹크

클리어 컷(clear cut) : 판유리를 절단할 때
그 절단면에 흠이 가지 않도록 한 변을 동
시에 절단하는 것. 절단면에 흠이 가면 유
리의 강도가 저하한다.

클리퍼(clipper) : 철사나 전선을 자르기 위
한 큰 가위.

클릭 보어(click bore) : 수동식의 목공용 드
릴(drill). 상부에 누르기 위한 가슴 받이
가 있고 하부의 척(chuck)에 송곳을 고정
시키고 유(U)자형으로 된 손잡이를 회전
시켜 사용한다.

클린 룸(clean room) : 무진실(無塵室). 공
기 중의 미세한 먼지가 적고, 그 방이 요구
하는 청정도가 언제나 유지되고 있는 방.

클립 앵글(clip angle) : 베이스 플레이트
(base plate)와 기둥을 접합할 때 사용되

는 L형강. '덧붙이 L형강' 이라고도 한다.
→ 윙 플레이트(wing plate)

클링커 타일(clinker tile) : 고온에서 소성
(燒成)한 석기질(石器質) 타일로, 내구성이
풍부하며 표면에 미끄럼 방지를 위한 모양
을 낸 바닥용 타일이다.

키스톤(keystone) : 종석(宗石). 석조나 벽
돌 구조의 아치나 볼트의 맨 꼭대기에 넣
는 돌. 이 돌을 제거하면 아치는 파괴되므
로 중요한 돌이다.

키스톤 플레이트(keystone plate) : 철골
구조에서 바닥을 콘크리트 치기 할 경우에
거푸집으로 사용하는 홈이 붙은 강판.

킹크(kink) : 와이어 로프(wire rope) 등이
비틀려진 상태를 말하며, 이 상태에서 사
용하면 끊어지기 쉽다.

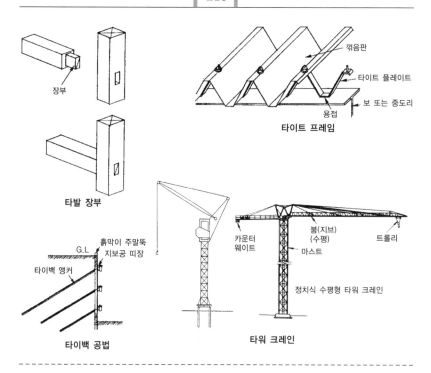

꺾음판

타이트 플레이트

보 또는 중도리

용접

타이트 프레임

장부

타발 장부

G.L

흙막이 주말뚝
지보공 띠장

타이백 앵커

타이백 공법

카운터
웨이트

붐(지브)
(수평)

마스트

트롤리

정치식 수평형 타워 크레인

타워 크레인

 ㅌ

타발(打拔) : 형강이나 철판에 볼트나 리벳
　(rivet) 등의 구멍을 뚫는 것으로, '천공
　(穿孔)', '펀칭(punching)'이라고도 한다.
타발 장부 : 장부의 한 종류.
타워 데릭(tower derrick) : 콘크리트 타워
　등에 회전부를 설치하고, 이것을 핀(pin)
　접합하여 붐(boom)을 연결한 것. 붐의 기
　복(起伏)이나 화물의 상하 이동은 와이어
　로프(wire rope)에 의해 윈치(winch)로
　행한다. '타워 붐'이라고도 한다.
타워 붐(tower boom) : → 타워 데릭
타워 엑스커베이터(tower excavator) : 굴
　착 기계의 일종. 타워(tower) 위에서 늘어

진 로프(rope)에 붙어 있는 버킷(buc-
ket)을 지면을 따라 잡아 당겨 굴착하는
기계.
타워 크레인(tower crane) : 탑 모양으로
된 마스트(mast)에 수평으로 붐(boom)을
구비하여 고층 건축에 사용되는 높은 양정
기중기(揚程起重機).
타워 피트(tower pit) : 콘크리트 타워의 하
부를 지하로 넣기 위해 파낸 구멍.
타워 호퍼(tower hopper) : 콘크리트 타워
의 상부에 부착하여 콘크리트를 받아 슈트
(chute) 등에 유출시키는 깔대기 모양의
장치.
타이백 공법(tieback method) : 벽의 뒤쪽
자연 지반에 앵커 볼트(anchor bolt)를
설치하고, 지보공 띠장을 연결하여 흙막이

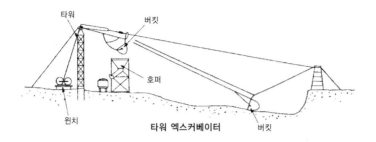

타워 엑스커베이터

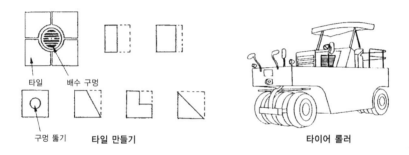

타일 만들기

타이어 롤러

벽을 받치는 공법. 어스 앵커(earth anchor) 공법이라고도 한다.

타이어 도저(tire dozer) : 대형 4륜 도저 (dozer)로, 고무 타이어로 주행 이동하는 트렉터(tractor)에 토공판(土工板)을 붙인 토공 기계이며, 불도저와 같은 일을 한다. → 불도저

타이어 롤러(tire roller) : 바닥을 다지는 일을 하는 특수 자동차의 하나.

타이트 프레임(tight frame) : 금속판으로 된 꺾음판 지붕으로, 꺾음판을 부착시키기 위해 꺾음판 모양으로 가공한 띠강(帶鋼).

타일(tile) : 도자기 제품으로, 용도에 따라서 내장 타일, 외장 타일, 바닥 타일, 모자이크 타일이 있고, 바탕의 질에 따라서 자기질(瓷器質), 석기질(石器質), 반자기질(半

瓷器質), 도기질(陶器質)의 타일이 있다. 또 표면 위에 유약의 유무에 따라서 유약 타일, 무약 타일이 있다.

타일 깔기 : → 타일 붙이기

타일 만들기 : 타일 줄눈 나누기에 의해 자투리를 필요로 하는 경우, 타일 망치나 타일 커터(tile cutter) 등으로 가공하여 준비하는 일.

타일 먼저 붙임 공법 : 타일을 거푸집 면에 배열하여 고정시키고, 콘크리트를 타설함으로써 타일(tile)이 붙도록 하는 공법. 현장 거푸집 먼저 붙임 공법과 PC판 먼저 붙임 공법이 있다.

타일 붙이기 : 벽이나 바닥에 타일(tile)을 붙이는 일. 바닥에 타일을 붙이는 것을 '타일 깔기'라고 한다.

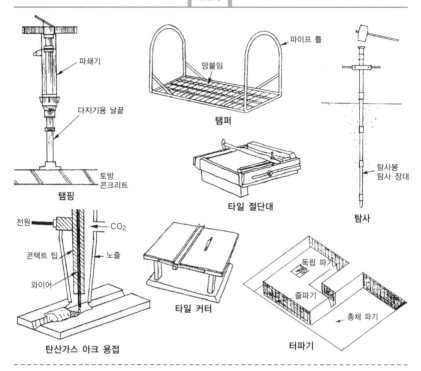

파쇄기

다지기용 날끝

토방
콘크리트

탬핑

파이프 틀

망붙임

탬퍼

탐사봉
탐사 장대

타일 절단대

탐사

전원

콘택트 팁

와이어

노즐

CO_2

타일 커터

탄산가스 아크 용접

독립 파기

줄파기

총체 파기

터파기

타일 절단대 : 타일 절단용 기구

타일 줄눈 나누기 : 타일(tile)을 보기 좋게 분할함으로써, 끝부분에 작은 조각들이 되지 않도록 분할한다.

타일 커터(tile cutter) : 그림 참조.

탄산가스 아크 용접(carbon dioxide gas shielded arc welding) : 탄산가스 속에서 실시하는 아크(arc) 용접.

탐사(探査) : 강봉 또는 강관(지름 25~32mm)을 인력으로 땅속에 박아 넣으면서 지층의 상태를 탐사하는 지반 조사법이다. 간편한 방법으로, 탐사 심도는 거의 5~6m까지이다.

탐사봉(探査棒) : 지름2.5cm 정도의 강관으로 되어 있는 관입 시험용 공구. 일정한 길이의 관을 연결하면서 지중에 박아 넣어 관입 저항이나 지지할 바닥의 깊이를 측정, 또는 흙 시료를 파이프 속에 넣어 채취한다. 핸드 보링이라고도 한다.

탬퍼(tamper) : 콘크리트 바닥판을 타입한 다음, 꺼지거나 균열 등을 방지하기 위하여 표면을 두들길 때 사용하는 도구. 또한 엔진(engine)의 회전을 왕복 운동으로 바꾸어 충격력을 이용하여 토사를 다지는 기계로, 분쇄된 잡석을 다질 때도 사용한다.

탬핑(tamping) : 바닥판 콘크리트를 타설한 다음, 콘크리트 표면을 탬퍼(tamper)로 두드려 다져, 가라앉음이나 균열을 방지하여 다듬질 바탕으로 한다. '재타격법(再打擊法)'이라고도 한다.

탭(tap) : 강재 등의 뚫린 구멍에 암나사를 깎는 공구.

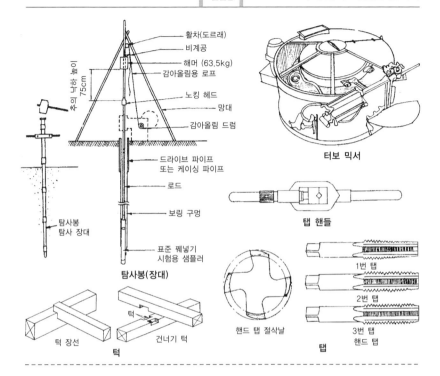

활차(도르래)
비계공
해머 (63.5kg)
감아올림용 로프
노킹 헤드
망대
감아올림 드럼
추의 낙하 높이 75cm
드라이브 파이프 또는 케이싱 파이프
로드
보링 구멍
탐사봉 탐사 장대
표준 꿰넣기 시험용 샘플러
탐사봉(장대)

터보 믹서

탭 핸들

핸드 탭 절삭날

1번 탭
2번 탭
3번 탭 핸드 탭
탭

턱 장선
턱
건너기 턱

터 다지기 : 구조물을 지지하기 위한 기초 공사 가운데, 지반에 대하여 시행하는 공사를 말한다. 말뚝박기와 잡석 터다지기 등이 있다.

터보 믹서(turbo mixer) : 콘크리트를 혼합하는 임펠러(impeller)가 수직축의 둘레를 도는 믹서로, '팬 믹서(pan mixer)' 라고도 한다.

터빈 믹서(turbine mixer) : 드럼(drum) 속에서 중심축을 회전시켜 두 축에 부착된 임펠러(impeller)에 의해 콘크리트를 혼합시키는 믹서.

터파기 : 건물의 기초나 지하실 공사를 위해 지반을 굴삭 하는 일로, 총 기초 파기, 줄 기초 파기, 독립 기초 파기 등이 있다.

턱 : 맞춤의 일종. 기둥, 보 등의 능을 일부분 깎아내고 양 모서리를 잘라내어 다른 횡재를 얹는 부분으로, 이 방법을 턱걸이라 한다. → 쌍턱 걸기

턱걸기 : → 받침면

턱걸기 주먹장 이음 : 이음의 한 가지로, 재료의 한쪽에 주먹 장부의 돌출부를 만들고, 상대 재료의 끝에 같은 모양의 구멍을 파서 조합하며, 하단에 계단 모양의 받침면을 갖는 것이다. 토대, 도리, 장선 받침, 중도리 등의 이음에 사용한다. '받침면 주먹장 이음' 이라고도 한다.

턱걸이 메뚜기장 이음 : 턱걸기 주먹장 이음의 턱걸기 부분에 메뚜기 장부를 만든 것으로, 토대, 도리, 장선 받침에 사용하는 이음의 일종.

턱 누름대 미늘판 붙이기 : 미늘판

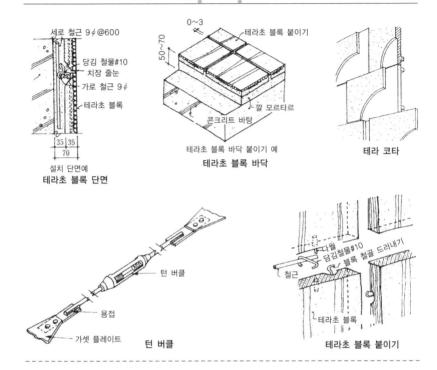

세로 철근 9ϕ@600
당김 철물#10
치장 줄눈
가로 철근 9ϕ
테라초 블록
35 35
70
설치 단면예
테라초 블록 단면

0~3
50~70
테라초 블록 붙이기
깔 모르타르
콘크리트 바탕
테라초 블록 바닥 붙이기 예
테라초 블록 바닥

테라 코타

턴 버클
용접
가셋 플레이트
턴 버클

다월
당김철물#10
블록 철골 드러내기
철근
테라초 블록
테라초 블록 붙이기

턱새김 : → 새김매(notch)

턱 장선 : 장선받침 등의 맞춤으로, 장선 쪽을 턱 새김 가공하여 고정하는 장선.

턴 버클(turn buckle) : 나사로 조이는 공구로, 철골 구조부에 대각선 방향으로 교차하는 데 많이 사용된다.

테라초(terrazzo) : 시멘트, 안료, 돌가루, 대리석 등의 쇄석(碎石)을 물로 개어 바르고, 경화시킨 뒤에 표면을 연마하여 광내기 다듬질을 하는 인조석(人造石).

테라초 공사(-工事) : 테라초 블록(-block) 또는 테라초 타일(-tile)을 붙이거나 현장 바르기 테라조를 시공하는 공사(工事).

테라초 블록 붙이기 : 대리석의 쇄석을 사용하여 대리석처럼 보이도록 판석(板石) 모양으로 제작한 테라초 블록(terrazzo block)을 바닥이나 벽에 붙여 마무리하는 것. 정사각형을 테라초 타일이라 한다.

테라코타(terracotta) : 건축의 외부를 치장하는 점토의 소성품(燒成品)으로, 복잡한 모양을 붙인 대형의 장식 블록(block). 현재는 테라초 타일(terrazzo tile)이라고도 하며, 대형 타일을 가리킨다.

테라코타 공사 : 점토를 성형하여 소결한 테라코타를 당김쇠 등을 사용하여 부착하는 공사.

테스트 앤빌(test anvil) : 슈미트 해머(Schmidt hammer)의 표준 반발력(標準反撥力)을 확인하기 위한 앤빌(anvil)로, '모루'라고도 한다.

테스트 해머(test hammer) : ① 콘크리트의 비파괴 시험을 위한 기계의 일종.

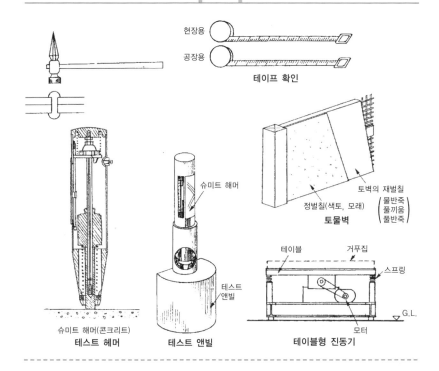

현장용

공장용

테이프 확인

슈미트 해머

토벽의 재벌칠

정벌칠(색토, 모래)
토물벽

물반죽
풀끼움
풀반죽

슈미트 해머(콘크리트)
테스트 헤머

테스트
앤빌

테스트 앤빌

테이블   거푸집

스프링

G.L.

모터
테이블형 진동기

---

② 리베팅(riveting) 정도를 검사하기 위한 해머.

테이블형 진동기(table type vibrator) : 평테이블 모양의 진동 부위에 거푸집을 얹고, 틀 전체를 진동시켜 콘크리트를 치밀하게 만드는 기계.

테이프 확인(tape—) : 현장에서 사용하는 강제 줄자와 현척도(現尺圖)의 강제 줄자 사이에 치수 차이가 없도록 확인하는 일.

테일러 시스템(tailor system) : 오디토리엄(auditorium : 극장이나 강당의 관람실) 등의 음향 설계를 현장에서 재료나 형상의 효과를 측정하면서 결정하는 방법.

템플릿(template) : ① 제도용 형판. ② 철골 기둥다리의 앵커 볼트(anchor bolt) 위치를 정확히 매입하기 위한 강제 형판.

토공사(土工事) : 토사(土砂)의 땅 깎기, 터 고르기, 되메우기, 터파기, 흙돋우기 등의 공사.

토목 기계(土木機械) : 토목 공사(土木工事)에 쓰이는 기계. 굴착 기계, 배토 기계, 삭토 기계, 정지 기계(整地機械), 홈파기 기계, 롤러, 착암기, 토사(土砂) 운반 기계 등이 있다.

토물 마무리(土物—) : 토물 벽을 마감하는 경우의 공법으로, 풀을 전혀 쓰지 않고 물로만 이기는 물반죽, 풀을 소량 첨가하는 풀기운 반죽, 대량의 풀을 첨가하여 시공은 쉬우나 수분에 약한 풀반죽 등이 있다.

토물벽(土物壁) : 수락토, 녹, 흙 등의 색토(色土)를 위바르기 하는 토벽으로, 수락벽, 녹벽 등으로 부른다.

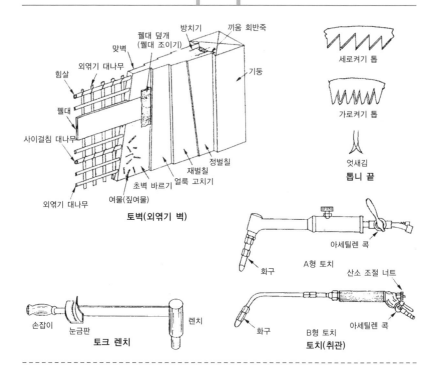

힘살
외엮기 대나무
맞벽
펠대 덮개
(펠대 조이기)
방치기
끼움 회반죽
펠대
사이걸침 대나무
외엮기 대나무
여물(짚여물)
초벽 바르기
얼룩 고치기
재벌칠
정벌칠
기둥
토벽(외엮기 벽)

세로켜기 톱
가로켜기 톱
엇새김
톱니 끝

아세틸렌 콕
화구
A형 토치
산소 조절 너트
화구
B형 토치
아세틸렌 콕
토치(취관)

손잡이
눈금판
렌치
토크 렌치

토벽(土壁) : 외엮기 바탕에 거친 벽 바르기, 칠 고름질, 중바르기와 벽토 바르기, 색토, 색모래, 소석회 등의 색토(色土) 위바르기를 하여 마감하는 벽으로, '토물벽(土物壁)', '모래벽', '평벽(平壁)' 등이 있다.

토성도(土性圖) : 토층의 조사 결과를 지반면의 깊이에 따라 도표화(圖表化)한 것이다.

토질 기호(土質記號) : 식별할 토질명을 도표 작성용 기호로 만든 것.

토질 시험(土質試驗) : 흙의 성질을 시험하는 것으로, 크게 나누어 흙의 물리적 시험과 역학적 시험으로 분류되나, 흙의 전단 시험, 압밀 시험, 액성 한계 및 함수비 측정, 침수 시험 등이 있다.

토질 주상도(土質柱狀圖) : 보링(boring)에 의한 지반 조사 결과를 도표화한 것으로, 지반면의 심도(深度), 층 두께, 토질의 종류, 구멍 속의 수위(水位), 상대 밀도(相對密度), 표준 관통 시험에 의한 N값 등이 도식화(圖式化)된다. '보링 주상도(boring log)'라고도 한다.

토치(torch) : → 취관(吹管)

토크 렌치(torque wrench) : 고력 볼트(high tension bolt)를 조일 때 사용하는 렌치(wrench)로 토크량을 조절할 수 있도록 토크력(―力)이 명시된다.

토크 시어형 고력 볼트(torque shear type high tension bolt) : 장력이 소정의 값이 될 때까지 조이면 핀틀이 파단되도록 되어 있는 특수 고력 볼트.

토핑(topping) : 프리캐스트 콘크리트판, 콘크리트 기초 등의 위에 타설하여 바닥 표

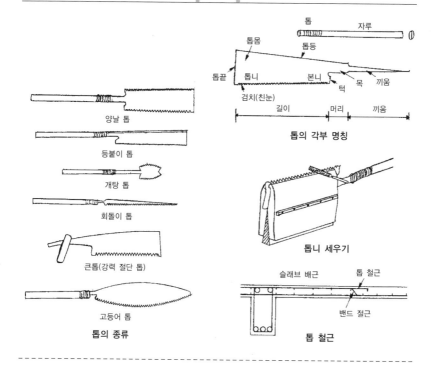

톱의 각부 명칭

양날 톱

등붙이 톱

개탕 톱

회돌이 톱

큰톱(강력 절단 톱)

고등어 톱

톱의 종류

톱니 세우기

슬래브 배근 / 톱 철근 / 밴드 절근

톱 철근

면으로 이용하는 모르타르, 또는 충분히 혼합한 콘크리트.

톱 : 목재를 절단하는 공구로, 사용 목적에 따라서 각종 톱이 있다.

톱니 곤두 세우기 : → 톱니 엇새김

톱니 끝 : 톱의 용도에 따라 세로 켜기, 가로 켜기 엇새김으로 나뉜다.

톱니 미늘판 : 외벽을 미늘판 붙이기를 하는 경우에 톱니 모양의 누름대를 사용하여 일정한 간격으로 눌러 붙인 것을 말한다. '톱니 미늘판 붙이기' 라고도 한다.

톱니 미늘판 붙이기 : → 톱니 미늘판

톱니 세우기 : 잘 잘리지 않는 톱니를 줄로 갈아서 잘 잘리도록 만드는 일.

톱니 엇새김 : 톱날의 이를 1장씩 좌우로 번갈아서 엇새겨 구부려 재료와 톱과의 마찰

을 적게 하기 위한 것으로, 톱눈 엇새김이라고도 한다. → 톱

톱니 지붕 : 합각머리 쪽에서 볼 때 톱니 같은 모양을 한 지붕. 상부 주식 부분에서 채광하여 공장 등의 내부를 균일한 밝기로 비추는 경우에 사용된다.

톱 라이팅(top lighting) : 천장 면에서 자연광(自然光)을 비추기 위해 만들어진 창으로, 지붕면에 열려 있는 천정창(天井窓)을 말한다.

톱 몸 : 톱니 부분 전체.

톱 철근(top—) : 보의 주근(主筋)이나 슬래브(slab) 철근의 위쪽 배근(配筋)으로, 끝부분에서부터 스팬(span)의 1/4 정도까지 배치하는 철근.

통기공(通氣孔) : 급수·급탕 배관에 배기 밸

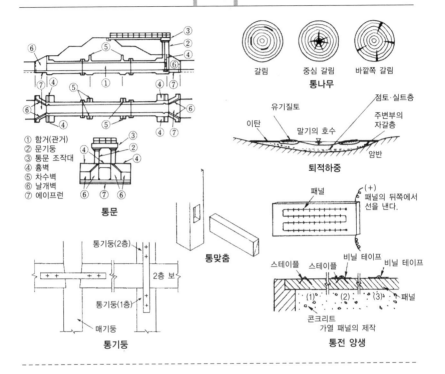

① 함거(관거)
② 문기둥
③ 통문 조작대
④ 흉벽
⑤ 차수벽
⑥ 날개벽
⑦ 에이프런

통문

통나무

갈림　　중심 갈림　　바깥쪽 갈림

퇴적하중

유기질토
이탄
말기의 호수
점토·실트층
주변부의 자갈층
암반

패널
(+)
패널의 뒤쪽에서 선을 낸다.

통맞춤

통기둥

통기둥(2층)
2층 보
통기둥(1층)
매기둥

통전 양생

스테이플　스테이플
비닐 테이프
비닐 테이프
(1)　(2)　(3)
패널
콘크리트
가열 패널의 제작

브나 배기관을 두고, 공기를 배제하는 것.

통기관(通氣管) : 옥내 배수관 내의 유출을 원활하게 하고 트랩(trap)의 봉수(封水)를 보호하기 위해 설치하는 공기관(空氣管). 세로 배수관을 따라 최상부에 개구된 세로 통기관을 설치하고, 여기에서 지관(支管)을 따서 각 가로 배수관의 요소에 연결한다. 통기지관(通氣支管)을 세로 통기관에 연결하는 것을 회로 통기(回路通氣), 그리고 세로 배수관 상부의 통기관에 연결하는 것을 환상 통기(環狀通氣)라고 한다.

통기둥 : 2층 이상의 건물에서 토대 위로부터 처마도리까지 1개로 되어 있는 기둥.

통나무 : 나무껍질을 벗겨낸 곧고 둥근 재료, 비계 재료에는 긴 통나무와 잘린 통나무가 있다. 부식, 균열, 휨 등이 없는 10m 이상의 소나무 또는 노송나무가 사용된다.

통나무겹이음 : 통나무 비계에 사용되는 건축용 통나무의 이음으로, 2개의 통나무 기둥을 30cm 정도 띄워 세우고, 각각 마구리와 밑둥을 모아 이음발로 하여 수평 통나무로 두 개의 기둥을 연결하는 것. 높은 비계나 무거운 작업(重作業)에 사용된다.

통나무 비계 : 통나무를 수직, 수평으로 조합하여 풀림한 철선으로 잡아맨 비계로, 수직재를 기둥, 수평재를 깔대라 한다. 조립 방법에 따라 노동 안전 위생 규칙상의 제약을 받는다.

통널(鐵板) : 평활한 면을 갖는 한 장으로 된 널빤지를 말한다. 널빤지 문 등의 창호 그 밖에 천장, 널벽 등에도 사용된다.

통눈 : → 통줄눈

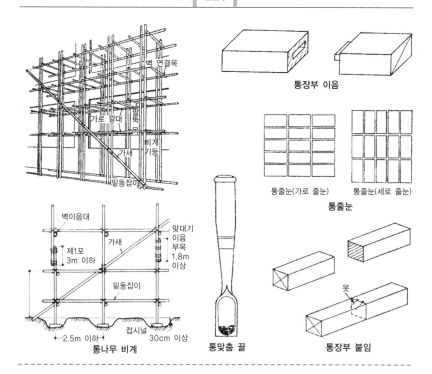

벽 연결목
가로 갈대
세로 갈대
가새
비계 기둥
밑동잡이

통장부 이음

벽이음대
제1포 3m 이하
가새
밑동잡이
맞대기 이음 부목 1.8m 이상

통줄눈(가로 줄눈)　통줄눈(세로 줄눈)
통줄눈

2.5m 이하　접시널　30cm 이상
통나무 비계

통맞춤 끌

못
통장부 붙임

통맞춤 : 맞춤의 한 가지로, 부재를 고정시키는 경우, 한쪽 부재의 단면 전체를 파내고 다른 부재를 끼우는 것. '꼬리 끼움'이라고도 한다.

통맞춤 끌 : 도드락 끝의 일종. 얇고 넓은 구멍을 파낼 때 사용하는 일반적인 끌로, '꼬리 끼움 끌'이라고도 한다.

통문(桶門) : 제방의 아래를 횡단하는 암거(暗渠).

통송곳 : 목재에 둥근 구멍을 뚫을 때 사용되는 공구로, 보통 송곳처럼 손으로 돌려서 사용한다. → 송곳

통장부 붙임 : 상인방, 문지방 등의 부재를 홈 없이 못으로 고정한 것.

통장부 이음 : 접합의 하나로, 달구대면을 들이밀어 접합하는 방법. 내부는 장부 끼움으로 한다.

통전 양생(通電養生) : 콘크리트 패널(concrete panel)을 통전 가열(通電加熱)하여 경화를 촉진 시키는 양생이다.

통줄눈 : 벽돌, 블록 등의 세로 줄눈이 2장 이상 통해 이어져 있는 줄눈으로, '통줄'이라고도 한다.

통치기 : 넓은 슬래브를 칠 때 사각형으로 구획하여 엇모에 교대로 콘크리트를 타설하는 공법으로, '뗏목 치기'라고도 한다.

통테 둥글기 : 돌담의 구석 부분을 둥글기를 크게 둥글게 한 것.

퇴적 하중(堆積荷重) : 암석이 유수 등에 의해 침식 운반된 후 기계적 또는 화학적 침전에 의해 퇴적하는 것.

툇기둥 : 툇마루의 바깥쪽에 세운 기둥으로,

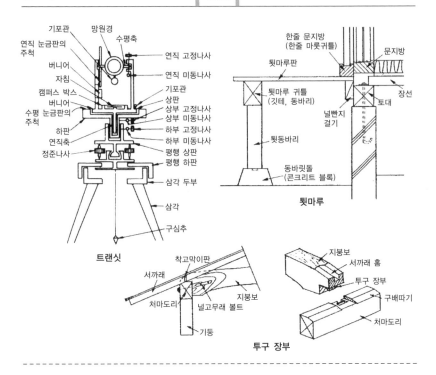

트랜싯

툇마루

투구 장부

툇마루 기둥이라고도 한다.

툇도리 : 툇마루 기둥에 가설한 도리로, 연목을 받치는 가로 가설재.

툇마루 : 건물 바깥쪽의 처마 아래에 노출된 툇마루, 툇마루 바닥은 널빤지에 한정되지 않고 각재나 대나무 등을 보기 좋게 조립하여 마무리하는 경우도 있다.

툇마루 기둥 : → 툇기둥

툇마루 동바리 : 툇마루의 툇마루 테를 지탱하는 동바리.

툇마루 응접실(—應接室) : 일본식 도꼬노마의 툇마루로, 툇마루와 응접실 사이에 만든 가느다란 돗자리(다다미)방.

툇마루 테 : 툇마루 바닥의 바깥 둘레에 고정시키는 부재로, 빈지문 등의 문지방을 겸하는 경우도 있다.

투구 장부 : 맞춤의 일종. 지붕틀 구조에서 처마도리의 지붕보가 고정되는 부분의 맞춤. 지붕보의 마구리 하부에 주먹장을 만들어 처마도리를 반쯤 얹은 모양을 조립한다.

투 바이 포 공법(two by four method) : 미국, 캐나다에서 보급되어 확산된 벽식의 구조의 목조 주택 건축 방법. 2×4인치 단면의 목재를 조합하여 바닥판, 벽판을 구축할 수 있다.

트래버스(traverse) : 평판(平板) 또는 트랜싯을 사용한 골조 측량(骨造測量)의 하나로, 기준점에서 다음 측점(測點)의 방위각과 거리를 차례로 측정하는 방법이다. 측선이 연결된 것을 트래버스라 한다.

트래블링 폼 공법(traveling form method) : 아치(arch), 터널(tunnel) 등

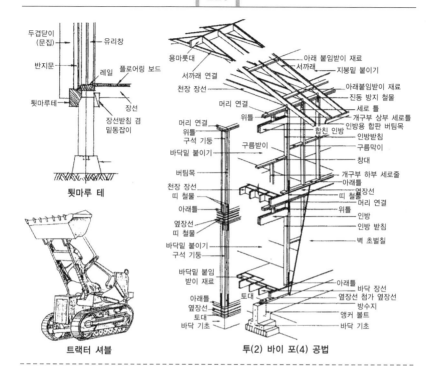

두겹닫이 (문집)
유리창
반지문
레일 플로어링 보드
틧마루테
장선
장선받침 겸 밑동잡이

틧마루 테

트랙터 셔블

용마룻대
서까래 연결
천장 장선
머리 연결
머리 연결
위틀
구석 기둥
바닥밑 붙이기
버팀목
천장 장선
띠 철물
아래틀
옆장선
띠 철물
바닥밑 붙이기
구석 기둥
바닥밑 붙임
받이 재료
아래틀
옆장선
토대
바닥 기초

아래 붙임받이 재료
서까래
지붕밑 붙이기
아래붙임받이 재료
진동 방지 철물
세로 틀
개구부 상부 세로틀
인방용 합판 버팀목
인방받침
구름막이
창대
개구부 하부 세로줄
아래틀
옆장선
띠 철물
위틀
인방
인방 받침
벽 초벌칠
아래틀
바닥 장선
옆장선 첨가 옆장선
방수지
앵커 볼트
바닥 기초

머리 연결
위틀
구름받이
합친 인방
토대

머리 연결
띠 철물

투(2) 바이 포(4) 공법

에서 사용되는 것으로, 같은 거푸집을 몇 번이고 이동시켜 사용하는 거푸집 공법. '이동 거푸집 공법'이라고도 한다.

트랙터셔블(tractor shovel) : 트랙터에 버킷 셔블을 고정시킨 굴삭 및 운반용 기계로, 연한 토사(土砂)의 굴삭(掘削), 적재(積載), 운반(運搬)에 적합하다.

트랜션식(두레박식) 엘리베이터 : 엘리베이터의 한 종류.

트랜싯(transit) : 망원경을 사용하여 수평각이나 연직각을 측정하는 정밀한 광학 기기의 일종으로, 레벨(level)과 함께 가장 많이 사용되고 있는 측량 기기이다.

트랜싯 측량(-測量) : 트랜싯을 사용하여 측량하는 것. 트랜싯이 갖는 정밀하고 용도가 넓은 측정 능력을 살려서 평판 측량으로는 무리한 넓은 부지에 트래버스 측량이나 기복 있는 복잡한 지형의 스타디아 측량이 있다.

트랩(trap) : 세면기, 대소변기, 개수대(싱크대) 등 위생 설비 기구의 배수부에 접속하여 사용하는 것으로, 물을 담은 봉수부(封水部)에 의하여 배수관에서 유해 및 유독한 가스나 하수 냄새가 실내로 역류하는 것을 방지한다. 트랩의 종류를 보면, 관 트랩, 드럼 트랩, 볼 트랩 등이 있으며, 담겨 있는 물을 봉수(封水)라고 한다.→ 위생 철물(衛生鐵物)

트러스 구조(-構造) : 목재·강재 등의 단재(單材)를 핀 접합으로 세모지게 구성하고, 그 삼각형을 연결하여 조립한 뼈대. 각 단재는 측방향력으로 외력과 평행하여 휨·전

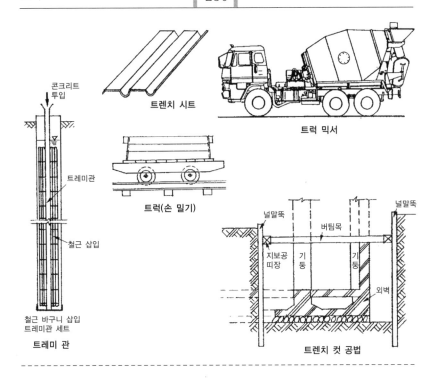

콘크리트 투입

트렌치 시트

트럭 믹서

트레미관

트럭(손 밀기)

철근 삽입

널말뚝

버팀목

널말뚝

지보공 띠장

기둥

기둥

외벽

철근 바구니 삽입
트레미관 세트

트레미 관

트렌치 컷 공법

단력은 생기지 않는다.

트럭(truck) : 궤도를 달리는 4륜 무동력차로, 토사나 공사용 자재 운반용 대차(臺車)를 말한다. 손밀기식과 견인식(牽引式)이 있다.

트럭 믹서(truck mixer) : 레디믹스트 콘크리트(ready mixed concrete)를 운반하는 트럭으로, 주행 중 콘크리트가 분리되지 않도록 교반(攪拌)하면서 운반한다. '애지테이터 트럭(agitator truck)', '레미콘' 이라고도 한다.

트럭 크레인(truck crane) : 이동식 크레인으로, 트럭에 360°회전식의 크레인을 부착하고 있어 고속 주행이 가능하다.

트렌치 시트(trench sheet) : 터파기가 얕은 경우, 흙막이에 사용하는 강제 널말뚝.

트렌치 컷 공법(trench cut method) : 터파기 외주를 먼저 굴삭하여 구조체의 외주부를 축조하고, 여기에 주위의 토압을 지지하면서 중앙부의 터파기 및 구체(軀體)를 공사하는 공법.

트레미 관(tremie pipe) : 수중 콘크리트의 타설을 위한 지름 15~30cm의 수송관으로, 상부에 콘크리트 받이 호퍼(hopper)가 있고, 타설에 따라 선단은 콘크리트 속에 들어간 그대로 서서히 당겨 올라간다.

특수 기둥 : → 큰 기둥

특수 기와 : 특수 부분에 사용되는 기와로, 용마루 삿갓 기와, 착고막이 기와, 곰치 기와, 도깨비 기와, 처마 끝의 당초 기와, 소용돌이 기와, 소매 기와, 박공단 띠장 부분의 골소매 기와, 박공단 기와 등이 있

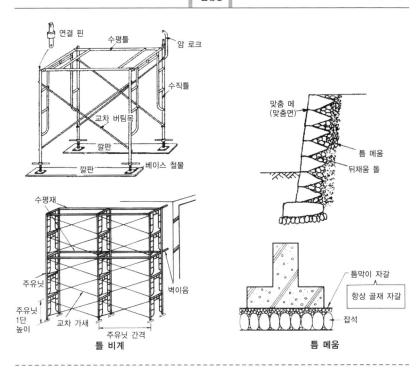

틀 비계   **틈 메움**

다. → 삿갓 기와

특수물(特殊物) : 구부림이나 면따기 등 모서
리나 구석에 사용하는 보통 타일 이외의
타일.

틀 비계 : 강관을 일정한 거푸집으로 가공한
비계. 세로 틀, 가로 틀, 이음쇠, 베이스
철물, 교차 가새, 붙임틀 등으로 조립되며,
다음 규제를 따른다.
① 높이가 20m를 초과할 때 주유닛의 높
이는 2.0m 이하. 간격은 1.85m 이하로
한다. ② 최상층 및 5층 이내마다 수평재
를 설치한다. ③ 보 거푸집, 수평 가새 등
에 의해 가로 흔들림 방지를 강구한다.

틈 막이 : 줄눈 등의 틈새 위에 종이나 테이
프를 붙여서 덮는 일.

틈 메움 : 옹벽의 뒷메우기 돌의 틈새를 자갈

로 채우는 일. 또는 잡석 지정의 잡석 틈새
를 자갈로 묻는 일. 이 자갈을 '틈 메움 자
갈'이라 한다.

틈새 바르기 : 이음매나 균열 등의 틈새나 구
멍에 도장 재료를 발라 문지르는 일.

틸트 도저(tilt dozer) : 배토판의 좌우를 상
하로 조작하는 구조로 된 도저로, 옆도랑
등의 굴삭(屈削)에 편리한 기계이다.

틸트 업 공법(tilt up method) : 외벽이 되
는 콘크리트 패널을 현장에서 프리캐스트
판(precast panel)화하여 크레인으로 1층
벽, 2층 바닥·벽 등 소정의 위치에 구축해
나가는 공법.

틸팅 레벨(tilting level) : 수평 먹줄용 계측
기로, 어두운 장소에서도 기포(氣泡)가 보
이도록 조명이 내장되어 있다.

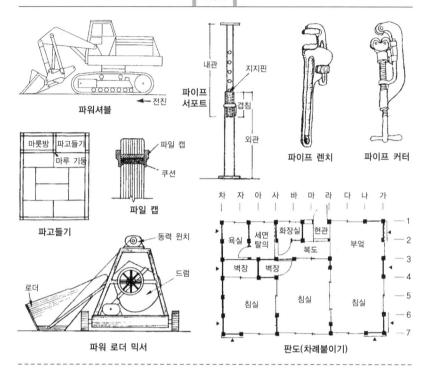

파워셔블

←전진

내관
지지핀
파이프
서포트
겹침
외관

파이프 렌치　　파이프 커터

마룻방　파고들기
마루 기둥

파일 캡
쿠션

파일 캡

파고들기

차 자 아 사 바 마 라 다 나 가

욕실　세면
탈의　화장실　현관
복도　부엌
벽장　벽장
침실　침실　침실

－1
－2
－3
－4
－5
－6
－7

동력 윈치

드럼

로더

파워 로더 믹서　　판도(차례붙이기)

ㅍ

파고 들기 : 도꼬노마 옆에 깐 다다미 부분.
파워 로더 믹서(power loader mixer) : 골재(骨材)나 시멘트 등의 콘크리트 재료를 자동 투입하는 장치를 갖는 믹서.
파워 셔블(power shovel) : 버킷셔블을 아래에서 위로 퍼 올려 지면보다 상부에 있는 토사를 굴삭하는 기계.
파이프 렌치(pipe wrench) : 배관용 파이프의 이음 부분을 벌어진 부분에 끼워 나사를 조이거나 푸는 공구.
파이프 비계(pipe-) : → 강관 비계. 단관 비계
파이프 서포트(pipe support) : 보나 슬래브

의 거푸집을 지탱하는 기둥. → 동바리공
파이프 커터(pipe cutter) : 배관용 파이프를 끼워 조이면서 절단하는 공구.
파이프 코일(pipe coil) : 동관, 황동관, 강관 등에 증기, 온수, 냉수, 냉매 등을 통과시켜 냉난방을 하는 경우의 열교환 및 방열관 등.
파일 익스트랙터(pile extractor) : 땅 속에 박은 말뚝을 압축 공기나 증기를 사용하여 뽑는 기계로, '기둥 뽑기 해머'라고도 한다.
파일 캡(pile cap) : 말뚝을 박을 때, 해머의 힘을 충분히 전달함과 동시에 말뚝 머리를 보호하기 위하여 씌우는 것이다. 강철제로 되었으며, 말뚝과의 사이에 완충제로 낡은 타이어, 나무 조각, 톱밥 등을 넣는다. '말뚝 캡'이라고도 한다.

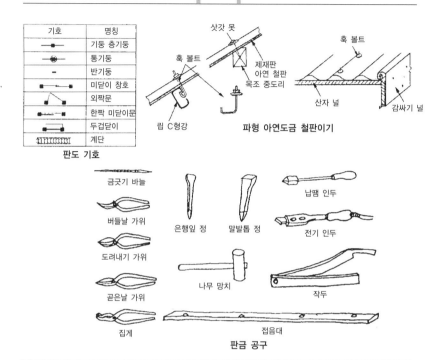

파형 아연도금 철판이기

판도 기호

판금 공구

파형 아연 도금 철판(함석) 이기(波形─) : 파형 아연 도금 철판(함석)을 지붕 재료로 이는 방법. 중도리에 직접 이는 경우와 산자널이나 제재 판을 깔아 이는 경우가 있다. 철골 중도리에는 훅 볼트(hook bolt)를 사용하여 부착시키고, 목재에 대해서는 삿갓 못을 사용한다.

판금 공구 : 판금 가공에 사용하는 공구의 총칭

판금 공사(板金工事) : 금속판을 가공 및 부착하는 공사로, 금속판 이기, 홈통, 비흘림, 물막이, 개수, 금속판 천장, 내외 벽면 붙이기, 방화 문짝, 환기용 덕트 등의 공사가 있다.

판도(板圖) : 목조 건축 부재를 가공하는 데 있어서, 목수가 다루기 알맞은 크기의 널

빤지에 약 1/50 축척으로 기초나 평면도를 도시하는 축도(縮圖)이다. 우측 상단을 기점으로 세로로 숫자를 기입하고, 가로로 한글을 기입하여 그 위치를 표시하고 번호를 붙인다. → 차례 붙이기

팔대 : ① 차양의 도리를 받치는 부재(部材). → 차양 ② 쌍줄 비계의 가로 통나무 사이에 수평으로 가설한 통나무재로 비계 널빤지를 얹은 지점이 된다. → 쌍줄 비계

팔대 차양 : 차양의 구조에서 기둥에서 팔대를 내어 도리를 받치게 만든 것.

팔작 지붕 : 합각 머리 쪽의 차양 지붕과 상부 박공(搏栱) 지붕을 합친 모양의 지붕으로, 박공널 부분에 팔작집 박공이 고정된다. 박공 하단에서의 'ㅅ'자 보를 합각 머리 내림이라 한다.

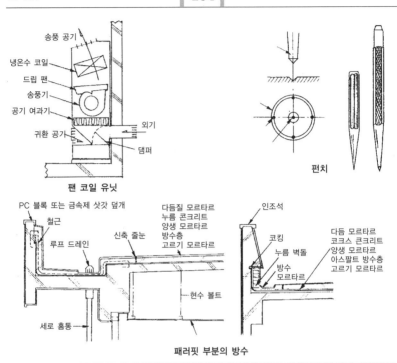

팬 코일 유닛

패러핏 부분의 방수

펀치

팬 코일 유닛 그림 라벨: 송풍 공기, 냉온수 코일, 드립 팬, 송풍기, 공기 여과기, 귀환 공기, 외기, 댐퍼

패러핏 부분의 방수 그림 라벨: PC 블록 또는 금속제 삿갓 덮개, 철근, 루프 드레인, 신축 줄눈, 다듬질 모르타르, 누름 콘크리트, 양생 모르타르, 방수층, 고르기 모르타르, 인조석, 코킹, 누름 벽돌, 방수 모르타르, 다듬 모르타르, 코크스 콘크리트, 양생 모르타르, 아스팔트 방수층, 고르기 모르타르, 현수 볼트, 세로 홈통

팔작집(八作家) : 추녀를 네 귀마다 달아 지은 집.

팔작집 짓기 : 위쪽은 박공, 아래쪽은 모음 지붕의 모양을 한 팔작집 지붕을 갖는 목조 건물을 짓는 일.

패널(panel) : 널빤지와 띠장목을 조합하여 일정한 형태로 만든 콘크리트용 거푸집. 60×180cm의 치수가 많고, 30cm, 45cm, 90cm 등의 종류도 있다.

패닉 바(panic bar) : 비상용 문짝에 부착하는 문 잠그기 철물. 손잡이가 붙은 밀대를 세게 두들기면 오르내림 잠금쇠, 래치(latch) 잠금쇠 등이 풀어지게 되어 있다.

패스너(fastener) : 커튼 월(curtain wall)의 PC판이나 금속제 패널 등을 몸체에 부착하기 위한 철물.

패러핏 부분의 방수 : 건조물의 윗면 또는 선단을 보호하기 위하여 마련된 비교적 낮은 장벽.

패키지 방식 : 공기 조화 방식

패킷 블록 붙이기(packet block—) : 단단한 나무 널빤지를 여러 장 정사각형으로 접합한 블록을 의장석(意匠石)으로 조합하여 접착제로 붙이는 바닥 마감질.

팬 믹서(pan mixer) : → 터보 믹서(turbo mixer)

팬 코일 유닛(fan coil unit) : 송풍기, 냉·온수 코일, 공기 여과기 등을 내장한 소형 공기 조화기, 병원이나 호텔 등의 개인실에 많이 사용되고, 외기(外氣)는 별도로 덕트(duct)에 의해 중앙식으로써 각 유닛에 공급된다.

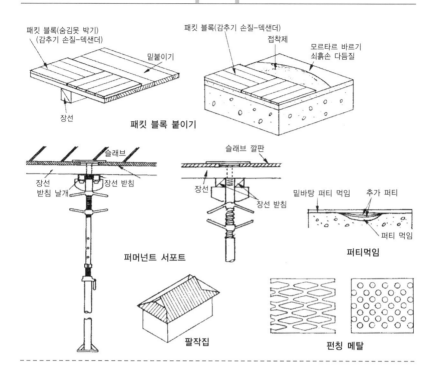

패킷 블록(숨김못 박기)
(감추기 손질-덱샌더)

패킷 블록(감추기 손질-덱샌더)

밑붙이기

접착제

모르타르 바르기
쇠흙손 다듬질

장선

패킷 블록 붙이기

슬래브

장선
받침 날개

장선 받침

슬래브 깔판

장선

장선 받침

퍼머넌트 서포트

밑바탕 퍼티 먹임

추가 퍼티

퍼티 먹임

퍼티먹임

팔작집

펀칭 메탈

퍼머넌트 서포트(permanent support) : 깔판, 장선, 장선받침을 제거(除去)해도 슬래브(slab)를 계속하여 지탱할 수 있는 서포트.

퍼큐션 보링(percussion boring) : 보링 로드 또는 와이어 로드의 선단에 비트라고 하는 천공용 공구를 부착하여 동력을 이용해 이것을 되풀이하여 낙하시키는 충격으로 지반을 분쇄하여 구멍을 뚫는 방법. 베일러에 의하여 구멍 바닥의 슬라임을 배출하면서 파 들어간다. '충격식 보링'이라고도 한다.

퍼티 긁기(putty—) : 콘크리트를 타설하고, 기포 콘크리트 등의 바탕을 고를 때 기포 등, 오목한 곳을 메우기 위해 퍼티(putty)를 붙이고, 다음으로 여분의 퍼티가 남지 않도록 바탕의 볼록한 부분이 노출될 때까지 긁어내는 일.

퍼티먹임(putty—) : 면의 오목한 부분, 작은 틈새, 가는 흠집 등에 퍼티를 주걱으로 눌러 밑바탕을 평탄하게 하는 것.

퍼티 붙임(putty—) : 밑바탕 퍼티 붙임.

펀치 : 공구강으로 만든 둥근 막대 또는 다각형 막대의 한 끝을 날카롭게 한 것.

펀칭(punching) : 강재에 리벳 구멍을 뚫을 때 쳐서 구멍을 뚫는 방법.

펀칭 메탈(punching metal) : 금속 박판에 미세하게 본을 떠, 본대로 구멍을 뚫는 것.

펀칭 전단(-剪斷) : 평판에 물체를 밀어붙일 때 평판에는 펀칭 전단이 생긴다. 펀칭 전단은 밀어붙인 물체 외주 부분에 생기고, 이때 생긴 응력을 펀칭 전단력이라 한다.

초벌칠(모르타르 또는
펄라이트 모르타르)

재벌칠(펄라이트 모르타르)

정벌칠(펄라이트 모르타르)

몸체

펄라이트 플라스터 바르기

펌프 차

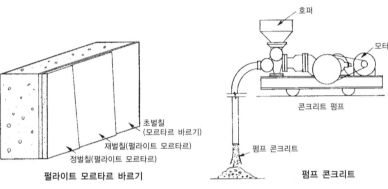

초벌칠
(모르타르 바르기)

재벌칠(펄라이트 모르타르)

정벌칠(펄라이트 모르타르)

펄라이트 모르타르 바르기

호퍼

모터

콘크리트 펌프

펌프 콘크리트

펌프 콘크리트

펄라이트 모르타르 바르기(perlite mortar finish) : 밑 바르기는 모르타르 바르기로 하고, 중 바르기에서 시멘트와 펄라이트 (perlite)를 섞은 모르타르를 발라 다듬는 것으로, 흡습성(吸濕性)이 있어 내벽에 사용된다.

펄라이트 플라스터 바르기(perlite plaster finish) : 밑 바르기는 모르타르 바르기로 하고, 중 바르기부터 플라스터(Plaster)에 경량(輕量)의 내화성과 단열성이 우수한 펄라이트를 골재로 첨가한 것을 발라 다듬질한다.

펌프(pump) : 액체를 동력에 의하여 퍼 올리거나, 또는 액압(液壓)을 가하는 기계. 종류는 공기 조화나 양배수에 사용되는 원심 펌프(centrifugal pump), 가정용 압력 탱크

붙이의 웨스코 펌프(wesco pump), 기름용 기어 펌프(gear pump), 피스톤(piston)의 왕복 작용을 위한 왕복 펌프(reciprocating pump)가 있다.

펌프 차(-車) : 콘크리트 펌프 차. 콘크리트 타설 위치까지의 압송 장치를 탑재한 차.

펌프 콘크리트(pumped concrete) : 압송 기계로 타설하는 콘크리트로, 펌프 크리트 (pump crete)라고도 한다.

펌프 크리트(pump crete) : → 펌프 콘크리트(pumped concrete)

페디스털 말뚝(pedestal pile) : 외관과 내관의 2중관을 일정 깊이까지 박고 콘크리트를 부어 내관에서 다지면서 외관을 조금씩 당겨 올려 선단부에 둥근 뿌리를 만들고, 내·외관 사이에 철근을 넣어서 콘크리

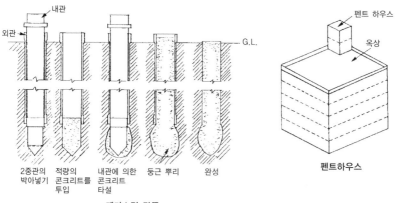

2중관의　적량의　내관에 의한　둥근 뿌리　완성
박아넣기　콘크리트를　콘크리트
　　　　투입　　타설

페디스털 말뚝

펜트하우스

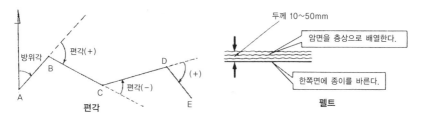

편각

두께 10~50mm
암면을 층상으로 배열한다.
한쪽면에 종이를 바른다.

펠트

트를 내관(內管)에서 다지면서 외관을 서
서히 올리는 현장치기 콘크리트 말뚝.
페코 잠금쇠 : 문단속용 철물 p.80 참조.
펜트 하우스(pent house) : 옥상(屋上)에 있
어 계단실이나 엘리베이터(elevator) 기
계실 등의 일부 돌출한 부분으로, '옥탑'
이라고도 한다.
펠트(felt) : 섬유를 적당한 두께로 깔고, 가
습·가열하여 압축한 것. 흡음·단열·완충
용도 외에 아스팔트 펠트나 아스팔트 루핑
의 바탕으로 한다.
편각(偏角) : 측량도(測量圖)에서 측선(測線)
이 하나 앞에 있는 측선의 연장선과 이루
는 각(角)으로, 우회(右回)하는 것을 우편
각(右偏角), 좌회(左回)하는 것을 좌편각
(左偏角)이라 한다.

편 굴림 : 1회 도장(塗裝)만으로 마무리하는
것. 2회로 다듬질하는 경우에는 '양굴림'
이라고 한다.
평고대 : 처마 끝을 따라서 서까래의 선단에
부착하는 재료로, 산자널 최하단의 놓임새
에 사용하는 가로 판.
평균 곡률(平均曲率) : 곡면 상에서 정의되는
두 주곡률의 상가(相加) 평균.
평 기둥 : 목조 2층 구조 건물의 기둥으로,
층마다 세워지는 기둥. 평기둥에 대해서 2
층 건물의 토대에서 처마도리까지 1개로
된 기둥을 '통기둥'이라 한다.
평 기준틀 : 기준틀
평 끝막음 : 끝막음 맞춤의 한 가지로, 2개의
재료를 끝막음으로 맞춰 그 상단에 쐐기
또는 파상(波狀)못을 박아 끝막음을 한다.

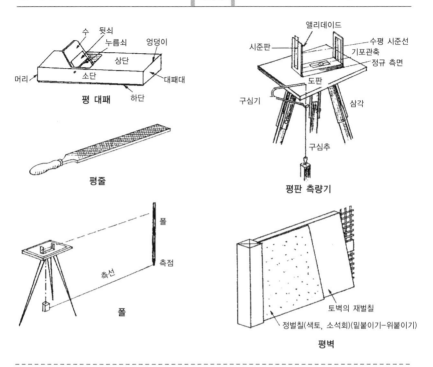

평 대패

평줄

평판 측량기

폴

평벽

평 대패 : 일반적으로 많이 사용되고 있는 대패로서, 대팻날과 대패대가 평탄하게 되어 있다. 깎은 면의 다듬질 정도에 따라 거친 다듬질, 중 다듬질, 마감다듬질로 구별된다.

평벽(平壁) : 백토, 엷은 황토, 황토 등의 색토(色土)에 소석회를 가하여 물로 이긴 것을 마감 바르기 한 토벽으로, 색토에 따라 백벽, 엷은 황토벽, 황토벽이라 부른다.

평벽 다듬질 : → 평벽(平壁)

평보 : 보

평보와 합장보 : 보

평솔기 : 금속 박판의 끝 부분을 접합하는 이음의 한가지로, 끝 부분을 접고 작은 솔기걸이 부분을 눌러서 이음매 부분이 선상으로 떠오르도록 만든 것.

평줄 : 금속을 가공하기 위한 줄로, 평판(平板) 모양이다.

평지붕 : → 수평 지붕

평지붕 이기 : → 평판 지붕 이기

평타일(―tile) : 정사각형이나 직사각형으로 표면이 거의 평면으로 되어 있는 타일.

평판 재하 시험(平板載荷試驗) : 기초 슬래브를 얹은 지층(地層)에 직접 하중을 가하여 지지력을 측정하는 시험. 항복 하중도(降伏荷重度)나 극한응력도(極限應力度)를 정할 수가 있다.

평판 지붕 이기 : 금속판, 석면 슬레이트(slate) 판, 천연 슬레이트 판 등의 평판을 사용하여 이는 지붕으로, '평지붕 이기'라고도 한다. → 일(一)자 이기, 거북무늬 이기, 비늘모양 이기, 마름모꼴 이기 등이 있다.

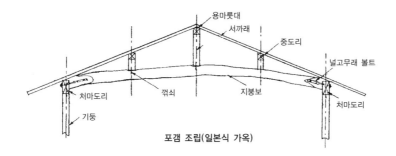

포갬 조립(일본식 가옥)

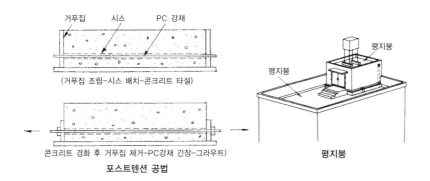

(거푸집 조립-시스 배치-콘크리트 타설)

콘크리트 경화 후 거푸집 제거-PC강재 긴장-그라우트)

포스트텐션 공법

평지붕

평판 측량(平板測量) : 삼발이 위에 도판(圖版)을 수평으로 고정하고, 앨리데이드 (alidade), 구심기(求心器), 폴, 줄자 등을 사용하여 측량하는 것. 측량도는 도판 위에 적당한 축척으로 그려진다. 오류가 적고 능률적이지만 정도(精度)가 낮고 기후의 영향을 크게 받는 등의 결점이 있다.

포개 짜기 : 처마 도리와 지붕보의 조립 방법으로, 기둥 위에 처마 도리를 얹고, 그 위에 보를 가설하는 조립 방법.

포말식 세로형 자재 수도꼭지 : 위생 철물 p.167 참조.

포스트텐션 공법(post-tension method) : 프리스트레스트 콘크리트(prestressed concrete)를 만드는 방법. 콘크리트가 경화된 뒤에 모르타르를 주입하여 정착시키고 프리스트레스를 주는 방법.

포스트 홀 오거(post hole auger) : 원호상 (圓弧狀)의 날 끝을 가진 천공 공구(穿孔工具)로, 느리게 회전시키면서 구멍 밑을 도려내어 천공한다.

포어먼(foreman) : 현장에 있어서 각 직종별 팀장, 조장, 상담역. 여러 사람의 직종별 작업 그룹을 지휘하는 기능인이지 현장의 전체 책임자는 아니다.

포터블 저항 용접기(portable—) : 이동식 소형 용접기.

폴(pole) : 측량을 할 때 사용하는 지름 3cm의 둥근 봉으로, 길이는 2~5m까지 있고, 20cm마다 적백(赤白)으로 색이 구분이 되어 있으며, 측점(測點)상에 세워서 방향을 내다보는 목표물로 사용한다.

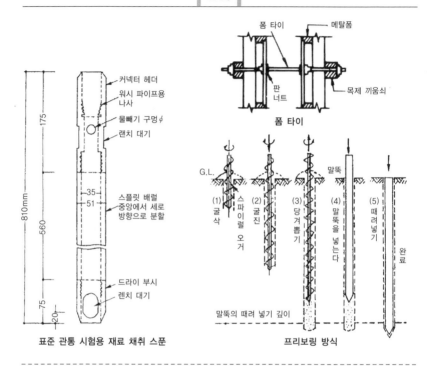

표준 관통 시험용 재료 채취 스푼 / 프리보링 방식

폴리싱 콤파운드(polishing compound) : 경석(輕石) 등의 미분(微粉)을 기름과 섞은 것으로 도장면(塗裝面)을 연마하기 위한 페이스트(paste).

폼 타이(form tie) : 거푸집 고정용 볼트로, 거푸집의 간격을 일정하게 유지하기 위해 사용한다.

표구공(表具工) : 장지(미닫이), 맹장지 등의 창호 또는 벽이나 천장 등의 내장 마무리에 종이나 천을 붙이는 직업인으로, 도배공이라고도 한다. 바르는 공사를 '표구 공사(表具工事)'라고 한다.

표면석(表面石) : 돌쌓기에서 표면으로 나와 있는 돌. 반대로 표면으로 나오지 않는 돌을 이면석(裏面石)이라 한다.

표준 관통 시험(標準貫通試驗) : 보링 로드 (boring rod)의 선단(先端)에 중량 6.8kg의 스플릿 스푼 샘플러(split spoon sampler)를 부착하여 63.5kg의 추(錘)를 높이 75cm에서 자유 낙하시켜 예비치기 15cm 들어간 다음, 샘플러를 30cm 박는 데 필요한 타격 횟수(打擊回數) N값을 측정하는 시험이다. 보링의 경우에는 그 구멍 밑바닥을 이용하여 실시하게 된다. → 탐사 장대

푸팅 기초(footing foundation) : 벽이나 기초 등을 지탱하기 위하여 하부를 넓게 만든 콘크리트 기초.

풀 문지르기 : → 반죽 걸기

품셈하기 : 단위 길이, 단위 면적, 단위 체적당 공사에 필요한 재료 수량 및 노무 수량을 말한다. 이것은 적산(積算)에 있어서 재

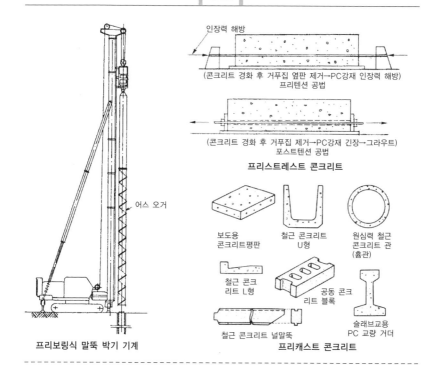

인장력 해방

(콘크리트 경화 후 거푸집 옆판 제거→PC강재 인장력 해방)
프리텐션 공법

(콘크리트 경화 후 거푸집 제거→PC강재 긴장→그라우트)
포스트텐션 공법

프리스트레스트 콘크리트

어스 오거

보도용
콘크리트평판

철근 콘크리트
U형

원심력 철근
콘크리트 관
(흄관)

철근 콘크
리트 L형

공동 콘크
리트 블록

철근 콘크리트 널말뚝

슬래브교용
PC 교량 거더

프리보링식 말뚝 박기 기계

프리캐스트 콘크리트

료 및 노무 등 공사량을 산출하는 경우에
표준 단위 수량이 되며, 각각 '재료 품셈',
'노무 품셈' 이라 한다.

품팔이 청부(—請負) : 재료 등은 원청부(元
請負) 또는 건축주로부터 지급 받고 작업
품팔이 즉, 노동력만을 청부하는 것.

풍도(風道) : → 덕트(duct)

풍화 걸림(風化—) : 시멘트 등이 풍화되어
경화하지 않은 것.

프랑스식 쌓기 : 벽돌 쌓기에서 각 단마다
마구리면과 길이 면을 교대로 나타나게 쌓
는 방법으로, 외관은 좋으나 자투리를 많
이 필요로 한다. '플레미시(flemish) 쌓
기' 라고도 한다.

프루빙 링(proving ring) : 압축력 또는 인
장력의 크기를 측정하는 데 사용되는 환상

(環狀)의 용수철 하중계(荷重計)로, 환상
용수철의 변형량(變形量)으로부터 가해진
하중(荷重)의 크기를 검출할 수 있다.

프리보링 방식(pre-boring type) : 스파이
럴 오거로 굴삭한 다음에, 콘크리트말뚝을
넣어서 말뚝을 박는 방식.

프리보링식 말뚝 박기 기계 : 프리보링 방식
의 말뚝 박기 기계

프리스트레스트 콘크리트(prestressed
concrete) : PC 강선을 사용하여 미리 압
축력을 부여한 콘크리트로, 인장강도가 증
가하고 굽힘 저항이 크게 된다. 'PC 콘크
리트' 라고도 한다.

프리캐스트 콘크리트(precast concrete) :
공장 등에서 미리 제조된 콘크리트의 건축
부재(建築 部材).

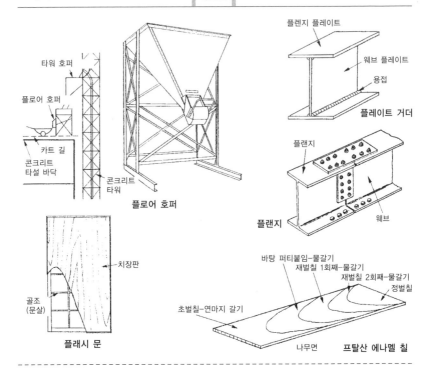

타워 호퍼
플로어 호퍼
카트 길
콘크리트
타설 바닥
콘크리트
타워
플로어 호퍼

플렌지 플레이트
웨브 플레이트
용접
플레이트 거더

플랜지
플랜지
웨브

치장판
골조
(문살)
플래시 문

바탕 퍼티붙임-물갈기
재벌칠 1회째-물갈기
재벌칠 2회째-물갈기
정벌칠
초벌칠-연마지 갈기
나무면 **프탈산 에나멜 칠**

프리패브(prefab) : → 프리패브리케이션

프리패브리케이션(prefabrication) : 구조 부재나 마감 부재를 공장에서 제작하고, 현장에서는 다만 조립만 하는 방법을 택하는 시공법(施工法)으로, 공기의 단축과 생산성의 향상을 목표로 한 것이다.

프리팩트 콘크리트(pre-packed concrete) : 거친 골재를 거푸집 속에 채워 넣고, 그 속에 유동성이 좋은 모르타르(mortar)를 주입하여 만드는 콘크리트로, '주입 콘크리트'라고도 한다.

프탈산 에나멜 칠(phthalic acid enamel coating) : 프탈산 니스에 안료(顔料)를 섞어 혼합한 것으로 경화 건조는 느리지만 문이나 현관 회전문 등과 같은 곳에 고급 마감으로 사용되며 내구성도 좋다.

플래시 문(flash door) : 평평한 면을 가진 문으로, 주로 뼈대목 양면에 합판류(合板類)를 붙인 것을 말한다. 면판(面板)에는 여러 가지 다듬질된 합판을 사용하거나 도장(塗裝), 또는 종이, 천, 플라스틱(plastic)류의 마감붙이기를 한다.

플래시 밸브 : 위생철물

플랜지(flange) : 보 등의 굽힘 재료로 굽힘 응력(bending stress)을 받는 상하 플레이트(plate) 부분으로, 웨브를 끼고 상하로 배치되는 강판이나 앵글 등을 말한다.

플레미시 쌓기(flemish-) : 벽돌 쌓기의 일종. → 프랑스식 쌓기

플레이너(planer) : → 전기 대패

플레이트 거더(plate girder) : L형강(形鋼)과 강판, 강판과 강판을 용접 또는 리벳

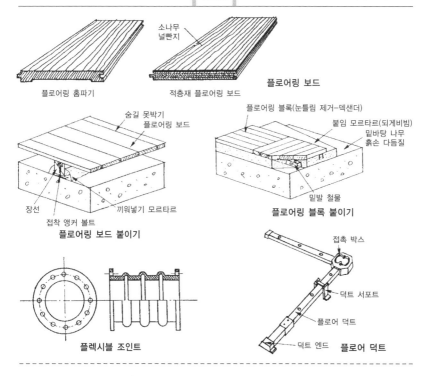

플로어링 홈파기

소나무 널빤지

적층재 플로어링 보드

플로어링 보드

숨길 못박기
플로어링 보드

플로어링 블록(눈틀림 제거-덱샌더)

붙임 모르타르(되게비빔)
밑바탕 나무
흙손 다듬질

장선
접착 앵커 볼트
끼워넣기 모르타르

밑발 철물

플로어링 보드 붙이기

플로어링 블록 붙이기

플렉시블 조인트

접촉 박스
덕트 서포트
플로어 덕트
덕트 엔드
플로어 덕트

(rivet)으로 접합한 철골 조립 보로, 큰 하중이나 큰 스팬 보로 많이 사용된다.

플레이트 보(plate beam) : → 플레이트 거더(plate girder)

플레인 콘크리트(plain concrete) : 표면 활성제 등의 혼합 재료를 전혀 사용하지 않은 콘크리트.

플렉시블 조인트(flexible joint) : 신축 이음의 일종이며, 온도 변화에 의한 관의 신축을 방지하거나 배관부의 진동 흡수 등을 목적으로 사용되는 배관 이음을 말한다. 인성이 큰 금속 등으로 만들어진 주름 상자 모양의 주름을 붙인 것이다.

플로어 덕트(floor duct) : 콘크리트 바닥에 묻는 전기 배선용 덕트.

플로어링 보드(flooring plate) : 판재의 양쪽 가장자리를 개탕 홈파기 가공한 것으로, 바닥붙이기에 사용하는 경우가 많다.

플로어링 보드 붙이기(flooring board-) : 바닥 붙이기용으로 가공된 보드(Board)를 장선마다 감춤 못을 박아 바닥 마무리를 한다.

플로어링 블록 붙이기(flooring block-) : 단단한 나무로 된 좁은 모양의 직사각형 판을 여러 장 이어 붙인 플로어링 블록(flooring block)에 쇠발을 고정시키고, 바닥 모르타르에 나무망치 종류로 가볍게 두들겨 압착하여 틈새, 울퉁불퉁한 곳, 잘 못된 곳 등이 없도록 붙이는 바닥 마무리.

플로어 호퍼(floor hopper) : 콘크리트를 타설한 바닥 위에 설치하여 엘리베이터 버킷(elevator bucket)에서 콘크리트를 받아

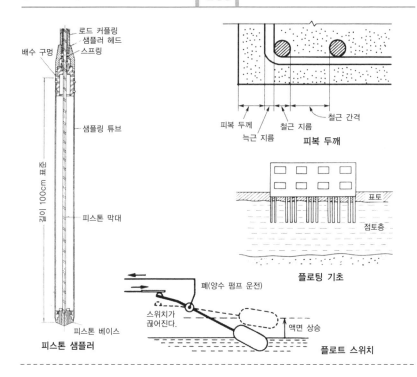

피스톤 샘플러　　　　　　　　**플로트 스위치**

일시적으로 저장하고, 카트(cart) 등에 배분하기 위한 용기.

플로트 스위치(float switch) : 플로트 (float : 뜨개)와 스위치를 연동시켜 일정한 수위 사이에서 급배수시키는 장치.

플로팅 기초 : 그림 참조.

피벗 힌지 : 부착개폐용 철물 p.103 참조.

피복 두께(thickness of cover concrete) : 철근콘크리트 부재의 보강 철근 가장 바깥 면에서 이를 덮는 콘크리트 표면까지의 치수. 철근의 녹 발생을 막기 위해 부분에 따라 최소 피복 두께가 결정되어 있다. '덮기' 라고도 한다.

피복 아크 용접봉(被服─鎔接棒) : 아크 용접을 할 때 사용하는 용접봉으로, 피복제가 도장되어 있는 것이다.

피스톤 샘플러(piston sampler) : 보링 구멍에서 부서지지 않은 흙의 시료를 채취하는 데 사용하는 기구로, 피스톤에 의해 관 내의 압력을 떨어뜨려 시료가 떨어지는 것을 방지한다.

P 트랩 : 위생철물 p.167 참조.

PC 말뚝(PC pile) : 미리 스트레스를 가해서 원심력으로 콘크리트를 다져서 성형하고, 프리스트레스(prestress)를 가한 속이 빈 원통 모양의 기성(旣成) 콘크리트 말뚝으로, 보통 콘크리트보다도 굽힘이나 안정성이 높다.

PC 커튼 월(PC curtain wall) : 프리스트레스 콘크리트로 만들어진 커튼 월.

PC 콘크리트(PC concrete) : → 프리캐스트 콘크리트(precast concrete)

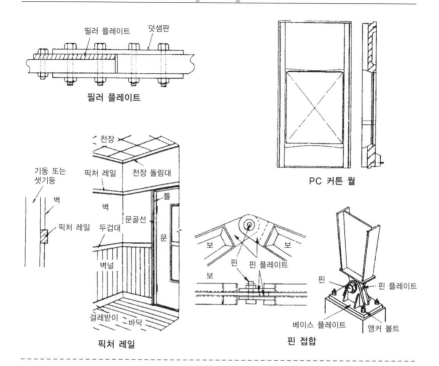

필러 플레이트

PC 커튼 월

픽처 레일

핀 접합

피어 기초(pier foundation) : 교각(橋脚) 등과 같이 구조물의 하중을 지반에 전달하기 위한 기둥 모양의 기초.

피치 : 같은 것이 늘어져 있는 경우의 간격.

피트(pit) : 구멍이나 오목한 곳을 말하는 것으로, 관이나 선을 흙 속에 매설하는 콘크리트 통이나 엘리베이터 최하층의 바닥 구멍, 바닥 밑 공간 등을 말한다. 또한, 용접부 표면의 구멍을 말하는 경우도 있다.

픽처 레일(picture rail) : → 액자 돌림띠

핀(pin) : 임의의 방향에서 오는 힘은 전달되나 회전에 대해서는 자유롭게 움직이는 지점 또는 마디 점.

핀(fin) : 열전도를 좋게 하기 위하여 파이프 주위에 고정된 판상(板狀)의 지느러미. 관의 둘레에 나선형으로 감은 것을 나선형

핀(thread fin), 여러 장의 평판 핀을 파이프에 통과시킨 것을 판상 핀(plate fin)이라 한다. → 방열기(放熱器)

핀 접합 : 부재 접합의 구조 역학적인 한 형식. 부재 상호간에는 작용선이 핀을 통하는 힘은 전하나, 휨 모멘트도는 구속 없이 변화할 수 있다. 트러스의 절점은 모두 핀 접합이라 할 수 있다.

필러(filler) : 철골 조립재의 틈새나 구멍을 메우기 위한 재료.

필러 메탈(filler metal) : 모재를 접합하기 위해 용접부에 용융 첨가되는 금속.

필러 플레이트(filler plate) : 두께가 다른 철골 부재를 덧판 사이에 끼우고 볼트 접합하는 경우, 두께를 조정하기 위해 삽입하는 얇은 강판.

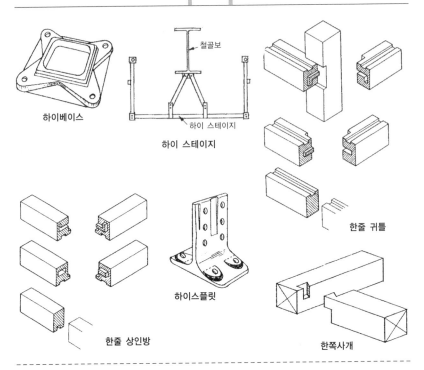

하이베이스

철골보

하이 스테이지

하이 스테이지

한줄 귀틀

하이스플릿

한줄 상인방

한쪽사개

ㅎ

하단자 : 대패대 아랫면의 수평(水平)을 검사
　하는 자.
하목(下木 : 아래 나무) : → 암나무(여목)
하이드로 크레인(hydro crane) : 유압을 동
　력원(動力源)으로 하는 크레인으로, '유압
　크레인(hydraulic crain)'이라고도 한다.
하이베이스(hibase) : 상품명으로 철골 기둥
　다리를 고정하는 데 사용하는 부품.
하이 스테이지(high stage) : 볼트조이기,
　용접 작업 등에 사용하는 현수 비계.
하이스플릿(hisplit) : 철골 구조의 기둥과
　보를 접합하기 위한 가공재(加工材).
하이 텐션 볼트 접합(high tension bolted

connection) : → 고력 볼트 접합
하청(下請) : 원청업자(元請業者)의 총괄하에
　직능별 공사를 청부하는 사람으로, 재료와
　작업을 청부하는 사람, 건설 기계를 가지
　고 기계 작업을 청부하는 사람 등이 있다.
　'하청업자', '하청부인'이라고 한다.
하청업자(下請業者) : → 하청(下請)
하청인(下請人) : → 하청(下請)
학머리 흙손 : 흙손의 한 종류. p.259 참조.
한계 하중 : 재료의 강도에 대하여 부재나
　골조가 견딜 수 있는 하중.
한장 대패 : 덧쇠가 없는 대패로, 두장 대패
　에 대한 말이다. 다듬질에만 사용된다.
한장 쌓기 : 벽돌 쌓기 방법의 한가지로, 마
　구리 쪽이 보이도록 쌓으며 벽 두께가 길이
　의 너비가 되는 벽돌 쌓기 방법.

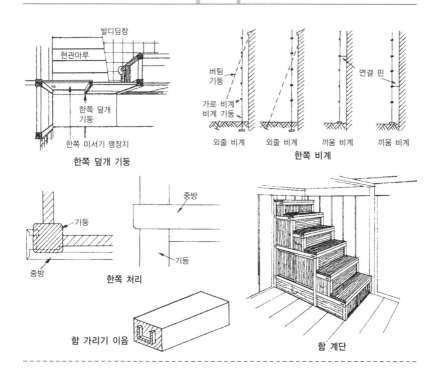

한쪽 덮개 기둥

한쪽 비계

한쪽 처리

함 가리기 이음

함 계단

한줄 귀틀 : 툇마루 귀틀 및 무창용(無窓用) 문틀과 문지방을 겸하는 부재로, '한줄 문지방' 이라고도 한다.

한줄 문지방 : → 한줄 상인방

한줄 상인방 : 빈지문을 부착하기 위한 1개의 홈을 갖는 상인방.

한쪽 덮개 기둥 : 진벽(眞壁) 옆 부분의 기둥으로, 한쪽 미서기문을 넣은 반벽에 맞춘 반기둥.

한쪽 비계 : 비계 통나무 기둥을 일렬로 세워서, 여기에 비계 띠장목을 댄 비계로 간단한 작업에 사용된다. 외줄 비계와 끼움 비계가 있다. → 외줄 비계

한쪽 사개 : 사개의 한 종류.

한쪽 처리 : 중방 끝부분의 맞춤 방법으로 마루 기둥을 직각으로 짜는 형이다. 중방 마구리가 보이지 않게 하는 것으로 만나는 부분의 맞춤은 연귀로 마무리한다.

할반 골조 : 장지문 p.178 참조.

함 가리기 이음 : L형, U형의 짧은 장부를 갖는 이음으로, 치장 서까래 등의 이음에 사용된다. '삼장 가리기 이음' 이라고도 한다.

함 계단(函階段) : 전체가 상자 모양을 이루는 계단으로 '상자 계단(箱子階段)' 이라고도 한다. 옆면에 문짝을 붙여 물건을 넣어두는 곳으로 계단을 이용하기도 한다.

함맞춤 : 보이는 곳이 연귀로 되어 마구리가 보이지 않는 맞춤으로, 내부는 두 개의 장부로 한다. 마루 귀틀 등의 굴절 접합에 사용된다.

함석 : 강판을 아연으로 피복한 재료로, 지붕을 잇거나 하는 데 사용된다.

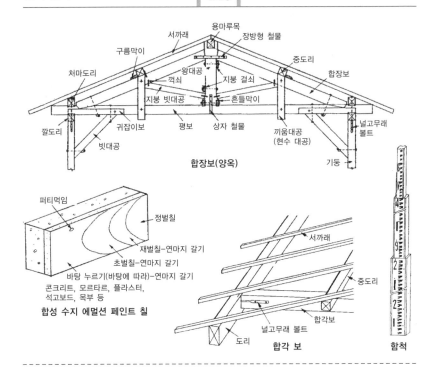

용마루목
서까래
구름막이
장방형 철물
처마도리
중도리
왕대공
꺽쇠
지붕 걸쇠
합장보
지붕 빗대공
지붕 빗대공
흔들막이
깔도리
귀잡이보
평보
상자 철물
끼움대공
(현수 대공)
널고무래
볼트
빗대공

합장보(양옥)

기둥

퍼티먹임

정벌칠

재벌칠-연마지 갈기
초벌칠-연마지 갈기
바탕 누르기(바탕에 따라)-연마지 갈기
콘크리트, 모르타르, 플라스터,
석고보드, 목부 등
합성 수지 에멀션 페인트 칠

서까래

중도리

합각보

널고무래 볼트

도리

합각 보

함척

함석 공사 : → 판금 공사(板金工事)

함줄눈 미늘판 붙이기 : 가로널빤지 붙이기에서, 널빤지 옆면을 반턱 쪽매로 하여 줄눈이 오목하게 들어가도록 치장한 것이다. '독일 미늘판 붙이기' 라고도 한다.

함척(函尺) : 수준 측량에서 레벨(level)의 수평 높이를 구하는 스케일(scale). 수직으로 세우기 위해 기포관(氣泡管)이 붙어 있고, 상자형 단면의 3단 뽑기식으로 되어 있어 5m 정도까지 늘일 수 있다.

합각 보 : 건물의 합각 쪽에 사용되는 보로, 외벽을 고정시키기 때문에 보통 직사각형 단면재를 사용한다.

합금(合金) : 주된 금속 원소에 다른 금속 또는 비금속을 용융하여 혼합한 것으로, 강도, 경도, 주조성, 내식성 등의 향상을 목

적으로 한다. 황동, 청동, 두랄루민, 스테인리스 강 등이 있다.

합성 보 : 바닥 보 등에 사용하는 부재로, 두 개의 부재를 꼼목으로 끼워 1개의 보로서 사용되는 것을 말한다. 현재는 경량 보로 사용되며, '겹보', '싸 맞춤보' 라고도 한다.

합성 수지 에멀션 페인트 칠(synthetic resin emulsion painting) : 합성수지와 물의 유탁액(乳濁液)에 착색 안료(着色顔料)를 혼합한 것으로, 건조 도막(塗膜)은 물 세탁이 가능하고, 내약품성(耐藥品性)도 있어 실내외의 벽도장(壁塗裝)용으로 사용한다.

합성 수지 조합 페인트 칠 : 안료, 장유성(長油性) 프탈산 니스(phthalic acid vanish)를 주원료로 하여 혼합한 것으로,

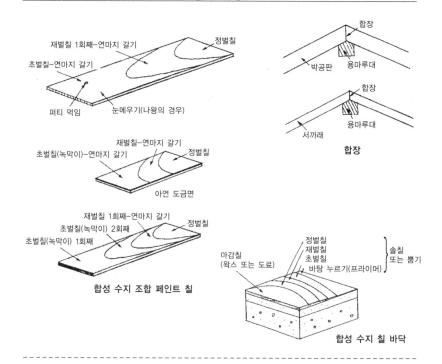

재벌칠 1회째-연마지 갈기
초벌칠-연마지 갈기
정벌칠
퍼티 먹임
눈메우기(나왕의 경우)

합장
박공판 용마루대

합장
용마루대
서까래
합장

재벌칠-연마지 갈기
초벌칠(녹막이)-연마지 갈기
정벌칠
아연 도금면

재벌칠 1회째-연마지 갈기
초벌칠(녹막이) 2회째
초벌칠(녹막이) 1회째
정벌칠
합성 수지 조합 페인트 칠

마감칠
(왁스 또는 도료)
정벌칠
재벌칠
초벌칠
바탕 누르기(프라이머)
솔칠
또는 뿜기
합성 수지 칠 바닥

일반 건축용과 도장 간격이 긴 대형 강구조물(鋼構造物)에 칠하는 것이 있으며, 건조가 빨라 마무리가 아름답다.

합성 수지 칠 바닥 : 모르타르 바르기, 콘크리트 등의 바탕 면에 합성 수지, 합성 고무, 골재를 주원료로 한 합성 수지 모르타르 및 다듬질용 착색 합성 수지를 흙손 바르기, 솔칠, 뿜기 등에 의하여 마무리하는 것. 먼지나 미끄럼 방지, 방음성(防音性), 탄력성(彈力性), 내수성(耐水性), 내약품성(耐藥品性) 등을 목적으로 하는 바닥 마감질을 말한다.

합장 : 박공판이나 서까래 등을 용마루 부분에서 맞대는 것으로, 손을 모아서 절하는 듯한 모양을 하고 있다.

합장보(合掌梁 : '人'자보) : 양식 지붕 구조

의 한 부재로 중도리를 받치는 경사진 재료이다. 역학적으로는 굽힘 및 압축력에 저항한다.

합판 붙이기(合板－) : 표면에 프린트(print), 단판 붙임 등의 치장을 한 합판을 못, 당김쇠, 접착제 등으로 벽, 천장 등에 붙이는 마감질.

합판 패널 공법(plywood panel method) : 거푸집 공법으로, 내수성 합판의 뒷면에 띠장 또는 강제의 틀을 부착시킨 패널을 철물로 조립한다.

해머(hammer) : 충격이나 타격을 가하는 공구, 손해머(hand hammer)로서는 쇠망치, 쇠메, 나무메가 있고 기계 해머(machine hammer)로서는 말뚝 박기용 드롭해머(drop hammer), 스팀 해머

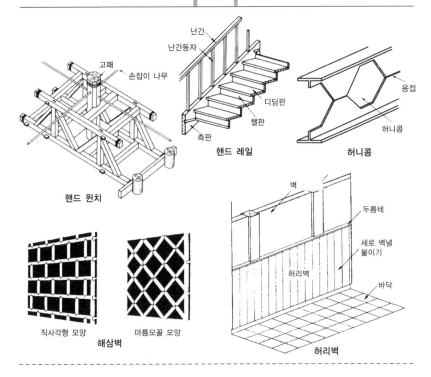

핸드 윈치

난간
난간동자
고패
손잡이 나무
디딤판
챌판
측판
핸드 레일

용접
허니콤
허니콤

직사각형 모양
마름모꼴 모양
해삼벽

벽
두름테
세로 벽널 붙이기
허리벽
바닥
허리벽

(steam hammer), 철골용으로서는 리벳 해머(rivet hammer), 스케일링 해머(scaling hammer) 등이 있다.

해머 그래브(hammer grab) : 베노토 공법 등에 사용하는 케이싱 튜브(casing tube)를 흙속에 압입하였을 때, 튜브 속의 토사를 굴삭하는 기계.

해삼 반죽 : 흙벽돌 외벽에 기와붙이 벽의 줄눈에 발라 반원형의 해삼 모양으로 돌아 오르게 회반죽을 바른 것.

해삼벽 : 그림 참조.

해체(解體) : 건물을 수리하거나 개축하기 위해 손상을 주지 않도록 분해하거나 헐어내는 것으로, 해체 수리나 해체 개축 등에 이용된다.

해트형강 : 경량형강

핸드 레일(hand rail) : 난간.

핸드 보링(hand boring) : → 탐사봉(探査棒)

핸드 실드(hand shield) : 아크용접(arc welding)을 할 때, 작업자의 안면을 보호하기 위하여 손에 쥐고 사용하는 가면.

핸드 윈치(hand winch) : 수동 윈치.

행어 레일(hanger rail) : 현수창(懸垂窓)의 상단에 부착되어 현수창 바퀴와 도어 행어(door hanger)를 지지하여 현수창을 소정의 선상에 가동시키는 레일.

허니콤(honeycomb) : 그림 참조.

허리 걸이 사모턱 주먹장 이음 : 사모턱 주먹장 이음 p.112 참조.

허리굽은지붕 : → 맨사드(mansard) 지붕

허리 문살 : → 띠장

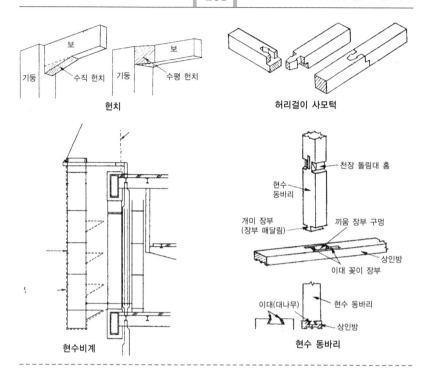

보 / 기둥 / 수직 헌치 / 기둥 / 수평 헌치

헌치

허리걸이 사모턱

천장 돌림대 홈

현수 동바리

개미 장부 (장부 매달림)

끼움 장부 구멍

상인방

이대 꽂이 장부

이대(대나무)

현수 동바리

상인방

현수비계

현수 동바리

허리벽 : 바닥면에서 1~2m 정도 높이까지의 벽을 일반적인 벽과 구별하여 부르는 말이다. 또, 허리 높이 창문 아래에 있는 벽을 말하기도 한다.

헤어 이음 : 목재를 축 방향으로 이음하는 것으로, 밑동과 밑동을 잇는 것. 그리고 마구리와 마구리를 잇는 것을 '모여이음'이라 한다. → 모아 이음

헬리컬 오거(helical auger) : 나선상(螺旋狀)의 송곳으로, 원통형의 관내에 나선상의 송곳을 넣고, 이것을 회전시키면서 천공(穿孔)하는 보링 기계.

헬멧(helmet) : 현장 내에서 낙하물(落下物) 등으로부터 머리부를 보호하기 위해 착용하는 모자로, '안전모(安全帽)'라고도 한다.

현수 동바리 : 그림 참조.

현수 비계 : 위에 매달려 있는 비계로, 높은 건물의 외부 작업이나 가벼운 작업 등에 사용된다.

현수 선방 : 마룻귀틀, 마루 기둥, 마루판을 사용하지 않은 간이형 도꼬노마 형식으로, 벽면보다 앞쪽으로 천장에서 달대공을 달아, 여기에 부재를 내려붙이고 작은 벽이 설치된 것이다. '벽 선반'이라고도 한다.

현수 솔기 : → 매달개

현수 철물(懸垂鐵物) : 덕트나 관(管)을 천장 뒤쪽이나 마루 아래 등에 배치하는 경우에 사용되는 현수 볼트 고정용 철물.

현수형 조명 기구(懸垂形照明器具) : 천장에서 코드 혹은 철사, 사슬, 파이프 등으로 조명 기구 본체를 매다는 형식, 구조를 갖는 조명 기구.

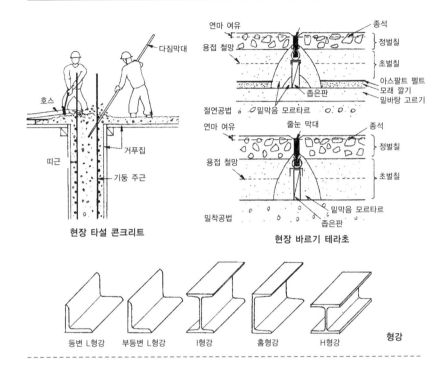

현장 타설 콘크리트

현장 바르기 테라초

형강

등변 L형강　부등변 L형강　I형강　홈형강　H형강

현장(現場) : 공장 내의 작업장 또는 건설 공사 중인 시공 장소.

현장 바르기 테라초(—terrazzo) : 보강 철물을 깔고 모르타르를 밑바르기 한 다음에 대리석의 쇄석 알갱이를 첨가한 모르타르를 위에 바른다. 그리고 굳힌 뒤에 연마하고 광내기를 하여 대리석(代理石)과 비슷하게 마감하는 것으로, '현장 테라초'라고도 한다.

현장 붙이기 : → 기준틀

현장 사무소(現場事務所) : 착공(着工)에서 완공(完工)까지의 공사 관리를 하기 위해 시공 현장에 설치하는 임시 사무소.

현장 설명(—說明) : 가설 공사에 앞서 입찰 업자 또는 청부업자에게 건설 부지의 상황, 시공방침 등을 현장에서 설명하는 일.

보통 건축주로부터 위촉된 설계자나 공사 감리자가 한다.

현장 일지(—日誌) : 건설 현장 사무소에 비치하여 매일의 공사 상황을 기록하는 일. 공사 일지는 이후에 공사 진행 방법의 근거가 되므로 하루도 빠뜨리지 않고 정확히 기록한다.

현장치기 콘크리트 말뚝 : 현장에서 땅속에 조성하는 콘크리트 말뚝으로 원통관을 박아, 그 속에 콘크리트를 부으면서 관을 뽑아 말뚝을 만든다. 굴착한 구멍에 콘크리트를 부어넣어 말뚝을 만드는 것도 있다. → 페디스틸 말뚝(pedestal pile)

현장 타설 콘크리트 : 현장에서 거푸집 속에 비벼 넣어 시공하는 콘크리트.

현장 테라초(—terrazzo) : 현장 바르기 테

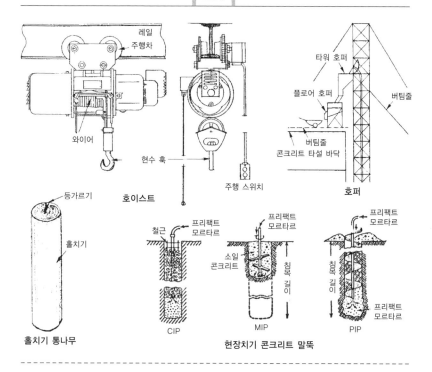

등가르기 호이스트

레일
주행차

와이어

현수 훅

주행 스위치

타워 호퍼

플로어 호퍼

버팀줄

버팀줄
콘크리트 타설 바닥

호퍼

홀치기

홀치기 통나무

철근

프리팩트
모르타르

소일
콘크리트

프리팩트
모르타르

침목 길이

프리팩트
모르타르

침목 길이

프리팩트
모르타르

CIP

MIP

PIP

현장치기 콘크리트 말뚝

라초(terrazzo).

현장 파기 : → 줄기초 파기

형강(shaped steel) : L형, I형, H형 등의 특정한 단면 형상을 갖는 것으로 열간 압연된 철골 구조용 강재.

호박돌 : 안산암(安山岩)이나 화강암 등의 지름 15~30cm 정도의 둥근 돌로, 기초돌, 마루돌, 깔돌이나 목조의 동바리돌 등에 사용한다.

호이스트(hoist) : 전동 모터(motor)와 와이어 로프(wire rope)의 드럼이 조합되어 레일을 주행하는 형식의 윈치.

호퍼(hopper) : 콘크리트, 골재(aggregate), 시멘트 등을 치거나 현장 부근에 일시적으로 쌓아 두고, 필요할 때 유출(流出)하기 위한 깔대기 모양의 장치.

혹두기(pitching) : 쌓을 돌의 표면 가공 다듬질의 일종. 채석한 자연석의 표면의 불균일한 부분을 쇠망치로 두들겨 떼어내는 정도의 다듬질을 한다. 맞춤 부분은 잔다듬으로 마무리하며, 혹의 크기에 따라 큰 혹두기, 중혹두기, 작은 혹두기가 있다.

혼련 시간(混練 時間) : 시멘트, 물, 골재, 혼화재 등을 혼합하여 콘크리트나 모르타르를 균일하게 만들기 위한 시간.

혼치(haunch) : 보 끝부분에서 모멘트나 전단력(剪斷力)에 대한 강도를 증가시키기 위해 단면을 중앙부보다 크게 한 것.

홀치기 통나무 : 마루기둥 등에 사용하는 통나무재로 나무껍질을 벗긴 표피(表皮) 부분에 세로 주름을 접은 통나무로, 삼나무 재료가 많고 천연적인 것과 인공적인 것

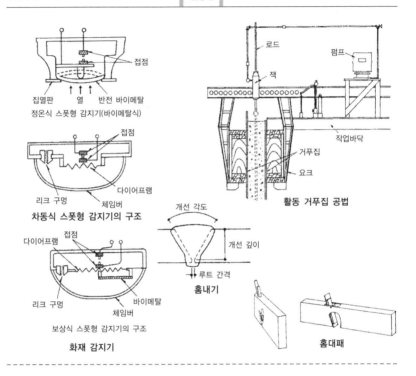

정온식 스풋형 감지기(바이메탈식)

차동식 스풋형 감지기의 구조

보상식 스풋형 감지기의 구조

화재 감지기

홈내기

활동 거푸집 공법

홈대패

두 가지가 있다.

홈갓테 : 문지방이나 상인방 홈통의 갓테를 말한다. → 붙임 홈테

홈내기 : 용접하는 접합부의 홈 가공을 말하며, '그루브(Groove)'라고도 한다.

홈대 : 문이 잘 열리고 닫히고마찰을 줄이기 위해 문지방 홈에 심는 단단한 나무막대.

홈대패 : 문지방, 상인방 등에 홈을 깎을 때 사용하는 대패로, 대팻날과 대가 홈의 너비에 맞추어 가늘게 되어 있다.

홈 없는 인방 : 상인방과 같은 위치에 부착되는 부재로, 홈이 파여 있지 않은 창호용 인방이다. 여닫이문의 개구부(開口部)에 부착되어 있는 상부재(上部材).

홈통 : 지붕에서 떨어지는 빗물을 받아 지상의 배수구 또는 배수관으로 흐르게 하는 부재

로, 처마 홈통, 세로 홈통, 골 홈통, 가새 홈통, 유도 홈통, 깔대기 홈통 등이 있다.

홈통 고정쇠 : 세로 홈통을 벽에 고정시키는 쇠붙이. → 홈통

홈통 받침쇠 : 처마 홈통의 받침쇠로, 세로 홈통의 고정쇠 등을 말한다. 처마 홈통의 몸통 받침쇠는 처마끝의 구조에 따라 여러 가지 모양이 있다.

홈통 쪽붙임 : → 오늬쪽붙임

홈형강 : → C형강(形鋼). 채널(channel)

홍예보 : 모임용마루 등의 지붕틀 구조로, 추녀목을 받치는 지붕 대공을 세우기 위해 합각보 및 지붕보 사이에 가설하는 보.

화재 감지기(火災感知機) : 화재의 발생을 신속히 감지하여 경보하는 장치. 화재를 자동적으로 감지하는 감지기와 발신기, 화재

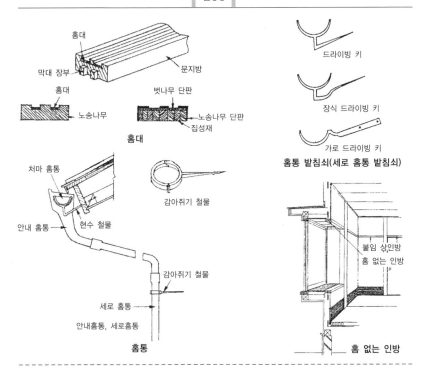

홈대

막대 장부
홈대
문지방
벗나무 단판
노송나무
노송나무 단판
집성재

홈대

드라이빙 키

장식 드라이빙 키

가로 드라이빙 키

홈통 받침쇠(세로 홈통 받침쇠)

처마 홈통
감아쥐기 철물
안내 홈통
현수 철물
감아쥐기 철물
세로 홈통
안내홈통, 세로홈통

홈통

붙임 상인방
홈 없는 인방

홈 없는 인방

장소를 표시하는 수신 장치와 벨 등의 경보 장치로 구성된다. 감지기에는 정온식, 차동식, 보상식, 그밖에 연기 감지기가 있다. 또 소방 기관으로 통보하는 장비로서는 화재 탐지기나 비상 통보기 등이 있다.

확인 신청서(確認申請書) : 건축 기준법에 규정되어 있는 신청서.

확인 통지서(確認通知書) : 확인 신청서를 심사하여 부지, 구조 및 건축설비에 관한 규정에 적합한 것을 확인하고 나서 건축 담당자로부터 해당 신청자(건축주)에게 통지된다.

환기(換氣) : 사람이나 기물에 의해 오염된 공기를 신선한 바깥 공이와 바꾸어 공급하는 일. 환기에는 자연 환기와 기계 환기가 있고, 기계 환기는 송풍기, 배풍기에 의해 이루어진다. 또 이들의 조합에 따라 제1종, 제2종, 제3종 환기 방식으로 구분된다.

활동 거푸집 공법(滑動―) : 경화된 부분의 거푸집을 차례로 위로 이동시키면서 콘크리트를 비벼 넣는 공법. → 슬라이딩 폼 공법(sliding form method)

회로(回路) : 전류가 흐르는 통로(通路)로, 배선을 말한다.

회반죽 : → 시멘트 페이스트

회반죽 걸기 : 기와지붕 등에 사용하는 빗물막이 회반죽. 기와 부분의 틈새, 지붕과 벽이 만나는 부분 등에 발라 넣어 빗물의 침입을 막는다.

회반죽 다듬기 : 토방 다듬질로, 다진 흙에 소석회를 섞어서 물이나 염수(鹽水)로 이긴 것을 발라 도드락다듬기로 단단하게 다

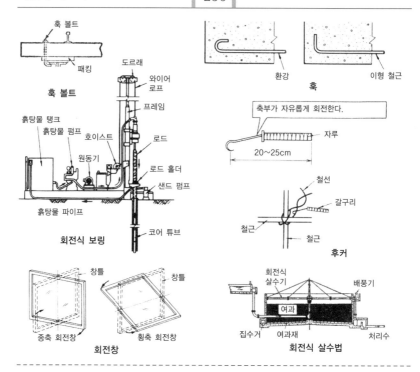

훅 볼트

회전식 보링

훅

후커

회전창

회전식 살수법

지는 일. '도드락다듬기'라고도 한다.

회반죽 바르기 : 소석회, 모래, 풀, 여물을 주재료로 하여 만든 회반죽을 벽에 바르는 일로, 풀만으로 비비는 참반죽, 물도 섞는 진반죽이 있다. 참반죽은 강도가 있어 흙집 등의 외벽에 사용하고, 진반죽은 실내 벽 등에 사용한다.

회전 버킷 : 회전식 드릴링 버킷이라고 한다. 콘크리트를 타설하여 말뚝을 형성하는 굴착공사에 사용한다.

회전식 보링 : 지반 조사의 하나. 굴착용 공구를 회전시켜 지중에 구멍을 뚫고, 흙을 시굴 하여 지층의 각 깊이의 시료 채취, 표준 관입 시험 및 지하 수위의 측정도 한다.

회전식 살수법 : 살수 여상법(撒水濾床法)의 방법 중 하나. 원형 여상의 중앙에 하수의 배급관을 수직으로 세우고 여기에 2개 또는 4개의 수평 분기관을 붙여 관의 노즐로부터 분사되는 하수의 반동으로 분기관을 회전시키면서 살수하는 방법. 회전 동력으로서는 분기관 내의 압력수로 수차를 돌리고 그 축에 바퀴를 붙여 여상 주위의 원형 레일 위를 주행하게 하거나 전동력을 이용하는 방법이 있다.

회전창(回轉窓) : 문의 중앙을 회전축으로 하여 문을 회전함으로써 개폐하는 창. 횡축 회전창과 종축 회전창이 있다.

회전 펌프(回轉—) : 압출형 펌프로 피스톤 작용을 하는 부분이 회전운동을 하고, 밸브 없이 작용하는 것을 말한다. 날개형의 윙 펌프, 기어형의 기어 펌프 등이 있다.

횡보강재(橫補剛材) : 기둥이나 보의 횡좌굴

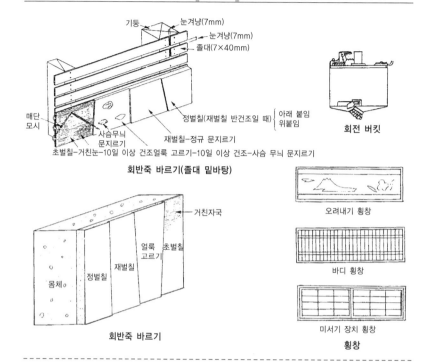

기둥 눈겨냥(7mm)
눈겨냥(7mm)
졸대(7×40mm)

매단
모시
정벌칠(재벌칠 반건조일 때) { 아래 붙임 / 위붙임
사슴무늬
문지르기
재벌칠-정규 문지르기
초벌칠-거친눈-10일 이상 건조얼룩 고르기-10일 이상 건조-사슴 무늬 문지르기

회반죽 바르기(졸대 밑바탕)

회전 버킷

거친자국

오려내기 횡창

몸체
정벌칠
재벌칠
얼룩 초벌칠
고르기

바디 횡창

회반죽 바르기

미서기 장치 횡창

횡창

을 방지할 목적으로 축에 직교하는 방향으로 설치하는 보강재. 띠장이나 작은보에 설치하는 경우가 많다.

횡창(橫窓) : 건물 외주 창호의 상부 또는 옥내의 천장과 상인방 사이에 설치되는 개구부(開口部)를 말하며, 외주부는 유리창이 끼워지지만 옥내 횡창에는 격자문, 장지문, 판 또는 음각(透彫)이나 양각(浮刻) 등의 조각물(彫刻物)이 사용된다.

후커(hooker) : 철근을 결속선으로 결속할 때 사용하는 공구로, '결속구(結束具)', '갈고리'라고도 한다.

후프(hoop) : → 띠근(帶筋). 기둥의 주근을 수평면에서 서로 연결하여 압축력에 의해서 주근이 밖으로 나오는 것을 방지하여 기둥의 압축 강도를 증대시키고, 또는 전

단 보강을 하는 철근.

훅(hook) : 철근 콘크리트 속의 철근의 정착을 좋게 하기 위하여 철근의 끝을 갈고리 모양으로 구부린 부분.

훅 볼트(hook bolt) : 볼트(bolt)의 선단이 갈고리 모양으로 구부러져 있는 것을 말하며, 파형 슬레이트(slate) 등을 철골(鐵骨) 중도리에 직접 지붕이기 할 때 사용된다

휜 지붕 : → 욱은 지붕(warping roof)

휴미디스탯(humidistat) : 실내의 습도를 제어하기 위한 습도 감지기.

흄관(hume pipe) : 원심력 철근 콘크리트 관을 말하는 것으로, 상하수도관(上下水道管) 등 커다란 관 지름을 필요로 하는 배관용(配管用)으로 사용된다.

흔들막이 : 부재의 흔들림을 방지하기 위한

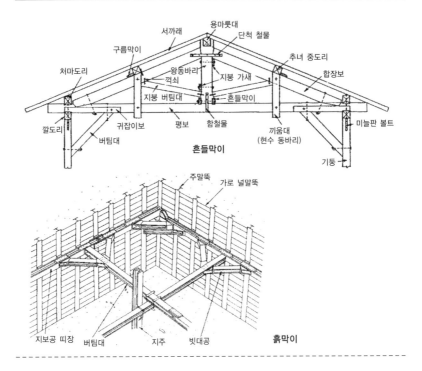

처마도리 / 서까래 / 구름막이 / 용마룻대 / 단척 철물 / 왕동바라 / 지붕 가새 / 추녀 중도리 / 합장보 / 꺽쇠 / 지붕 버팀대 / 흔들막이 / 깔도리 / 버팀대 / 귀잡이보 / 평보 / 함철물 / 끼움대 (현수 동바리) / 미늘판 볼트 / 기둥 / **흔들막이**

주말뚝 / 가로 널말뚝 / 지보공 띠장 / 버팀대 / 지주 / 빗대공 / **흙막이**

연결재로, 합장지붕틀 구조 등의 왕대공을 서로 연결하는 부재. '가새'라고도 한다.

흙막이 : → 산막이

흙막이 펠대 : → 흙막이 나무

흙막이 나무 : 기와 지붕에 흙을 사용하는 경우, 흙이 미끄러져 내리는 것을 막기 위해 붙이는 띠장 나무. '흙막이 띠장', '흙막이 펠대'라고도 한다.

흙막이 오픈컷 : 오픈컷

흙바르기 : 기와 지붕 이기를 할 때, 기와 밑에 점토를 발라 넣는 일.

흙받이 : 비벼 섞은 미장 재료를 알맞게 얹어 일하는 널빤지로, 이 널빤지 위에서 다시 비비거나 바를 때 흘리는 것을 받는다.

흙손 : 미장재료를 바르거나 다듬질하는 데 사용되는 도구. 철제의 흙손, 목제의 나무 흙손, 플라스틱 흙손이 있다. 자루를 다는 장소가 흙손판의 중앙에 있는 것을 중목 흙손, 흙손판의 끝 부분에 있는 것을 원목 흙손, 그밖에 학목 흙손 등으로 구별하며, 용도에 따라서 여러 가지 형상의 흙손이 있다.

흙손 고르기 : 주로 콘크리트의 표면을 흙손으로 평평하게 고르는 일.

흙손 누르기 : 이미 바른 재료를 흙손으로 누르는 일로, 이것에 의해 반죽을 표면으로 떠오르게 한다.

흙손 다듬질 : 표면을 흙손으로 골라서 다듬는 것으로, 쇠흙손으로는 평활하게, 나무 흙손으로는 거친 면을 다듬질한다.

흙손닦기 : 흙손으로 누른 다음 다시 몇 번이고 쇠흙손으로 쓸어 올려 표면을 반들반들

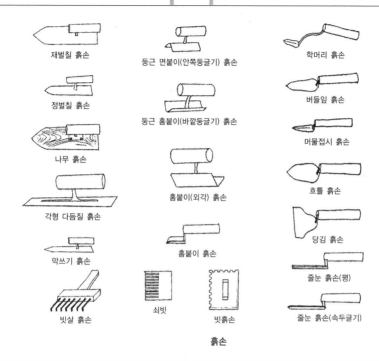

재벌칠 흙손

둥근 면붙이(안쪽둥글기) 흙손

학머리 흙손

정벌칠 흙손

버들잎 흙손

둥근 홈붙이(바깥둥글기) 흙손

머물접시 흙손

나무 흙손

각형 다듬질 흙손

홈붙이(외각) 흙손

흐틀 흙손

막쓰기 흙손

홈붙이 흙손

당김 흙손

쇠빗

줄눈 흙손(평)

빗살 흙손

빗흙손

줄눈 흙손(속두글기)

흙손

하게 다듬어내는 일.

흙탕물 : 보링(boring)을 할 때 로드(rod) 속에서 선단 쪽으로 흐르는 순환수로, 구멍벽이 무너지는 것을 막거나 슬라임(slime : 진흙)의 배제를 쉽게 하고, 비트(bit)나 코어 튜브(core tube), 크라운(crown)의 마모를 방지한다. 양질의 점토 또는 벤토나이트(bentonite)를 물에 풀어서 만든다.

흙탕물 공법 : 세로 말뚝이나 대구경의 장소에 박는 말뚝 구멍을 굴착 할 때, 벤토나이트(bentonite)액 등과 같은 비중이 높은 용액을 채워서 굴착면의 붕괴를 방지하는 공법.

홈집 : → 정크

흡수 방지(吸水防止) : 노송나무, 소나무, 삼

나무 등 부재의 흡습성 때문에 얼룩이 생기는 바탕의 경우에 착색에 의한 색 얼룩을 방지하기 위해 미리 흡수방지제를 솔칠이나 뿜기로 바른다.

흡수 정도(吸水程度) : 발라 붙인 재료가 수분을 잃음으로써 발생하는 흡수성의 정도 또는 단단해진 정도를 말한다.

흡입구(吸入口) : 환기 및 공기 조화용 덕트(duct)에 있어서 오염 공기의 흡입구로, 펀칭 메탈(punching metal)이나 면격자(面格子) 등이 사용된다. 복도가 환기 덕트로 이용될 때는 복도에 면한 문에 통기구 등을 설치한다.

흡착 주먹장 장선 : → 주먹장 장선

힘받이 펠대 : → 큰 펠대

영어 찾아보기

건축 공사 현장 속어

※ 이 용어들은 일본어로 가급적 사용하지 말아야 하지만 아직도 건설 현장에서는
  자주 사용이 되고 있으므로 참고자료로 게재합니다.

[ㄱ]

가가도(踵) 굽
가가미(鏡) 거울
가가미이다(鏡板) 경판, 통널판
가구라상(神樂棧) 윈치(手動)
가구멩(角面) 모난면
가구야(家具屋) 가구점(공)
가기(鍵) 열쇠
가기(鉤) 갈구리(철근 결속용), 훅
가기보루또(鉤ボルト) 갈고리 볼트·훅 볼트
가께도이(掛桶) 가설 홈통
가께모찌(掛持ち) 겹치기, 겹침
가께야(掛矢) 목제 해머, 나무메
가께야이다(掛矢板) 판자깔기
가께우찌(欠打ち) 십자(十)맞춤
가께이레(欠人ち) 십자(十)맞춤
가께이시끼미끼사(可傾式ミキサ-)
  가경식 믹서
가께하라이(掛拂い) 설치와 철거(비계)
가꼬이(圍) 울타리, 담
가꾸(角) 각재(角材)
가꾸(核) 심판(芯板)
가꾸고오(角鋼) 각강

가꾸고오조오(殼構造) 셸 구조
가꾸다시 도내기칼
가꾸데쓰보오(角鐵棒) 각철봉
가꾸목(角木) 각목
가꾸바시라(角柱) 네모기둥
가꾸부찌(額緣) 문얼굴, 문꼴선
가꾸빠이쁘(角パイプ) 각파이프
각꾸시하이깡(隱配管) 묻힘배관
가꾸아시(角足) 모난다리
가꾸야(家具屋) 가구점·가구방
가꾸오도시(角落) 물빈지
가꾸이다(角板) 각널
가꾸이레(額入れ) 틀끼움
가꾸이시(角石) 각석
가꾸자이(角材) 각재
가꾸항(攪拌) 교반, 비빔
가끼(垣) 담, 울타리
가끼나라시(搔均し) 긁어 고르기
가끼다시(搔出し) 긁어내기
가끼오도시시아게(搔落し仕上げ)
  줄긋기 곰보 마무리(미장공사)
가나고데(鐵こて) 쇠흙손
가나구(金具) 쇠장식, 철물
가나데꼬(金挺子) 못빼기

가나메이시(要石) 키스톤, 이맛돌

가나모노(金物) 철물

가나바까리즈(かなばかり圖, 矩計圖) 단면
　상세도

가나시끼(金敷ぎ) 모루, 철침(鐵砧)

가나즈찌(金槌) 쇠메

가네가다(金型) 금형

가네고오바이(矩勾配) 45° 의 경사

가네기리(のこ, 鋸) 쇠톱

가네샤꾸 곡척(曲尺), 곡자

가네쯔메(金詰) 곡철근(끝)

가네아이(兼合) 균형

가다(型) 틀, 본, 꼴

가다고오바리(形鋼梁) 형강보

가다기리(片切り) 외쪽깎기

가다나가레야네(片流屋根) 외쪽지붕

가다네리(硬練り) 된비빔

가다도리(型取り) 본뜨기

가다로꾸(型錄) 카탈로그

가다모리(片盛り) 외쪽 돋기

가다모찌바리(片特梁) 캔틸레버

가다아시바(片足場) 외줄비계

가다와구(型枠) 거푸집

가다와구이다(型枠板) 거푸집널

가다이다(型板) 본판(本板)

가도(角) 모서리

가도가네(角金) 모서리쇠, 코너 비드

가도메(假止め) 예비고정

가라(柄) 무늬

가라(殼) 부스러기(돌·벽돌)

가라구사(唐草) 당초무늬

가라네리(空練り) 건비빔

가라도(唐戶) 양판문

가라리(がらり) 루버

가라리마도(がらり窓) 루버, 미늘창

가라스(ガラス) 유리

가라스구찌(烏口) 오구

가라쯔미(空積み) 메쌓기, 건성쌓기

가랑(karan) 수도(가스管) 꼭지

가루꼬(輕籠) 목도

가리가꼬이(假圍い) 가설 울타리

가리고야(假小屋) 헛간, 헛일간

가리보루또(假ボルト) 가보울트

가리세이산(假淸算) 가청산

가리시메(假締め) 임시 조이기

가리시메끼리(假締切り) 임시 물막이

가리요오세쯔(假溶接) 가용접

가리지끼(假敷き) 임시깔기

가리찌꾸도오(假築島) 가축도

가마(釜) 솥

가마가에(窯變え) 도기질(陶器質)

가마도 아궁이

가마바(釜場) (배수용)웅덩이

가마보꼬야네(蒲鉾屋根)
　콘셋형 지붕, 궁륭

가마쯔끼(鎌繼ぎ)
　사모턱 주먹장 이음

가마찌(かまち) 마룻귀틀, 울거미

가모이(鴨居) 문미, 상인방

가미아와세바리(嚙合梁) 합성보

가미이다(紙板) 지형
가미장(上棧) 상인방(윗인방)
가바나(ガバナ－) 가버너
가베(壁) 벽
가베시다기소(壁下基礎)
　　연속 기초, 줄기초
가베싱(壁心) 벽심
가베지리(壁尻) 벽쩸
가부끼(冠木) 상인방
가부리아쯔사(被厚さ) 피복두께
가사(嵩) 부피, 둑
가사(笠) 전등갓
가사기(笠木) 두겁대, 상인방
가사네보소(重ねばぞ) 쌍턱장부
가사네쯔기데(重ね繼手) 겹이음
가사아게(嵩上げ) 둑돋기
가사이시(笠石) 갓돌
가사쯔리(傘釣り) 낙하물 방지
가산바이(火山灰) 화산재
가세쓰가끼(假設垣) 가설울(담)
가세와리(加背割り) 단면 나누기
　　(假設工事)
가스(滓) 레이턴스
가스가이(かすがい) 꺾쇠, 거멀장
가스레(掠れ) 긁힘
가시라누끼(頭貫) 도리
가시메(絞締) 죄기, 눈죽이기
거애루마다(かえるまた) 대접받침
　　(화반 : 花槃), 두공
가에리(反り) 혹(천공, 용접), 휨

가에리깡(返り管) 반송관
가에지(換地) 환지, 환토
가와라보오(瓦棒) 기와가락
가와스나(川砂) 강모래
가와쟈리(川砂利) 강자갈
가이기(飼木) 굄목, 받침목
가이깡(碍管) 애관
가이꼬미(飼込み) 개구부
가이당(階段) 계단
가이당우께바리(階段受梁) 계단보
가이뗑가나모노(回轉金物) 회전 철물
가이라(가쯔라 : 柱) 달개지붕, 고리쇠
가이료오공구리이도(改良コンクリート)
　　경량 콘크리트
가이모노(飼物) 받침(관)
가이시(碍子) 애자, 뚱단지
가이이다(飼板) 굄판, 받침팜
가이이시(飼石) 괴임돌
가이쯔게(飼付け) 피티받침
가이쿠사비(飼楔) 굄쐐기
가자리고오지(飼り工事) 판금공사
가자아이(風合い) 변질, 풍화, 마모
가제요께(風除け) 방풍, 바람막이
가지야(鍛冶屋) 대장간, 쇠지렛대
가쿠데쓰보(角鐵棒) 각철봉
가쿠코오(擴孔) 확공
간나(かんな) 대패
간누끼(かんぬき) 빗장, 장군목
간자시(かんざし) 촉, 쐐기, 비녀
간자시낀(かんぎし筋) 비녀장철근

간죠오(勘定) 지붕, 셈, 계산

간교오(丸桁) 처마도리

갓쇼오(合掌) ㅅ자보

갸꾸도메벤(逆止弁) 체크 밸브

갸다쯔(脚立) 접사다리, 발판, 말비계

갸다쯔아시바(脚立足場) 이동 비계

게가끼(けがき) 먹매김, 표하기

게꼬미(蹴込み) 챌면

게다(桁)도리

게다바꼬(下駄箱) 신장

게다바끼(下駄履) 상가 아파트

게다유끼(桁行) 도리간수

게닷빠(下駄齒) 불량 조적(벽돌쌓기)

게라바(けらば) 박공단

게라바가와라(けらば瓦) 박공단 내림새

게리이다(蹴板) 챌판

게비끼(け引き) 금쇠, 금매김

게쇼오메지(化粧目地) 치장줄눈

게쓰고오자이(結合材) 결합재

게아게(蹴上げ) 단높이(계단의)

게야(下屋) 부섭집

게야기(けやき) 느티나무

게이료오렝가(輕量れんが) 경량벽돌

게이료오마지키리(輕量間仕切り)
   경량 칸막이

게이샤(傾斜) 경사(土木), 물매(建築)

게즈리시로(削代) 마무리 두께

게지(gauge) 게이지

겐나와(削繩) 줄자

겐노오(げんのう) 쇠메, 해머

겐노오다다끼(げんのう叩き) 메다듬

겐노오바라이(げんのう拂) 메다듬

겐또오(見當) 짐작, 어림, 가늠

겐마끼(硏磨機) 연마기, 그라인더

겐바(現場) 현장

겐바우찌공구리구이(現場打ちコンクリート
杭) 제자리 콘크리트 말뚝

겐바하이고오(現場配合) 현장 배합

겐세이(牽制) 견제

겐승(現寸) 플사이즈, 원척

겐승이다(現寸板) 본뜨기판

겐승즈(現寸圖) 현치도

겐자오(間竿) 자막대

겐조오 통끼움

겐찌이시(間知石) 견치돌

겐찌이시쯔미(間知石積み) 견치돌 쌓기

겐페이리쯔(建蔽率) 건폐율

겜마(硏磨) 연마

겟소꾸셍(結束線) 결속선

겡깡(玄關) 현관

고가꾸(小角) 소각재(통칭)

고가에리(小返り) (처마도리) 구배

고가와라(木瓦) 너와

고게라부끼(こけら葺) 너와지붕

고게라이다(こけら板) 너와(판)

고구찌(小口) 마구리

고구찌쯔미(小口積み) 마구리쌓기

고까베(小壁) 실벽

고노미기리(小のみ切り) 잔정다듬

고다다끼(小叩き) 잔다듬

고단스(小箪笥) 작은 장, 장롱

고데(こて) 흙손, 납땜인두

고데가께(こて掛け) 흙손자국

고데미가끼(こて磨き) 쇠흙손 마무리

고데이다(こて板) 흙받이

고로(ころ) 산륜(散輪), 굴림대

고로비도메(轉び止) 굴름막이

고마까시(こまかし) 속임수

고마와리(小間割り) 짬

고마이(小舞·木舞) 외, 평고대

고마이가끼(小舞搔き) 외엮기

고마이가베(小舞壁) 외엮기 벽

고메보(込棒) 꽂을대

고미센(込栓) 산지

고미쇼리(ごみ處理) 쓰레기 처리

고바(木端) 지붕널, 너와

고바(小端) 옆면, 측면

고바다데(小端立て) 뾰족한 쪽을 아래로
　세운 잡석 지정

고바리(小梁) 작은 보

고방가라(碁盤柄) 바둑판 무늬

고부다시(こぶ出し) 혹두기

고시(腰) 징두리·허리

고시가께(腰掛) 턱맞춤, 턱끼움

고시나게시(腰長押) 중인방

고시누끼(腰貫) 중인방

고시야네(越屋根) 솟을지붕

고시와께(濾分) 걸름질, 체가름

고시하메(腰羽目) 징두리널

고쓰자이(骨材) 골재

고아나(小穴) 가는 홈

고야(小屋) 헛간, 가옥(假屋)

고야구미(小屋組) 지붕틀 구조

고야누끼(小屋貫) 대공꿸대

고야바리(小屋梁) 지붕보

고야스께 날메

고야즈까(小屋束) 지붕대공

고오구이(鋼杭) 강말뚝

고오까(硬化) 경화

고오깡시주(鋼管支柱) 강관 지주

고오깡아시바(鋼管足場) 강관 비계

고오나이(杭內) 갱내

고오데쓰깡(鋼鐵管) 강철관

고오데쓰구이(鋼鐵杭) 강철 말뚝

고오덴조오(格天井) 소란반자

고오라이시바(高麗芝) 금잔디

고오란(高欄) 난간

고오몽(坑門) 갱문

고오묘오당(光明丹) 광명단

고오바이(勾配) 물매, 경사

고오부찌(格緣)반자틀

고오사이멘(鑛さい綿) 슬래그 울

고오세끼(硬石) 경석

고오세이게다(合成桁) 합성보

고오세이바리(合成梁) 합성보

고오소꾸다꾸도(高速ダクト) 고층 라멘

고오시(格子) 격자

고오야이다(鋼矢板) 강널말뚝, 형강

고오자이가고오(鋼材加工) 강재 가공

고오죠오리벳도(工場リベット) 공장 리벳

고오죠오요오고오자이(構造用鋼材)
　구조용 강재

고오죠오요오세쓰(工場溶接) 공장 용접

고오테이(工程) 공정

고오테이효오(工程表) 공정표

고오항(合板) 합판

고와리(小割) 오림목

고와사(剛) 강성

고쯔자이(骨材) 골재

곤냐꾸노리(こんにゃく糊) 해초풀, 곤약풀

곤와자이료오(混和材料) 혼화재료

공고샤(金剛砂) 금강사

공고오(混合) 비비기, 혼합

공고오가랑(混合 kraan) 혼합꼭지

공고오부쯔(混合物) 혼합물

공구리(コンクリート) 콘크리트

공구리구이(コンクリート杭)
　콘크리트 말뚝

공구리우찌(コンクリート打ち)
　콘크리트 치기

공와자이(混和材) 혼화재

곤와자이(混和劑) 혼화제

교오게쓰(凝結) 응결

교오다이(橋台) 교대

교오도(强度) 강도

교오시다리(供試體) 공시체

구구리(結) 결속, 올무, 구(철근)

구기(釘) 못

구기우찌바리(釘打梁) 합성보

구다리가베(下壁) 내림벽

구다바시라(管柱) 평기둥

구데마(工手間) 공임(工賃), 품삯

구라인다(グラインダー)
　연마기, 회전지석

구랏샤(クラッシャー) 분쇄기, 쇄석기

구랑구(クランク) 크랭크

구레(くれ) 껍질박이, 산자널

구로(黑) 검정

구로깡(黑管) 흑관

구로뎃빵(黑鐵板) 흑철판

구루마(車) 수레, 자동차

구루미(胡挑) 호두나무

구루이(狂い) 변형, 뒤틀림

구리(くり) 개탕, 도려냄

구리가다(繰形) 쇠시리

구리이시(要石) 자갈, 모오리돌

구릿쁘(クリップ) 클립, 끼우기

구모가다죠오기(雲形定規) 곡선자

구미꼬(組子) 살, 엮은 문살

구미다데(組立) 조립(법)

구미다데기고오(組立記號) 조립 기호

구미다데아시바(組立足場) 틀(조립) 비계

구미데(組手) 조인트

구미뎅죠오(組天井) 소란(小欄) 반자

구미도리벤죠(汲取り便所) 수거식 변소

구미모노(組物) 공포(拱包), 두공(枓拱)

구사비(くさび) 쐐기

구시가다란마(櫛形欄間) 홍예교창

구시메(櫛目) 빗살자국(마무리)

구와이레(鍬入れ) 기공식, 첫삽질

구우게끼(空隙) 공극, 짬, 틈
구우깡쯔미(空間積み) 공간쌓기
구우게키(空隙) 빈틈, 공극
구우끼렝꼬오자이(空氣連行劑) AE제
구우끼케이손(空氣ケーソン) 공기 케이슨
구우끼함마(空氣ハンマー) 공기 해머
구우도오렝다(空洞れんが) 속빈 벽돌
구이(杭) 말뚝
구이신다시(杭心出し) 말뚝심내기
구이우찌(杭打ち(込み) 말뚝박기
구즈후(葛布) 갈포
구쯔(沓) 웰의 끝날
구쯔누기이시(沓脱石) 섬돌
구쯔이시(沓石) 동바리초석
구쯔즈리(沓摺) 문턱
구찌와끼(口脇) 처마보치기
굿사꾸기(掘鑿機) 굴착기
규우게쯔세멘토(急結セメント)
  급결 시멘트
규우게쯔자이(急結材) 급결재
규우고오자리(急硬材) 급경재
규우스이깡(給水管) 급수관
규우스이젠(給水栓) 급수전
기가다(木型) 목형
기고데(木こて) 나무흙손
기고로시(木殺し) 후리질, 다지기
기구찌(木口) 목질, 마구리
기까이네리(機械練り) 기계비빔
기꾸이지교오(木杭地業) 말뚝지정
기도리(木取り) 마름질, 제재

기도몽(木戸門) 일각대문
기레빠시(切れ端) 자투리
기레쯔(龜裂) 균열
기리(錐) 송곳
기리가계(板墻) 판장, 가리개
기리가끼(切欠き) 새김눈
기리구찌(切口) 단면
기리기자미(切刻み) 바심질
기리까에시(切返し) 되비비기
기리까에(切換え) 바꾸기
기리꼬(切子) 다이아몬드 무늬
기리꼬미(切込み) 항상골재
기리나게(切投げ) 떠맡기기
기리도리(切取り) 흙(땅)깎기
기리무네(切棟) 박공지붕
기리바(切羽) 굴착면, 채굴 현장
기리바리(切張り) 버팀대, 버팀목
기리시바(切芝) 줄떼
기리쓰게(切付け) 절삭 처리
기리이시(切石) 마름돌
기리이시쯔미(切石積み) 다듬돌쌓기
기리즈마(切妻) 박공(朴工)
기리즈마가베(切妻壁) 박공벽
기리즈마야네(切妻屋根) 뱃집지붕
기메(木目, 木理) 나뭇결
기무네 나사송곳
기소(基礎) 기초
기소고오지(基礎工事) 기초 공사
기소공구리(基礎)コンクリート
  기초 콘크리트

기소바리(基礎梁) 기초보

기시미(軋) 삐걱거리는 소리

기와네다(際根太) 갓장선

기와리(木割り) 목개 배분

기자하시(階) 섬돌, 층층, 계단

기쥬우기(起重機) 기중기, 크레인

기쥰뗑(基準点) 기준점

기쥰멘(基準面) 기준면

기즈(傷) 흠

기즈리(太摺) 졸대

기즈리가베(木摺壁) 졸대벽

기즈찌(木槌) 나무메(망치)

기지뎅(基地点) 기지점

기로공구리도(氣泡コンクリート)
　　기포 콘크리트

긴쪼오기(緊張器) 긴장기

깅께쓰자이(緊結材) 긴결재

(ㄴ)

나가다이간나(長臺かんな) 긴대패

나가테(長手) 길이(벽돌의)

나가데쓰미(長手積み) 길이쌓기

나가레(流れ) 물매(지붕)

나가레도이(流桶) 빗물받이

나가시(流し) 개수기

나가시다이(流臺) 싱크대, 개수대

나가호조(長ほぞ) 긴장부

나게루(投げる) 단념, 포기

나게시(長押) 중방, 돌림띠

나게야리(投遺) 도급주기, 만경타령

나고리(名殘り) 흔적

나구리(撲) 건목치기, 자귀다듬

나기즈라(なぎ面) 건목친면, 자귀다듬이면

나까가마찌(中かまち) 중간막이

나까게다(中桁) 계단멍에

나까고(中子) 목책(울짱) 기둥

나까누리(中塗) 재벌바름(미장)

나까마(中間) 6척1칸(尺間), 거간·시세

나까부세(中伏) 막힌줄눈

나까오시(中押) 불계(不計)

나까즈께(中付) 재벌칠(도장)

나까타치(中打) 속치기

나까히바다(中桶端) 안방턱

나나메(斜め) 사선(斜線)

나나메메지(斜目地) 비낀줄눈

나나메자이(斜材) 사재

나나쯔도구(七道具) 비결, 요체, 열쇠

나대기리(撫切り, 隅切り) 모따기

나라까시 떡갈나무

나라비(竝び) 줄, 나란히

나라시(均し) 고르기

나마꼬베이(生子塀) 흙벽돌 외벽에 기와를
　　붙인 벽

나마꼬이다(生子板) 골함석, 골판

나마리(鉛) 납

나마시(鈍) 소둔

나마콘 레미콘

나미(竝) 보통 2mm의 유리

나미가다(波形) 파형

나미끼(竝木) 가로수

나미나아루합판(ラミナール合板)
　치장 합판
나미상고(竝35)
　처마홈통(정척)
나미이다(波板) (대·소)골판
나오시(直し) 고침질, 수리
나오시시아게(直仕上げ) 表面마무리
나와바리(繩張り) 줄띄기, 줄쳐보기
나이교오(內業) 내업
라이깡(雷管) 뇌관
난네리(軟練り) 묽은비빔
난넨자이(難燃材) 난연재
난세끼(軟石) 연석
낫도(ナット) 너트
네가라미(根がらみ) 밑둥잡이
네가라미누끼(根がらみ貫) 밑둥잡이 펠대
네기리(根切り) 터파기
네꼬(猫) 굄목, 괴임재
네꼬구루마(猫車) 일륜차
네꼬아시바(猫足場) 낮은 비계
네다(根太) 장선(長線)
네다가께(根太掛け) 동귀틀, 장선받침
네다우게(根太受) 장선받이
네다유까(根太床) 단상(單床)
네다이다(根太板) 청널
네도로(寢泥) 묽은 비빔 모르타르
네리(練り) 비빔
네리가다(練方) 비비기
네리가에시(練返し) 되비비기
네리나오시(練直し) 거듭비비기

네리부네(練り舟) 비빔상자
네리쯔미(練積み) 찰쌓기
네리하꼬(練り箱) 비빔상자
네바리(粘り) 끈기, 찰기
네보리(根堀) 터파기
네쓰미(根積み) 기초쌓기
네야끼(根燒き) 그을음
네이레(根入れ) 밑둥묻힘깊이
네이시(根石) 밑(창)돌
네지(捻子) 나사
네지레(ねじれ) 뒤틀림, 꼬임
네지마와시(ねじ回し) 나사돌리개,
　드라이버
네쯔기(根繼ぎ) 밑이음
넨도(粘土) 점토, 진흙
노(도)가다(土方) 토공
노기스(ノギス) 버니어 캘리프스
노깡(土管) 토관
노꼬(のこ) 톱
노꼬기리(鋸) 톱
노꼬기리야네(鋸屋根) 톱날지붕
노꼬리(殘り) 나머지
노끼(軒) 처마, 차양
노끼게다(軒桁) 처마도리
노끼다까(軒高) 처마높이
노끼덴죠오(軒天井) 처마반자
노끼도이(軒桶) 처마홈통
노끼멘도(軒面戶) 수막새 틈
노끼바(軒端) 처마 끝
노끼사끼(軒先) 처마 끝

노로(灰水) 횟물, 시멘트 풀 반죽

노로비끼(灰引き) 횟물 먹이기

노리(法) 비탈, 사선

노리(海苔) 해초풀

노리(糊) 풀

노리가다(法肩) 비탈머리

노리까에(乘換え) 갈아타기

노리멘(法面) 비탈면

노리바께(糊刷手) 풀솔, 귀얄

노리비끼(糊引き) 시멘트 풀칠

노리시아게(法仕上げ) 비탈다듬기

노리아시(法足) 경사면 실길이

노리이리고오타이(乘入構臺) 반입 가대

　(搬入架臺)

노리즈라(法面) 비탈면

노리지리(法尻) 비탈끝

노모텐우찌(腦天打ち) 표면박기

노미(のみ) 끌, 정

노미구다리(のみ下り) 천공(穿孔)속도

노미끼리(のみ切り) 정다듬, 끌다듬

노바시(伸し) 늘이기

노보리산바시(登り棧橋)

　비계다리

노보리요도(登り淀) 오름평고대

노부찌(野緣) 반자틀(대)

노부찌우께(野緣受) 반자틀받이

노비(伸) 늘음

노이다(野板) 거친널

노이시(野石) 깬돌, 막돌

노이시쯔미(野石積み) 막돌쌓기

노즈라(野面) 제면, 거친면

노지(野地) 지붕널, 개판

노지이다(野地板) 산자널, 개판

놋뿌(ノップ) 손잡이, 노브 애자

누께부시(拔節) 옹이구멍

누끼(貫) 꿸대, 인방, 오리목

누끼가다와꾸(貫型枠) 무늬, 거푸집

누끼다이(拔臺) 깔판

누끼도리(拔取り) 발취

누노기소(布基礎) 줄기초

누노마루타(布丸太) 비계띠장목

누노보리(布堀) 줄기초파기

누노이다바리(布板張り) 널붙임(가로)

누노이시(布石) 토대석, 장대석

누노하메(布羽目) 미늘판벽

누레엔(乳濡緣) 툇마루

누리가에(塗替え) 재칠

누리다데(塗立) 갓칠함

누리덴죠(塗天井) 도장 처리 천장

누리무라(塗斑) 얼룩, 채

누리시다지(塗下地) 바름바탕

누리시로(塗代) 바름두께

누리지(塗地) 바름바탕

뉴우에끼(乳液) 유액, 에멀션

니게(逃げ) 여분(余分)

니고(닝고)(二五) 이오토막

니까와(膠) 아교, 갖풀

니다이(荷臺) 짐받이

니도리(荷取り) 물량확보

니라미(にらみ) 조화, 대칭, 대조

니마다(二又) 합장기중대

니마이(二枚) 두장두께 벽

니방(二番) 2번

니부(二分) 두푼

니스(ニス) 니스

니승(二寸) 두치

니오꼬시(荷起し) 땅띔

니오로시(荷下し) 짐부리기

니쥬우마와시(二重回し) 곱돌리기

니쥬우바리(二重張り) 겹바름

니쥬우마도(二重窓) 겹창, 이중창

니쥬우와꾸(二重枠) 이중 창틀

니즈꾸리(荷造) 짐싸기, 짐꾸리기

니혼(二本) 두 가닥

니혼꼬(2本子 · 二本溝) 상기둥, 네모틀

닝쿠(人工) 품, 소요 인원수

(ㄷ)

다가네(たがね) (金工用)정, 강철끌

다가야상(鐵刀木) 철도목

다까바메(高羽目) 징두정

다까사(高さ) 높이

다께와히(竹割り) 반달 타일

다께자꾸(竹尺) 대자

다꼬(たこ) 달구

다꼬쓰끼(たこ突き) 달구질

다끼바리(抱梁) 겹보

다끼아시바(抱足場) 겹비계, 겹띠장 비계

다나(棚) 선반, 비계발판

다나아게(棚上) 절삭토 올림

다니(谷) 지붕골

다니기리(谷切り) 모치기

다니도이(谷桶) 골 홈통

다다끼(叩き) 도드락 망치

다다끼(三和土) 회삼물바닥다짐

다데(縱 · 竪 · 立) 외줄비계, 세로

다데가다(建具) 창호(窓戸)

다데구가나모노(建具金物) 창호 철물

다데구고오지(建具工事) 창호 공사

다데구야(建具屋) 창호공

다데꼬오(竪坑 · 縱坑) 수직 갱도, 곧을 쌤

다데나오시(建直し) 개축, 재건

다데도이(建桶) 선 홈통

다데마시(建增し) 증축(增築)

다데마에(建前) 상량식, 조립

다데메지(縱目地) 세로줄눈

다데미즈(縱水) 수직선

다데보오(縱棒) 세움대

다데와꾸(縱枠) 선틀

다데우리(建賣り) 집장사

다데이레(建入れ) 세우기

다데잔(竪棧) 세로살, 장살

다데지(建地) 비계기둥, 앵커

다데쯔보(建坪) 건평

다레(垂れ) 비체문(鼻涕紋) 흘림, 드리움

다루끼(垂木) 서까래, 연목

다루끼가께(たる木掛け) 서까래나누기

다루끼가다(たる木形) 박공널(챙)

다루끼와리(たる木割り) 서까래나누기

다루마스이찌(たるまスイッチ)

애자 개폐기

다마(玉) 구슬

다마모꾸(玉目) 미려한 나뭇결

다마부찌(玉緣) 구슬테

다마이시(玉石) 호박돌

다마쟈리(玉砂利) 밤자갈

다메마스(溜升) 수채통

다메시고도(駄目仕事) 미완성부분 마무리

다보(だぼ) 꽂임(촉)

다스끼(たすき) ① 가새, 사새 ② 비계긴결

다와미(たわみ) 휨, 변형

다이(臺) 대, 받침대

다이까렝가(耐火れんが) 내화벽돌

다이꼬바리(太鼓張り) 양편붙이기(벽)

다이꼬오도시(太鼓落し) 목수, 도편수

다이도꼬로(臺所) 주방, 부엌

다이루(タイル) 타일

다이루고오지(タイル工事) 타일 공사

다이벵끼(大便器) 대변기

다이야루(ダイヤル) 다이얼

다이와(臺輪) 가로재, 평방

다이즈까(對束) 퀸 포스트, 쌍대공

다찌아가리(立上り) 치올림

단깡아시바(單管足場) 단관비계

단다이간나(短臺かんな) 짧은 대패

단도리(段取り) 채비, 순서

단멘즈(斷面圖) 단면도

단바나(段鼻) 계단코

단바시고(段梯) (계단식)사다리

단보오후까(暖房負荷) 난방부하

단뽀누리(たんぼ塗) 솜방망이칠

단뿌카(ダンプカー) 덤프카

단사(段差) 단차, 턱짐

단세이(彈性) 탄성

단스(箪笥) 옷장, 장롱

담뿌도락구(ダンプトラック) 덤프트럭

답빠(建端) 높이, 처마높이, 상단

답뿌(タップ) 탭

닷뿌방(タップ盤) 단자판

당가(擔架) 들 것

당고바리(團子張り) 떠붙이기(타일)

당고오(談合) 담합

당기리(段切り) 층단깎기

당낑(單筋) 단철근

데구루마(手車) 손수레

데꼬(挺子) 지렛대, 지레

데꼬보꼬(凹凸) 요철, 올록볼록

데꾸바리(手配) 준비, 배치

데끼다까(出來高) 기성고(旣成高)

데나오시(手直し) 재손질

데네리(手練り) 삽비빔, 인력비빔

데누끼(手拔き) 날림

데다라메(でたらめ) 엉터리, 함부로

데마(手間) 품

데마도(出窓) 내닫이창, 출창

데마도리(手間取り) 품팔이(꾼)

데마와시(手回し) 준비, 채비, 수배

데마존(手間損) 헛수고

데마찌(手待ち) 대기, 기다림

데마찡(手間賃) 품삯

데모도(手元) 조공, 조력공

데모도리(手戻り) 다시하기

데보리(手堀) 손파기, 인력굴착

데비까에(手控) 축소, 예비

데스리(手すり) 난간, 난간두겁

데스리꼬(手摺子) 난간살

데스리빠이쁘(手すりパイプ) 난간관,
　난간 파이프

데스미(出隅) 모서리(코너)

데쓰이다(鐵板) 철판

데아끼(手明き) 일이 없어 쉬는 것

데우찌(手打ち) 손치기, 인력 치기

데즈라(出面) 출역(出役)

데지가이(手違い) 착오, 차질

데쯔가부도(鐵帽) 안전모

제뜨고오지(鐵格子) 쇠창살

데쯔마꾸라기(鐵枕木) 철침목

데카시메(手締め) 인력 리벳치기

데하바(出幅) 달아내기

덴마도(天窓) 천창

덴바(天端) 상단 · 윗면(上面)

덴아쓰(轉壓) 전압

덴자이(塡材) 채움재

덴죠오(天井) 천장

덴죠오가와(天井川) 천장천, 모래내

덴죠오시다지(天井下地) 천장틀

덴지(電磁) 전자

덴찌(電池) 전지, 회중 전등

뎃고오(鐵工) 철공

뎃고쯔고오지(鐵骨工事) 철골 공사

뎃낑(鐵筋) 철근

뎃낑고오지(鐵筋工事) 철근공사

뎃낑공구리또(鐵筋コンクリート)
　철근 콘크리트

뎃빵(鐵板) 철판

뎃뽀오(鐵砲) ① 리벳해머 ② 짐통

뎃세이가다와꾸(鐵製型枠) 강제 거푸집

도(戶) 문짝, 도어

도가다 토공(土工)

도가이(度外) 등외(等外) 벽돌

도구루마(戶車) 문바퀴, 호차

도깡(土管) 토관, 오지관

도꼬(床) 마루 · 하상(河床)

도꼬보리(床堀) 터파기

도꼬시메(床締め) 바닥다짐

도꼬오(斗拱) 공포(拱包)

도꼬오(土工) 토공

도꼬오지(土工事) 토공사

도꼬즈께(床付け) 터잡기

도꾸리쯔기소 (獨立基礎) 단독기초

도꾸이(得意) 단골

도끼다시(硏出) 갈기, 갈아내기

도낑(頭巾) 방추형 기둥머리

도노고도시(砥如) 판판 대로(大路)

도노꼬(土粉, 砥粉) 토분

도노꼬누리(土粉塗) 토분먹임

도다나(戶棚) 선반, 찬장

도다이(土臺) 토대

도다이이시(土臺石) 토대석

도당(土丹) 함석, 아연철판

도당야네(土丹屋根) 함석지붕

도도리(土取り) 객토, 토취

도도리바(土取場) 토취장

도도메(土止) 흙막이(防築)

도라(虎) 버팀줄(인장재)

도라이바(ドライバー) 나사돌리개

도라즈나(虎綱) 스테이

도라지리(虎尻) 가이데릭

도로(泥) 시멘트 페이스트

도랏구(トラック) 트럭, 鑛車

도로누끼(泥拔き) 흙받이

도로바꼬(泥箱) 흙상자

도로뿌함마(ドロップハンマー) 떨공이

도로쯔메(泥詰) 모르타르 충전(充塡)

도리구미(取組) 대처

도리구즈시고오지(取崩し工事)

　철거 공사

도리루(ドリル) 드릴, 송곳

도리사게(取下げ) 취하, 철회

도리아이부(取合部) 접합부(接合部)

도리쯔게(取付け) 고정, 장치

도리하즈시(取外し) 해체, 분해

도마(土間) 다짐바닥, 토방

도메(留め) 연귀

도메가나구(止金具) 긴결 철물

도메구(留具) 연귀, 물림쇠, 멈춤쇠

도모리(土盛) 흙쌓기

도바리(帳) 방장, 장벽

도보꾸고오가꾸(土木工學) 토목 공학

도보꾸자이료오(土木材料) 토목재료

도보소(樞) 문, 문짝, 문둥개

도부꾸로(戶袋) 두껍닫이

도비(鳶) 비계공

도비라(扉) 문(짝)

도비바리(飛梁) 홍예보, 충보(衝梁)

도비사시(土庇) 차양

도비이시(飛石) 디딤돌, 징검돌

도샤(土砂) 토사

도샤쵸오(土捨場) 토사장

도소오고오지(塗裝工事) 도장공사

도아다리(戶當) 문소란

도아다리샤꾸리(戶當りしゃくり)

　문받이 턱

도오가꾸(撓角) 휨각

도오게(峠) 마루턱(도리)

도오고오(導坑) 도갱

도오깡(陶管) 도관

도오료오(棟梁) 도편수

도오부찌(胴緣) 띠장

도오시바시라(通柱) 통재기둥

도오야(搭屋) 탑옥, 펜트 하우스

도오자시(胴差) 충도리

도오쯔게(胴突) 달구질

도오쯔끼(胴突) 달구질, 달굿대

도오카센(導火線) 도화선

도와꾸(戶梓) 문틀

도이(土居) 흙담, 둑

도이(桶) 홈통, 물받이

도이다(戶板) 덧문짝

도이시(砥石) 숫돌

도이우께다이(桶受臺) 물받이대

도죠오(土壤) 토양

돔보 ① 돌공사 : 마무리망치 ② 토공사 :
    터파기 계측자 ③ 미장공사 : 여물(苧)
    ④ 목공사 : T형 보강철물

돗데(把手) 핸들, 손잡이

돗데이(突堤) 돌제

돗바리(突張) 버팀대

(ㄹ)

라셍뎃낑(螺線鐵筋) 나선 철근

라스(ラス) 철망, 라스

라이깡(雷管) 뇌관

라이닝구(ライニング) 라이닝

라이또(ライト) 조명

라지에타(ラジエータ) 방열기

란깡(欄干) 난간

란깡마도(欄干窓) 꾀장

란소오쯔미(亂層積み) 난층쌓기

란쯔미(亂積み) 막쌓기

람마(欄干) 고창(高窓), 교창

랏빠(喇叭) 나팔

랩핑(ラッピング) 포장

레끼세이(瀝青) 역청

레루프바루부(レルーフバルブ) 안전 밸브

레에루와다시(レール渡し) 레일도

렌조꾸기소(連續基礎) 줄기초

렌지(連子) 창살

렌지마도(連子窓) 살창, 연자창

렝가(れんが, 煉瓦) 벽돌

렝가고데(煉瓦こて) 벽돌 흙손

렝가고오조오(煉瓦構造) 벽돌 구조

렝가고오지(煉瓦工事) 벽돌 공사

렝가와리(煉瓦割り) 벽돌 나누기

렝가죠오(煉瓦造) 벽돌 구조

렝가쓰꾸리(煉瓦造) 벽돌조

렝가쯔미(煉瓦積み) 벽돌 쌓기

로까(濾過) 여과

로까기(濾過器) 여과기

로까다, 로껭(路肩) 노측대, 노견

로까마꾸(濾過莫) 여과막

로까스나(濾過砂) 여과 모래

로까자리(濾過材) 여과재

로까지(濾過池) 여과지

로꾸(陸) 수평

로꾸다니(陸谷) 모임골, 홈

로꾸로(ろくろ) 고패, 고드래

로꾸로다이(ろくろ臺) 물레, 녹로대

로꾸부가꾸(六分角) 육푼각

로꾸부이다(六分板) 육푼널

로꾸야네(陸屋根) 평지붕, 슬래브

로꾸인치브로꾸(六ンチブロック)
    육인치 블록

로꾸즈미(六墨) 수평먹(줄)

로다이(露臺) 발코니

로뎅(露点) 노점, 이슬점

로링(ローリング) 압연(壓延)

로스(ロス) 손실

로오까(廊下) 복도, 낭하

로오까겐쇼오(老化現狀) 노화 현상

로오소꾸다데지교오(蠟燭立地業)
　촛대지정

로오찡(勞賃) 노임

로지(路地) 골목길

로지(露地) 통로

로지우라(路地裏) 골목안

료오비라끼(兩開) 쌍여닫이, 쌍바라지

료오소데(兩袖) 양수 책상

루바(ル－バ) 루버, 미늘문

루베, 류우베이(立米) 입방미터(m³)

류우센가다(流線形) 유선형

류우쯔보(立坪) 입방평

리구아게(陸揚) 양육

리구바시(陸橋) 육교, 구름다리

리꾸야네(陸屋根) 평지붕

리벳도데우찌(リベット手打ち)
　리벳 손치기

리벳도아나(リベット穴) 리벳 구멍

리벳도우찌(リベット打ち) 리벳치기

리야카(リヤカ－) 손수레

리쯔멘즈(立面圖) 입면도

린보꾸(輪木) 층가름대

릿쯔보(立坪) 입평(立方尺)

릿타이토라스(立體トラス) 입체 트러스

(ㅁ)

마(間) 사이, 간, 실(室)

마가네(直矩) 직각

마가리(曲り) ① 구부림, 변형
　② 한쪽이 굽은 타일 ③ 엘보

마가리가네(曲尺) 곱자

마가리나오시(曲直し) 변형잡기

마고우께(孫請) 제하도급

마구사(まぐさ) 문미, 인방

마구사바리(まぐさ梁) 인방보

마구사이시(まぐさ石) 인방돌

마구찌(間口) 내림, 폭(도로면)

마그넷또(マグネット) 자석

마그넷또보당(マグネットボタン)
　기동 단추

마꾸라(枕) 받침목

마꾸라기(枕木) 침목

마꾸라사바끼(枕さばき) 인방붙임

마끼(卷) 두루마리·권(卷)

마까가에(卷返) 되감기

마끼도리(卷板り) 두루마리, 권

마끼아게기(卷上機) 윈치

마끼아게도(卷上戸) 롤링셔터

마끼자꾸(卷尺) 테이프자, 줄자

마나기(眞) 곱은 목재를(자귀나 대패로
　깎아) 곧게 하는 일. 후리질

마나까(間中) 반칸(半間)

마다구기(また釘) 거멀못

마다라(斑) 얼룩, 반점

마다우께(又請, 復請) 하도급

마도(窓) 창

마도다이(窓臺) 창대, 창문지방

마도리(澗取り) 간살잡기

마도메(纏め) 막음질, 결착

마도와꾸(窓枠) 창틀

마루(丸) 둥근

마루간나(丸かんな) 원형 대패

마루끼(丸木) 통나무

마루나게(丸投) 부금처리

마루노꼬(丸鋸) 둥근(동력) 톱

마루노미(丸鑿) 둥근 끌

마루다께(丸竹) 통대

마루덴조(丸天井) 돔, 둥근 천장

마루도(丸刀) 둥근칼

마루메지(丸目地) 오목줄눈

마루메지고데(丸目地こて) 오목줄눈흙손

마루멩(丸面) 둥근면

마루벤찌 둥근 펜치(piler)

마루보오(丸棒) 둥근봉

마루비끼 원목 자르기

마루빠지(丸-) 원형 세면기

마루사(丸・門) 둥금(정도)

마루야네(門屋根) 돔, 둥근 지붕

마루오도시(門落し) 오르내리 꽂이쇠

마루와(門環) 둥근고리, 고리

마루자이(丸材) (껍질만 벗긴) 통나무

마루타(丸太) 통나무

마루타아시바(丸太足場) 통나무 비계

마메이다(豆板) 곰보(판)

마바시라(間柱) 샛기둥, 간주

마사(磨砂) 석비례

마사끼(まさき) 사철나무

마사메(まさ目) 곧은 결

마샤꾸(間尺) 계산, 비율, 치수

마스가다(斗形) 두공, 통자루, 쪼구미

마스구미(升組) 공포(拱包), 두공

마시가꾸(眞四角) 정사각형

마시끼리(間仕切) 간막이(벽)

마에가리(前借) 가불

마와리가이당(回り階段) 나선계단

마와리부찌(回り緣) 돌림대

마찌고바(町工場) 영세 공장

마항(間半) 반칸

마후다쯔(眞二つ) 딱 절반, 두동강

만나까(眞中) 한가운데

만리끼(方力) 바이스

만마루(眞丸) 아주 동그람

맛다다나까(眞具中) 한가운데, 고비

맛스구(眞直ぐ) 똑바로, 곧장

메(目) 눈

메가꾸시(目隱し) 가리개, 보호책

메가네(目鏡) 연결 철물, 복스 렌치

메가네바시(目鏡橋) 아치형 다리

메가네이시(目鏡石) 구멍돌

메까라이 흙탕

메까타(目方) 무게, 중량

메꾸라사베(盲壁) 민벽

메꾸라마도(盲窓) 벽창호

메꾸라메지(盲目地) 민줄눈

메꾸라앙교오(盲暗渠) 맹암거, 소도랑

메다데(目立) 날세우기

메도메(目止) 눈먹임

메도오리(目通り) 눈높이

메마와리(目回り) 갈림(나이테 따른)

메모리(目盛) 눈금

메바리(目張り) 틈막이

메스콘(めすコーン) 암콘

메이다(目板) 오리목, 틈막이대

메이보꾸(銘木) 우량목재

메자이(目材) 줄눈, 조인트

메지가네(目地金) 줄눈대(쇠)

메지고데(目地こて) 줄눈 흙손

메지보리(目地掘) 줄눈파기

메지보오(目地棒) 줄눈대(쇠)

메지와리(目地割り) 줄눈나누기

메지쓰기메(目地繼目) 줄눈

메쯔모리(目積) 눈대중

메쯔브시(目潰) 틈막이, 틈메꿈

메쯔브시자리(目潰砂利) 틈막이 자갈
　(잡석 지정)

메쯔찌(目土) 뗏밥

메찌가이호조(目違いほぞ) 턱솔장부

멕기(めつき) 도금(鍍金)

멘(面) 목귀, 모접이

멘가와바시라(面皮柱) 네귀에 수피를
　남긴 기둥

멘기(面器) 면대

멘나라시(面均し) 면고르기

멘도리(面取り) 모접기, 목귀질

멘도리간나(面取りかんな) 쇠시리 대패

멘도이다(面戶板) 착고막이판

멘시아게(面仕上) 면마무리

모가리(虎落) 대울짱

모구리(潛り) 잠수, 잠수부

모꾸고오지(木工事) 목공사

모꾸네지(木捻子) 나무 못

모꾸렝가(木煉瓦) 나무벽돌

모꾸리(木理) 나뭇결

모꾸메(木目) 나뭇결

모꾸소꾸(木測) 목측

모노사시(物指) 자, 척도, 기준

모도구씨(元口) 밑마구리

모도리(戾り) 연화(軟化, 도장공사의)

모도우께(元請) 원도급(자)

모루따루 (モルタル)모르타르

모리가에(盛替) 보강, 비계옮김

모리도(盛土) 흙쌓기

모리쯔께(盛付け) 눈새김

모리쯔찌(盛土) 흙쌓기, 흙돋움

모미지(紅葉) 단풍

모야(母屋) 중도리, 추녀안

모야즈까(母屋束) 동자기둥

모요오(模樣) 모늬, 모양

모자이(母材) 모재

모찌꼬미(持込み) 안고돌기, 지참

모찌다시쯔미(持出積み) (벽돌) 내쌓기

모찌방(持番) 당번, (담당할) 차례

모찌오꾸리(持送り) 까치발

모찌하나시(持放し) 돌출부

목고(持龍) 목도, 삼태기

목고오지(木工事) 목공사

목낑공구리또(木筋コンクリート)
　목근 콘크리트

목소구(目測) 목측

몽가마에(門構) 대문, 솟을 대문

몽바시라(門柱) 문기둥

몽도비라(門扉) 문짝

몽와꾸(門梓) 문틀

몽껭 떨공이, 낙하메

몽키 떨공이, 낙하메

무가다(無形) 민모양

무께이(無形) 민모양

무꾸리(起り) 만곡, 치올림

무나가와라(棟瓦) 용마루기와

무나기(棟木) 마룻대, 종도리

무네(棟) 용마루, 지붕마루

무네아게(棟上) 상량(上梁)

무라기리(斑切り) 솔질(도장)

무라나오시(斑直し) 고름질(미장)

무라도리(斑取り) 얼룩빼기

무료오방(無梁板) 플랫·슬래브

무메가모이(無目鴨居) 홈이 없는 상인방

무부시자이(無節材) 옹이 없는 판(각)재

무시로(筵) 거적, 멍석

무키간료오(無機顔料) 무기 안료

무킹콩구리또조오(無筋コンクリート造)

　　무근 콘크리트조

미가께(見掛) 외관

마가끼이다(磨板) 마감판

미가끼판(磨板) 마감판

미기리(みきり) 섬돌, 石階, 경계

미꼬미(見込み) 안기장

미끼리(見切り) 끝머리, 절두목

미끼리부찌(見切り緣) 선(線) 두름

미나라이(見習) 견습, 수습

미다시공구리(見出コンクリート)

　　제치장 콘크리트

미도리즈(見取圖) 목측도(目測圖)

미미시바(耳芝) 갓떼

미미이시(耳石) 갓돌

미아이(見合) 균형, 대면

미에(見) 외관, 겉보기

미에(三重) 삼중, 세겹

미에가까리(見掛り) 보이는 부분

미에가꾸레(見繪隱れ) 안보이는 부분

미조가다고(溝形鋼) 채널, ㄷ자 형강

미조가시(溝樫) 홈대

미조호리기(溝彫機) 줄파기, 개탕기계

미즈(水) 수평(면)선

미즈까에(水替え) 물푸기, 양수

미즈끼리(水切り) 물끊기

미즈네리(水練り) 물비빔

미즈누끼(水貫) 규준대, 수평띠장

미즈누끼아나(水拔穴) 물빼기 구멍

미즈다다기(水叩き) 물다짐

미즈다레(水垂れ) 물흘림

미즈다마리(水溜り) (물)웅덩이

미즈모리(水盛り) 수평보기, 수준기

미즈미가끼(水磨き) 물갈기

미즈바리(水張り) 불채우기

미즈삐빠(水研磨紙) 물연마지

미즈스미(墨) 수평 표시 먹

미즈아와세(水合せ) 새벽흙비빔

미즈와리(水割り) 물타기

미즈이도(水絲) 수평실, 수평줄

미즈지메(水締め) 물다짐
미즈토기(水研ぎ) 물갈기
미즈토리(水取り) 옥상배수
미쯔가도(三角) 삼각, 삼거리
미쯔끼(見付き) 외관, 겉보기
미쯔모리(見積り) 견적, 어림
미찌부싱(道普請) 도로 공사
미찌이다(みち板) 발판, 비계널
미홍(見本) 견본, 표본

(ㅂ)

바가보(馬鹿棒) 눈금대, 자막대
바께쓰(バケツ) 양동이, 버킷
바네(發條) 용수철, 탄력
바네쯔끼죠오방(發條付丁番) 자유경첩
바다(端太) (거푸집)멍에제
바다가꾸(端太角) 소각재(小角材)
바라시(ばらし) 뜯기, 해체
바라이다(散板) 널·판자(거푸집)
바라쯔기(ばらつき) 들쭉날쭉
바교우찌(場所打ち) 현장치기
반센(番線) 결속(철)선
반셍히끼(番線引き) 번선치기
발근(拔根) 뿌리뽑기
방(版) 슬래브
방까이(挽回) 만회
방낑고오조오(板金構造) 강판 구조물
베니야이다(ベニヤ) 합판
베니이다(ベニヤ板) 합판
베다기소(べた基礎) 온통기초

베다보리(べた堀) 온통파기
베다지교오(べた地業) 온통지정
벤또(弁當) 도시락
벳또고오지(別途工事) 별도 공사
벵가라(べんがら) 빨강칠, 朱土
보까시(ぼかし) 바림, 불명, 선염(渲染)
보당(ボタン) 단추
보당핀셋또(ボタンピンセット) 고정집게
보로(ぼろ) 걸레, 넝마
보루또시메(ボルト締め) 볼트 죄기
보오고사꾸(防護柵) 방호책
보오고오(棒鋼) 봉강
보오세이도료(防せい塗料) 녹방지 도료
보오스이사이(防水劑) 방수제
보오이오사에(防水押え) 방수피복
보오싱기소(防振基礎) 방진 기초
보오쯔끼(棒突き) 막대다짐
보오후사이(防腐劑) 방부제
보오후쇼리(防腐處理) 방부 처리
보자이(母材) 모재
복스(ボックス) 복스 렌치
본사이(盆栽) 분재
보오(鋲) 리벳
보오데우찌(鋲手打ち) 리벳 손치기
보오아나(鋲孔) 리벳 구멍
보오우찌(鋲打ち) 리베팅
보오우찌끼(鋲打機) 리베터, 리벳기
보오쯔기(鋲繼ぎ) 리벳이음
부가까리(步掛り) 품셈
부기레(分切れ) 치수미달

부도마리(步留り) 생산성(원료에 대한
  제품의 비율)
부라사게(ぶらさげ) 꼬리손잡이
부이찌(分一) 축적
부토(敷土) 덮인 흙(건축) 표토(토목)
분빠이(分配) 나누기, 분배
분삐쯔(分筆) 필지 분할
분산자이(分散劑) 분산제
붓다꾸리(總長) 전체의 길이
브리끼(ぶりき) 함석, 생철
비샹(びしゃん) 잔다듬메(석공사)
비샹다다끼(びしゃん叩き) 표면고르기
빠데(パテ) 퍼티
빠데가이(パテ飼) 퍼티땜
빠데도메(パテ止) 유리끼기
빠아루(バール) 노루발 못빼기
빠아루함마(バールハンマー) 말뚝해머
빠이쁘아시바(パイプ足場) 파이프 비계
뻰끼(ペンキ) 페인트
삐아기소(ピア基礎) 우물통기초
삐아노센(ピアノ線) 피아노선
삥고오조오(ピン構造) 핀 구조
삥셋고오(ピン接合) 핀 접합
삔쯔기데(ピン繼手) 핀 접합

(ㅅ)

사게소 사게오(下苧) 여물
사게후리(下振) 다림추
사례후리이도(下振絲) 춧줄
사구리(探り·捜り) 짚어보기

사까메(逆目) 엇결
사까메구기(逆目釘) 가시못
사깡(左官) 미장공, 미장이
사깡고오지(左官工事) 미장공사
사꾸강끼(鑿巖機) 착암기
사꾸라 킨넨 활차(널말뚝치기)
사꾸셍(鑿井) 착정, 볼링
사네쯔찌(實接ぎ) 은촉붙임
사네하기(さねはぎ) 개탕붙임
사라네지고데(皿ねじこて) 평줄눈 흙손
사라리벳도(皿リベット) 민리벳
사루도(猿戸) 비녀장문
사루바미(さるばみ) 껍질박이
사부로꾸(3×6) 3′×6′, 석자여섯자
사비(さび) 녹
사비도메(さび止) 녹막이
사비도메누리(さび止塗) 녹막이칠
사시가게야네(着掛屋根) 달개지붕
사시가네(指矩) 곱자, 곡척
사시구찌(差口) 낄구멍
사시꼬미(差込み) 꽂이쇠, 콘센트
사시낑(差筋) 삽입근
사오부찌(さお緣) 반자틀
사이(才) 재(才)
사이가시겡(載荷試驗) 재하시험
사이뉴우사쓰(再入札) 재입찰
사이도리(才取り) 조수(목공·미장)
사이레이(才令) 재령
사이세끼(碎石) 부순돌
사이세끼(採石) 채석

사이세끼바(採石場) 채석장

사이코쓰자이(細骨材) 잔골재

사카마키(逆卷き) 逆라이닝

사카사(逆さ) 인버트

사키후싱(先普請) 선행동바리

산(棧) 띳장, 살(문), 비녀장

산바시(棧橋) 잔교

산승(三寸) 세치

산승가꾸(三寸角) 세치각

산시고(3. 4. 5) 3. 4. 5 비율의
   직삼각형 널빤지

산스이(散水) 살수(撒水), 물뿌리기

삼마다(三又) 세발

삼방(3番) 3번

삼부(三分) 세푼

삼부이다(3分板) 3푼널

샤꾸리(しゃくり) 홈파기

샤꾸리간나(しゃくりかんな) 홈파기 대패

샤꾸즈에 장척(長尺)

세꼬오(施工) 시공

세꼬오게이가꾸(施工計畵) 시공계획

세꼬오난도(施工軟度) 시공연도

세꼬오즈(施工圖) 시공도

세끼사이가쮸우(積載荷重) 적재하중

세끼사이바꼬 적재상자

세끼상(積算) 적산

세끼이다(堰板) 거푸집널, 흙막이널

세끼자이(石材) 석재

세끼훈(石粉) 돌가루

세리(せり) 아치

세리모찌(せり持ち) 홍예

세리쯔미(せり積み) 아치틀기

세미(蟬) 고패, 도르래(骨車)

세슈(施主) 건축주

세오야꾸(世話役) 기능장(機能長),
   작업 반장

세유(施釉) 시유

세이(背·成) 춤

세이가쥬우(正荷重) 정하중

세이다(背板) 죽널

세이뎃낑(正鐵筋) 정철근

세이로오구미(せいろう組) 귀틀벽

세이소오쯔미(整層積み) 바른층쌓기

세이자이(製材) 제재

세키리(石理) 돌결

세키멘(石綿) 석면

섹가이(石灰) 석회

섹게이구깡(設計區間) 설계구간

섹게이기중고오도(設計基準强度)
   설계기준강도

섹게이즈(設計圖) 설계도

섹고오(接合) 접합

섹꼬오반(石膏斑) 석고판

센(せん) 비녀장, 산지못

센구즈(せん屑) 방청제

센단료꾸(せん斷力) 전단력

센방(旋盤) 선반

센이방(せんい板) 섬유판

센자이(線材) 선재

센죠(洗滌) 세척

센캉(潛函) 공기 케이슨, 잠함

센캉기소(潛函基礎) 잠함기초, 케이슨

셋짜꾸자이(接着劑) 접착제

셋팅(セッテイング) 장치, 고정

소고쯔자이(組骨材) 굵은 골재

소꾸멘즈(側面圖) 측면도

소기이다(殺板) 지붕널

소꾸료오(測量) 측량

소데(そで) 팔걸이

소데가베(袖壁) 측벽, 담장벽

소도노리(外法) 바깥길이

소도도이(外桶) 홈통 물받이 (처마밖)

소도비라끼(外開き) 밖여닫이

소로방기(算盤木) (기초 말뚝의 위에
　　건너 지른) 가로재

소리(反り) 휨, 변형

소리야네(反り屋根) 욱은지붕

소마도리(そま取り) 도끼별

소바(側) 측면

소보리(素堀) 흙막이 없는 터파기

소에끼(副木・添木) 부목, 받침대

소에이다(添板) 덧판

소오꼬오자이(早强劑) 조강제

소오보리(總掘り) 온통파기

소오지(掃除) 청소

소지(素地) 바탕, 기초

소지고시라에(素地こしらえ) 바탕만들기

속가꾸(息角) 휴식각

쇼꾸닝(職人, 職方) 기능공

쇼멘즈(正面圖) 정면도

쇼오부(勝負) 결판, 승부

쇼오사이즈(詳細圖) 상세도

쇼오지(障子) 장지, 미닫이

쇼오항(床板) 슬래브

슈뎃낑(主鐵筋) 주철근

슈우스이도오(取水塔) 취수탑

슈킹(主筋) 주철근

슝꼬오(竣工) 준공

슝꼬오시끼(竣工式) 준공식

슝꼬오즈(竣工圖) 준공도

스(巢) 골보, 공동(空洞)

스기(杉) 삼나무

스까시(透し) 오려(도려)내기

스까시보리(透彫り) 투각(透刻), 섭새김

스까시보리란마(透彫り欄間)
　　투조로된 교창

스끼도리(鋤取) 터고르기

스끼마(隔間) 틈새

스끼이다(すき板) 무늬목

스나(砂) 모래

스나가베(砂壁) 새벽

스나구이(砂杭) 샌드 파일

스나지교(砂地業) 모래지정

스다레기리(簾切り) 정줄다듬

스데공구리(捨コンクリート)
　　밑창 콘크리트

스데도다이(捨土臺) 통나무지정

스데바(捨場) 사토장

스데바리(捨張り) 바탕깔기, 바탕붙임

스데소로방(捨算盤) 통나무기초

스데이시(捨石) 사석

스리가라스(すりガラス) 간유리,
　젖빛 유리

스미(墨) 먹긋기

스미갓쇼(隅合掌) 귓자보

스미고오바이(隅勾配) 귀물매

스미기(隅木) 추녀, 귀잡이 판재

스미기리(隅切り) 모따기, 면접기

스미나와(墨繩) 먹줄

스미니꾸(隅肉) 필렛, 모살용접

스미다시(墨出し) 먹매김

스미다이(隅臺) 구석탁자

스미도리(隅取り) 모따기

스미무네(隅棟) ㅅ자보

스미바리(隅梁) 귓보

스미바시라(隅柱) 모서리 기둥

스미사시(墨指) 먹칼

스미우찌(墨打ち) 먹줄치기

스미이시(隅石) 귓돌·갓돌

스미즈께(隅付け) 굽받침

스미쯔께(墨付け) 먹줄치기

스미쯔보(墨壺) 먹통, 묵두(墨斗)

스베리도메(滑り止め)
　미끄럼막이, 논슬립

스보리(素堀) 온통파기

스사(すさ·寸莎) 여물

스에구찌(末口) 끝마무리, 끝지름,
　밑마구리

스에마에(据前) 돌붙임

쓰에쯔께(据付け) 설치·붙박이

스이로(水路) 수로

스이미쯔세이(水密性) 수밀성

스이세이도료오(水性塗料) 수성 도료

스이셴(水栓) 급수전

스이아쯔(水壓) 수압

스이죠꾸가쥬우(垂直荷重) 수직 하중

스이준기(水準器) 수준기

스이준뗑(水準点) 수준점

스이지바(炊事場) 취사장, 부엌

스이쮸우요오죠오(水中養生) 수중 양생

스이헤이멘(水平面) 수평면

스이헤이스지까이(水平筋かい) 수평가새

스즈메아시바(雀足場) 외줄비계

스지까이(筋交·筋かい) 가새, 사재

스지시바(筋芝) 줄떼

스카프쯔기(スカーフ繼ぎ) 엇빗이음

스테바(捨場) 사토장(捨土場)

슨도메(寸留) 치끊기

슨뽀오(寸法) 치수

승기리(寸切り) 토막, 동강이

승시치다루끼(寸七たる木) 1치7푼 서까래

시가께(仕掛) 책, 편비내, 수책

시구찌(仕口) 맞춤, 접합

시껭가쥬우(試驗荷重) 시험하중

시껭구이(試驗杭) 시험말뚝

시껭보리(試驗堀) 시험파기

시꼬로이다(綴板) 미늘판, 루버

시끼게다(敷桁) 깔도리

시끼나라베(敷竝べ) 펴깔기, 포설

시끼나라시(敷均し) 펴고르기

시끼다이(敷臺) 현관마루

시끼리(仕切り) 간막이

시끼리가베(仕切壁) 칸막이벽

시끼바리(敷梁) 평보, 층보

시끼빠데(敷パテ) 받침퍼티

시끼이(敷居) 문지방, 문턱

시끼이다(敷板) 창널

시끼이시(敷石) 깐돌, 포장석

시끼찌(敷地) 대지, 부지

시나이(竹刀) 대형판(帶形板)

시노비가에시(忍返し) 철책, 담장

시다가마찌(下かまち) 밑막이

시다고야(下小屋) 일간

시다누리(下塗) 초벌칠, 초벽

시다마와리(下回り) 밑둘레

시다미(下見) 미늘판벽

시다미이다(下見板) 미늘판

시다바(下端) 밑면

시다바리(下張り) 바탕바르기, 초배

시다우께오이(下請負) 하도급

시다우께(下請) 하도급(下都給)

시다지(下地) 바탕

시다지고시라에(下地こしらえ)
　　바탕만들기

시다지누리(下地塗) 바탕바름

시다지도오부찌(下地胴緣) 중도리

시라다(白太) 변재, 백태재

시로(代) 재료, 기초

시로(白) 백색

시로꾸(4×6) 4×6재(才)

시로오도(素入) 초심자, 아마추어

시료오(試料) 시료, 샘플

시마고오황(縞鋼板) 줄무늬강판

시마이(仕舞, 終) 마감, 끝맺음

시메(締) 조이기, 조짐

시메끼리(締切り) 물막이공

시바(芝) 잔디

시보리(締) 조이기

시부이다(四分板) 너푼널

시부이찌(四分一) 졸대

시비고데(至微こて) 줄눈 흙손

시스이이다(止水板) 지수판

시아게(仕上げ) 마무리, 끝마감

시아게간나(仕上げかんな) 치장대패

시와께(仕分) 구분, 분류

시요오쇼(仕樣書) 시방서(示方書)

시쥰센(視準線) 시준선

시즈미기레쯔(沈龜裂) 침하 균열

시지구이(支持杭) 베어링 파일

시지료꾸(支持力) 지지력

시쮸(四柱) 우진각 지붕

시쮸(支柱) 서포트, 지주

시찌고(7·5) 7·5토막(벽돌)

시찌부(7分) 7푼

시테이교오도오(指定强度) 지정 강도

시호고오(支保工) 동바리공, 지보공

신가다(新形·新型) 신형

신다시(芯出し) 심내기

신데쓰(伸鐵) 재생강재

신도오끼(振動機) 진동기

신마이(新前) 풋내기, 신출내기

신슈꾸조인또(伸縮ジョイント)
　　신축 이음

신즈까(眞束) 왕대공

신즈까고야구미(眞束小屋組) 킹포스트,
　　트러스

신쮸우(眞ちゅう) 놋(쇠), 황동

신쮸부러시(眞ちゅうブラシ) 놋쇠솔

신쯔보(眞坪) 건평(建坪)

심보구이우찌(眞棒杭打ち) 말뚝다짐

심보오(心棒) 굴대, 축(軸)

싯꾸이(しっくい) 회반죽

싱가베(心壁) 심벽

싱고오끼(信號旗) 신호기

싱고오쇼(信號所) 신호소

싱즈미(芯墨) 심먹(中心線)

싱크대(シンク臺) 개수대

쓰르바라(蔓薔薇) 덩굴장미

쓰미(積み) 쌓기

쓰야게시누리(つや消し塗) 무광칠

쓰야다시(つや出し) 광내기

쓰지스데바(土捨場) 사토장

(ㅇ)

아가리(上り) 종료, 일단락

아게사게마도(上下窓) 오르내리창

아게이시 따낸돌

아고가끼(あご欠き) 쌍턱걸지

아고(あご) 턱, 터(비탈면 등에 기계를
　　앉힐 장소)

아까(赤) 빨강

아까렝가(赤煉瓦) 심재(心材)

아까보(赤帽) 짐꾼

아나구리(孔繰り) 구멍가심

아나방(孔板) 구멍 철판, PSP판

아나사라이(孔さらい) 구멍가심

아다리(あたり) 맞닿기

아다마(頭) 머리, 우두머리

아데(當) 덧댐

아데기(當木) 보호캡(말뚝)

아데방(當盤) 벅커(bucker)

아데방(當板) 두겁대

아도가다즈께(後片付け) 마무리

아도도리(後取り) 뒤차지

아도시마쯔(後如末) 마무리

아라가베(荒壁) 초벽

아라간나(荒かんな) 거친대패

아라게즈리(荒削り) 건목치기

아라나라시(荒均し) 초벌고르기

아라다메구찌(改口) 점검구

아라뻬빠(荒ペーパー) 거친 연마지

아라시꼬(荒仕子) 막대패

아라이다시(洗出し) 씻어내기

아라이시(荒石) 뗀돌

아라이쟈리(洗砂利) 씻은 자갈

아리간나(蟻かんな) 홈대패

아리쯔기(蟻繼ぎ) 주먹장이음

아리호조(蟻ほぞ) 주먹장부

아마구미(阿摩組) 운두, 까치발

아마도(雨戸) 빈지문

아마오사에(雨押え) 비흘림

아마오찌(雨落し) 낙수받이

아마이(甘い) 불량(접합)

아마지마이(雨仕舞い) 비아무림

아미(網) 그물

아미도(網戸) 그물문, 망창

아미후루이(網ふるい) 망체

아바다(痘痕) 곰보, 허니컴

아바라낑(肋筋) 늑근, 스타람

아사가오(朝顔) 깔대기, 소변기

아소비(遊び) 대기, 공침

아시가다메(足固め) 밑둥잡이

아시가다메누끼(足固貫) 밑둥잡이펠대

아시가라메(足からめ) 밑둥잡이

아시가쯔요이(足が强い) 메, (차)지다

아시바(足場) 비계

아시바마루따(足場丸太) 비계목,
　비계장나무

아시바이다(足場板) 비계발판

아시바자이(足場材) 비계목

아아크(白華) 백화(百花)

아엔뎃빵(亞鉛鐵板) 함석

아오리(煽り) 갈구리걸쇠

아오리도메(煽止) 문버팀쇠

아오리이다(煽板) 종마루 누름대

아오샤싱(靑寫眞) 청사진

아와세바리(合せ梁) 合成보

아와공구리또(泡コンクリート)
　기포 콘크리트

아유미이다(步板) 비계발판, 디딤널

아이가끼(相欠き) 반턱, 사모턱

아이가다고오(I形鋼) I형강

아이구찌(合口) 맞댐자리, 접촉부

아이바(合端) 접촉부, 맞물림 부분

아이샤구리(合しゃくり) 반턱쪽매(접합)

아이즈(合圖) 신호, 시그날

아제(畦·畔) 턱(개탕)

아제구라(校倉) 귀틀벽 창고

아제리이다(阿迫板) 판벽판

아제비끼노꼬(畦挽鋸) 개탕톱

아지로(網代) 발, 삿자리

아지로(足代) 비계

아후리이다(障泥板) 비흘림판

안동(行燈) 사방등, 사방장부촉

안솟가꾸(安息角) 휴식각

안젠가쥬우(安全荷重) 안전 하중

안젠리쯔(安全率) 안전율

안젠벤(安全瓣) 안전 밸브

앗슈쿠자이(壓縮材) 압축재

앙꼬(暗渠) 암거

앙꼬오도이(あんこう桶) 깔때기 홈통

야(矢) (돌공사) 정, 쐐기

야(箭) (목공사) 쐐기, 살

야구라(櫓) 네모틀, 망대

야기리(矢切り) 철책(담장)

야껜보리(藥研堀) V자형 도랑(溝)

야끼섹고오(燒石膏) 소석고

야끼스기렝가(燒過煉瓦) 팔벽돌

야나기(柳) 버드나무

야네(屋根) 지붕

야네고오바이(屋根勾配) 지붕 물매

야네고오지(屋根工事) 지붕 공사

야네노지(屋根路地) 산자널(蓋板)

야네마도(屋根窓) 지붕창

야네부끼(屋根葺) 지붕잇기

야도이(雇) 고용

야라이(矢來) 울타리

야라즈(遣型) 규준틀

야리구찌(遣口) 방범, 수범

야리꾸리(遣繰り) 변통

야리끼리(遣切り) 도급주기

야리나오시(遣直し) 다시하기

야리도(遣戸) 미닫이

야마(山) 언덕, 턱

야마기즈(山疵) 천연흠(돌)

야마도메(山留め) 흙막이

야마모리(山盛) 고봉쌓기

야마스나(山砂) 산모래

야마쟈리(山砂利) 산자갈

야미(暗) 암거래

야부레메지(破れ目地) 막힌 줄눈

야스리(やすり) 줄

야스부싱(安普請) 날림공사

야와리(矢割り) 돌나누기

야이다(矢板) 널말뚝

야쪼오(野帳) 야장, 수첩

에구리간나(えぐりかんな) 개탕대패

에노구(繪具) 그림물감

에다깡(枝管) 가지관(分岐管)

에도기리(江戸切り) 두모접기

에리와(襟輪) 장부촉, 턱장부,
　　턱솔주먹장부

에이세이도오키(衛生陶器) 위생 도기

엔(緣) 퇴, 툇마루

엔가마찌(緣かまち) 툇마루테(가로재)

엔가와(緣側) 툇마루

엔가즈라(緣かずら) 툇마루테(가로재)

엔꼬오이다(緣甲板) 플로어링판

엔단(鉛丹) 광명단

엔데이(堰堤) 언제, 둑

엔또쯔(煙突) 굴뚝

엔마(閻魔) 못뽑기

엔모꾸(緣木) 서까래

엔세끼(緣石) 연석

엘보가에시(エルボ返し) 회전이음

오가꾸라즈꾸리(御神樂造) 증축(단층→2층)

오가구즈(大鋸屑) 톱밥

오가미(拜) 뱃집반자

오가베(大壁) 평벽

오까자이 가로재(橫材)

오까쯔끼(陸繼) 파이프 연결

오께 나무통

오꾸리자루(送猿) 비녀장

오꾸유끼(奧行) 안길이

오니가와라(鬼瓦) 토수

오니보루또(鬼 volt) 가시 볼트

오다레(尾垂) 처마돌림판

오다루끼(尾直木) 공포, 포작

오도리바(장) 계단참

오란다쯔미(和蘭積) 화란식 쌓기

오리가에시(析返) 반복사용

오리마게뎃낑(析曲鐵筋) 절곡철근

오리보루또 가시 볼트

오리쟈꾸(析尺) 접자

오모야(母屋) 몸채, 안채

오비기 멍애

오비끼(帶木) 거푸집보

오비낑(帶筋) 대철근

오비노꼬(帶鋸) 줄톱

오비데쯔(帶鐵) 띠쇠

오비뎃낑(帶鐵筋) 띠철근

오비이다(帶板) 웨브材

오사마리(納) 마무림, 접합상태

오사에(押) 누름

오사에공구리(押-) 피복 콘크리트

오사에보(押棒) 누름대

오사에빠데 누름퍼티

오삽 평삽

오샤카(御釋迦) 불량품, 파치

오스답 나사내기

오스이깡(汚水管) 오수관

오시가꾸(押角) 껍질박이

오시다시쯔미(押出積) 내쌓기

오시메지(押目地) 다짐줄눈

오시부찌(押緣) 누름대

오시이다(押板) 밑판

오시이레(押入) 반침

오야(오야가다) (親方) 우두머리

오야구이(親杭) 버팀기둥

오야바시라(親柱) 버팀기둥

오야지 주인

오오가꾸(大角) 대각재(30cm×30cm 이상)

오오가네(大がね) 큰직각자

오오가베(大壁) 평벽

오오기리(大切り) 큰도막

오오까자이(橫架材) 가로재

오오나미(大波) 큰골

오오다꼬(大たこ) (큰)달구

오오도오방(黃銅板) 황동판·놋쇠판

오오모리(大盛) 높이쌓기

오오무네(大棟) 용마루, 마룻대

오오바리(大梁) 대들보

오오비끼(大引) 멍에(장선받침)

오오이레(大入れ) 통끼움

오이꼬시(追越) 앞지르기

오이와라(覆藁) 짚덮개

온스이담보오(溫水煖房) 온수난방

와까마쯔(若松) 소나무

와꾸(枠) 틀, 울거미

와꾸구미아시바(枠組足場) 틀비계

와끼가베(脇壁) 날개벽, 좁은벽

와끼간나(脇なんな) 턱 홈대패

와다리(渡り) 발판

와다리아고(渡りあご) 쌍턱걸지

와라우(笑う) 간격이 생기는 것

와레메(割目) 갈라진 금(틈), 균열

와레(割れ) 갈림, 틈(목재의 결점)

와리구리이시(割栗石) 잡석

와리구리지교(割栗地業) 잡석지정

와리깡(割勘) 각추렴

와리이시(割石) 깬돌
와리쯔께즈(割付圖) 시공배치도
와리쿠사비(割楔) 장부촉쐐기
요고레(汚れ) 탁오, 오탁(汚濁)
요꼬(橫) 가로
요꼬바다(橫端太) 수평 지지재
요꼬메지(橫目地) 가로줄눈
요꼬바메(橫羽目) 가로친 벽널
요꼬잔(橫棧) 동살(문·창문)
요꼬하메(橫羽目) 가로판벽
요로이도(鎧戶) 미늘, 셔터
요로이마도(鎧窓) 미늘창
요로이바리(鎧張) 미늘깔기
요로이이다(鎧板) 미늘창살·루버
요리쯔게(寄付) 어프로치
요모리(余盛) 더돋기(盛土)
요보리(余堀) 여굴
요비도이(呼桶) 깔때기, 홈통
요비링(呼鈴) 초인종
요비셍(豫備線) 예비선
요세기바리(寄木張り) 쪽매 널깔기
요세무네야네(寄棟屋根) 모임지붕
요시도(葦戶) 갈대발을 친 문
요오까이(洋灰) 시멘트
요오깡(羊羹) 반절(벽돌의)
요오세끼하이꼬오(容積配合) 용적 배합
요오죠오(養生) 양생
요오죠오아미(養生網) 양생 철망
요오헤끼(擁壁) 옹벽
용인찌부로꾸(四インチブロック)
4인치 블록

우께도리(請取り) 도급(受注)
우께오이(請負) 도급(受注)
우끼고오조오(浮構造) 떼기초
우끼이시(浮石) 뜬돌
우다쯔(宇立) 동자기둥
우다찌(卯建) 방화벽
우데기(腕木) 팔대, 가로대 띠장
우라가네(裏曲) 곱자
우라가에시(裏返し) 맞벽
우라가이셴(裏境線) 뒷경계선
우라고메(裏込め) 뒤채움
우라고메이시(裏込石) 뒤채움돌
우라우찌(裏打ち) 배접
우라이다(裏板) 뒤판, 지붕널
우라쟈꾸(裏矩) 곱자
우료오(雨量) 우량
우마(馬) 발판, 안마(鞍馬)
우마아시바(馬足場) 이동발판
우메가시(埋樫) 홈대
우메꼬미스위치(埋込スイッチ) 매입형
스위치
우메다데(埋立) 메우기, 매축
우메모도시(埋戾し) 되메우기, 매축
우와가마찌(上かまち) 웃막이
우와누리(上塗) 정벌칠
우와바(上端) 윗면
우와바리(上張り) 정벌바름
우와야(上屋) 헛간
우즈마끼(打拳き) 소용돌이, 팬

우찌구이(打杭) 말뚝박기

우찌꼬미(打込み) 콘크리트치기

우찌노리(內法) ① 안치수, 안목

　② 인방 상하의 거리

우찌노리자이(內法材) 인방재

우찌누리(內塗) 초벌바르기

우찌도메(打止め) 콘크리트치기 끝

우찌도이(內桶) 안홈통

우찌마끼(內卷) 속말기

우찌바나시공구리또(打放コンクリート)

　제치장 콘크리트

우찌바리(內張) 속받침

우찌와께메이사이쇼(內譯明細書)

　내역 명세서

우찌쯔기(打繼ぎ) 이어붓기

우찌쯔끼메(打繼目) 시공줄눈, 시공이음

운형자(雲形尺) 곡선자

웃데가에시(打返し) 반복사용

웃바리(梁) 보

웨브자이(ウェブ材) 조립부재

유가미도리(歪取り) 변형잡기

유까(床) 바닥, 마루

유까도랏뿌(床トラップ) 바닥 트랩

유까바리(床張り) 마루깔기

유까방(床板) 슬래브

유까이다(床板) 청널, 마루청

유까즈까(床束) 멍에기둥, 쪼구미

유끼도메(雪止め) 눈막이(지붕재)

유끼미도오로오(雪見燈籠) 석등롱

유끼미쇼오지(雪見障子) 오르내리장지

유도리(余裕) 여유

유루미(弛) 느슨함

유우꼬오스이료오(有效水量) 유효 수량

유우시뎃센(有刺鐵線) 가시철사

이기리스쯔미(英積み) 영식쌓기

이께가끼(生垣) 생울타리

이께이깡(異型管) 이형관

이께이덱킹(異形鐵筋) 이형철근

이나고(稻子) 반자틀 쐐기, 메뚜기

이나즈마(稻妻) 번개무늬, 뇌문(雷紋)

이나즈마오레구기(稻妻折れ釘)

　ㄷ자형 못

이누바시리(犬走) 둑턱

이다(板) 널, 널빤지

이다도(板戶) 널문

이다메(板目) 널결, 무늬결

이다자이(板材) 판재

이도(井戶) 우물

이도가와시키고오호오(井戶側式工法)

　우물통기초

이도노꼬(絲鋸) 실톱

이도마사(絲正) 가는 곧은결

이도멘(絲面) 가는 모따기, 모접기

이도시바(絲芝) 금잔디

이도오가다와꾸(移動型桦) 이동거푸집

이도오시키아시바(移動式足場)

　이동식 비계

이도짜꾸(絲尺) 실자, 줄자

이로쯔께(色着け) 착색

이리가와(入皮) 껍질박이, 죽데기

이리모야(入母屋) 팔작집

이리모야야네(入母屋屋根) 합각지붕

이리스미(入隅) 구석(코너)

이모노(鑄物) 주물

이모노가다(鑄物型) 주형

이모노보이라(鑄物ボイラー) 주철보일러

이모노시(鑄物師) 주물사

이모메지(竿目地) 통줄눈

이모쯔기(竿繼ぎ) 장부촉맞춤

이기가끼(石垣) 석축, 옹벽

이시바리(石張り) 돌붙임

이시와다(石綿) 석면

이시와리(石割り) 돌나누기

이시쯔미(石積み) 돌쌓기

이즈쯔기소(井筒基礎) 우물통 기초

이찌링데구루마(一輪手車) 외바퀴 수레,
   일륜수차

이찌마이가메(一枚壁) (벽돌)한장두께 벽

이찌마이항(一枚半) 한장반(벽)

이찌방(一番) 1번

이찌부베니야(1分ベニヤ) 3mm두께 합판

이카다기소(筏基礎) 통기초, 줄기초

이테루(凍る) 동파(凍破)

인로오샤꾸리(印籠しゃくり) 장부맞춤

인로오쯔기(印籠繼ぎ) 겹이음(동바리)

인쇼오뎅구이(引接点杭) 보조말뚝

인찌사시(インチ指) 인치자

잇빠이(一杯) 가득, 한도껏

잇뽕아시바(一本足場) 외줄비계

잇승(一寸) 한치

잇승도리(一寸取り) 치수잡기 1/10

잇시키우께오이(一式請負) 일괄 도급

잇타이시키고오조오(一體式構造)
   일체식 구조

잉고(一五) 견치석(1尺5寸)

(ㅈ)

자가네(座金) 와셔

자구쯔(座堀) 좌굴

자다나(茶棚) 찬장

자동센방(自動旋盤) 자동선반

자유조방(自由丁番) 자유정첩

자이(材) 재(보, 도리 등)

자이레이(材齡) 재령

자이료오오끼바(材料置場) 재료 치장

자이료오효오(資料表) 자료표

자이세끼(材積) 재적

잔또(殘土) 잔토

잣세끼(雜石) 잡석

샤가고(蛇籠) 돌망태, 와강(窩腔)

샤리(砂利) 자갈

샤바라(蛇腹) 돌림띠(장식용)

샤바라샤워(蛇腹) 줄샤워

제쯔엔자이(絶緣容積) 절대용적

조오낑즈리(雜巾摺) 걸레받이

죠쇼오(女墻) 여장, 성가퀴

죠오(錠) 자물쇠

죠오고오(調合) 배합

죠오기(定規) 규준대, 직각자

죠오까쇼오(淨化槽) 정화조

죠오끼(蒸氣) 증기, 스팀

죠오끼요오죠오(蒸氣養生) 증기 양생

죠오나(ちょうな) 자귀

죠오방(丁番) 경첩

죠오사꾸(丈尺) 장척

죠오요오(常傭) 직영 인부(현장)

즈이이게이야꾸(隨意契約) 수의 계약

지가다메(地固め) 터다짐 달구질

지교오(地業) 터다지기, 달구질, 기초공사

지교오고오지(地業工事) 지정 공사

　(地定工事)

지구(治具) 도구

지구미(地組) 지상 조립

지기리(千切) 은장, 연귀맞춤

지꾸보루또(軸ボルト) 축볼트

지꾸우께(軸受) 굴대받이

지나라시(地均し) 땅고르기

지나와(地繩) 줄쳐보기

지도리(千鳥) 엇모

지도리바리(千鳥張り) 엇물려바르기

지미쯔(緻密) 치밀

지방(地盤) 지반

지야마(地山) 경질(자연) 지반

지다이죠오방(自在丁番) 자유 경첩

지즈미(地墨) 지묵

지쮸우바리(地中梁) 지중보, 기초보

진조오세끼(人造石) 인조석

진조오세끼고다다끼(人造石小叩き)

　인조석 잔다듬

진조오세끼누리쯔께(人造石塗付け)

인조석 바름

진조오세끼도끼다시(人造石研出し)

　인조석 갈기

진조오게끼아라이다시(人造石洗出し)

　인조석 씻어내기

짓데(十手) 긴결구

쪼우나하쯔리(手斧削) 자귀다듬, 건목치기

쪼오바리(丁張り) 경계말뚝치기

쪼오보리(丁堀) 줄기초파기

쯔기데(繼手) 이음, 조인트

쯔기도로(注泥) 충전 모르타르

쯔기메(繼目) 이음매

쯔기아시(繼足) 발판, 디딤대

쯔까(束) 동바리, 포스트

쯔까미(つかみ) 박공덧판

쯔구에(机) 책상

쯔끼가다메(突固め) 다짐, 탬핑

쯔끼노미(突鑿) 손끌

쯔끼보오(突棒) 다짐대

쯔끼아게도(突上戸) 들창

쯔끼이다(突板) 무늬목

쯔끼쯔께쯔기(突付け繼ぎ) 맞댐이음

쯔나기바리(つなぎ梁) 연결보

쯔나미(津波) 해일(海溢)

쯔노마다(角又) 바닷말(풀)

쯔라(表) 표면

쯔루하시(鶴嘴) 곡괭이

쯔리가나모노(吊金物) 달쇠(吊鐵)

쯔리게다(吊桁) 달도리

쯔리기(吊木) 달대

쯔리기우께(吊木受) 달대받이

쯔리덴죠오(吊天井) 반자, 이중천장

쯔리바리(吊橋) 현수교

쯔리볼트(吊ボルト) 인서트, 행거

쯔리아게(吊上) 양줄(揚重)

쯔리아시바(吊足場) 달비계

쯔리히모(吊紐) 고패줄

쯔마(妻·端) 합각머리

쯔마바리(妻梁) 합각보

쯔메(爪) ① 거푸집 고정용 철물

② 철근 양단의 혹

쯔메구미(詰組) 첨차, 두공

쯔미(積み) 벽돌공

쯔미아게바리(積上げ張り) 떠붙이기

쯔미오로시(積御し) 적사

쯔보가리(坪刈) 평띠기

쯔보보리(つぼ堀) 독립기초파기

쯔야게시누리(つや消塗) 무광칠

쯔야다시(つや出) 광내기

쯔이다데(衝立) 가리개

쯔이즈까(對束) 퀸 포스트

쯔이즈까고야구미(對束小屋組)

　쌍대공지붕틀

쯔쯔기소(筒基礎) 통기초

쯔찌스데바(土捨場) 토사장

쯔찌히자시(土庇) 차양

쯧가이(突飼) 흙막이널 받침

쯧바리(突張り) 버팀대

찌기리시메(千切締め) 장부촉이음

찌까라보네(力骨) 살

찌리(散) 벽샘

찌오시꼬(上仕子) 마무리대패

(ㅋ)

케에손고오호오(ケーソン工法)

　케이슨 공법

쿠사레(腐れ) 썩음(木材)

쿠사리(銷) (쇠)사슬, 체인

쿠사비(楔) 쐐기

쿠케이라아멘(矩形ラーメン) 구형 라멘

큐승(九寸) 9치

(ㅌ)

토라스바리(トラス梁) 트러스보

토랍뿌(トラップ) 트랩

토렌치고오호오(トレンチ工法)

　트렌치 공법

톤비 낙추시험공구(落錐試驗工具)

티가다(T形) T형틀

티이가다고오(T形鋼) T형강, T바

티이가다바리(T形梁) T형보, T빔

티크자이(チーク材) 티이크재

(ㅎ)

하가까리(羽掛) 겹침판

하가네(鋼) 강철

하가라자이(端柄材) 널빤지, 죽더기,

　오리목의 총칭

하가사네(羽重) 겹치기 판자

하고이다(羽子板) 널고무래

하기기(接木) 걸레받이

하기메(接目) 이음, 잇댐(자리)

하기아와세(接合) 쪽매, 조인트

하기이다(はぎ板) 쪽붙임널

하까마이다(袴板) 윙 플레이트

하께(刷毛) 솔, 귀얄

하께구찌(はけ口) 배출구, 배수구

하께누리(刷毛塗) 귀얄칠

하께메(刷毛目) 귀얄자국

하께메누리(刷毛目塗) 빗살자국 마무리

하께비끼(刷毛引き) 솔질 마무리

하꼬(箱) 상자, 비계묶음

하꼬가나모노(箱金物) 감잡이쇠,
　　U형 철물

하꼬가다바시라(箱形柱) 철골주, 라티스

하꼬게다(箱桁) 박스 거더

하꼬도이(箱桶) 네모홈통

하꼬보오(箱房) 현장대기소

하꼬자꾸(箱尺) 함척(函尺)

하꼬조오(箱錠) 함자물쇠

하꾸리자이(剝離劑) 박리제

하끼도(引戶) 미닫이

하나가꾸시(鼻隱) 처마돌림목

하나다레(鼻垂れ) 백화(白華)

하나란마(花欄間) 쇠시리교창

하나모야(鼻母屋) 처마도리

하네고이다볼트(羽子板ボルト)
　　주걱 볼트

하네구루마(羽根車) 날개바퀴, 팬

하네다시(桔出) 쪽보(片梁)

하네다시당(桔出段) 쪽보식 계단

하네바시(跳橋) 도개교(跳開橋)

하다라끼(動き) 실효치수

하도메(齒止) 쐐기, 브레이크

하라뎃낑(腹鐵筋) 복근

하라미(はらみ) 부풀어오름

하라오꼬시(腹起し) 지보공 띠장

하라이시(張石) 돌붙임

하리(梁) 보, 대들보

하리가네(針金) 철사

하리가베(張壁) 커튼 월

하리기(張木) 버팀목

하리다시(張出し) 달아내기

하리다시마도(張出窓) 내단창, 출창

하리시바(張芝) 건축 : 잔디심기,
　　토목 : 떼붙이기, 평떼

하리아게(張土げ) 붙임

하리유끼(梁行) 스팬, 보사이

하리이시(張石) 돌붙임

하리쯔께(張付け) 붙임

하메고로시마도(嵌殺窓) 붙박이창

하메고미(はめ込み) 끼워넣기

하메이다(羽目板) 벽널

하모노(端物) 토막(벽돌)

하바(幅) 폭, 나비

하바끼(幅木) 걸레받이

하부리(齒振り) 들쭉날쭉, 덧니(톱)

하사미바리(狹梁) 겹보

하사미보오쯔에(狹方杖) 가새빗대공

하사미쯔까(狹束) 겹대공

하시고(梯子) 사다리
하시고당(梯段) (사다리꼴)계단
하시고바리(梯梁) 사다리보
하시고바시라(梯子柱) 겹기둥
하시라(柱) 기둥
하시라와리(柱割り) 기둥배치
하시바미(はしばみ) 나비장, 거멀장
하이(配) 가새
하이고오(配合) 배합
하이고오교오도(配合强度) 배합강도
하이고오셋게이(配合設計) 배합설계
하이깡(配管) 배관
하이낑(配筋) 배근
하이다(羽板) 미늘(살)판
하이쓰끼다루끼(配布たる木)
  선자서까래
하이쯔께(配付) 가새치기
하제쓰기(はぜ繼ぎ) 솔기접기
하쯔리(はつり) 가우징, 따내기, 깎기
하찌꾸(淡竹) 담죽, 솜대
하찌마끼바리(鉢卷梁) 테두리보
하찌인찌부로꾸 8인치 블록
하타카쿠(端太角) 띠장재
하후이다(破風板) 박공널
한다(半田) 땜납
한다고데(半田こて) 납땜인두
한다쓰게(半田付け) 납땜
한가쯔기데(半田繼手) 납땜이음
한도메(半留) 반연귀(半燕口)
한마스(半折) 반절(벽돌)

한마이쯔미(半枚積み) 반장쌓기
한바(飯場) 공사 현장 식당
한사이(1材) 1재
합바(發破) 발파
핫가(百華) 백화
핫뽀오자이(發泡劑) 발포제
핫승(8寸) 8치
헤도로(反仕泥) 곤죽, 개흙
헤라(へら) 주걱
헤라즈께(へら付け) 주걱(바탕) 땜질
헤비사가리(蛇下り) 갈림(목재)
헤야(한자) 울타리, 휀스
호꼬오낑(補强筋) 보강근
호네구미(骨組) 뼈대
호로(幌) 포장, 덮개
호리가다(掘方) 터파기, 흙파기
호리오꼬시(堀起し) 개간, 발굴
호소미조(細溝) 가는 홈
호시와레(星割れ) 방사형 갈림(목재)
  (心材 갈림 · 邊材갈림)
호오교오바네(方形屋根) 모임지붕
호오다데(方立) 문선
호오즈에(方杖) 터팀대, 빗대공
호온자이(保溫材) 보온재
호조(ほぞ) 장부, 순자(筍子)
호조사시(はぞさし) 장부맞춤
혼다나(本棚) 책장
혼다데(本立) 정별세우기
혼미가끼(本磨) 연마
혼바꼬(本箱) 책장

혼바시라(本柱) 본기둥

혼시메(本締め) 정조이기

혼아시바(本足場) 쌍줄비계

혼아지로(本足代) 쌍줄비계

혼쯔리아시바(本吊足場) 달비계

홋다데(掘立·掘建) (기초 없이)
　　기둥묻기

효오멘고오까(表面硬化) 표면 경화

효오준후루이(標準ふるい) 표준체

효죠낑(補助筋) 보조근

후(斑) ① 목재 : 은결(銀木)
　　② 석재 : 석리(列正紋)

후가꾸(俯角) 내림각

후구아이(不具合) 부실, 불량

후까시소오(蒸槽) 생석회 가수조

후까이도뽐뿌(深井戸ポンプ) 심정 펌프

후꾸고오(覆工) 라이닝, 복공

후꾸낑(複筋) 복철근

후꾸낑(副筋) 부근

후끼누끼(吹抜け) 오픈 스페이스

후끼시다지(葺下地) 산자널(개판)

후끼스께(吹付け) 뿜어붙이기

후끼쓰께누리(吹付塗) 뿜어바르기

후끼요세(吹寄せ) 쌍쌍배치

후끼이다(葺板) 지붕널

후끼누리(吹塗) 뿜칠

후네(舟) (네리부네)비빔상자

후노리(布海苔) 해초풀

후데(筆) 필지, 구획

후덱낑(副鐵筋) 부철근

후오꼬로(懷) 내부, 내측

후도오싱까(不同沈下) 부동침하

후란스오도시(フランス落し)
　　민고두 꽂이쇠

후레(振れ) 쏠림

후레도메(振止め) 밑둥잡이,
　　대공밑잡이

후로꾸(不陸) 울퉁불퉁, 부정(不整)

후루이분세끼(ふるい分析) 체가름

후루이와께(ふるい分け) 체질

후리도메(振止め) 흔들림막이

후리와께(振分け) 중심선, 2등분

후미끼리(跳切り) 건널목

후미이다(踏板) 발판, 디딤널

후미이시(踏石) 댓돌, 섬돌, 징검돌

후미즈라(踏面) 디딤바닥(판)

후세즈(伏圖) 평면도

후스마(襖) 맹장지

후시도메(節止) 옹이땜

후싱(普請) 건축, 토목공사

후찌(緣) 갓, 테

후끼이시(緣石) 연석, 갓돌

후쿠고오기소(複合基礎) 복합 기초

후쿠샤단보오(輻射暖房) 패널 히팅,
　　방열 난방

후헤끼(扶壁) 버트레스

훅꾸(鉤) 갈고리

훈도오(分銅) 추(오르내리장치)

훈마쓰도(粉末度) 분말도

훈바리(踏張) 버팀기둥, 버팀대

휴우무깡(ヒューム管) 흄관

히까리덴죠오(光天井) 광천장

히까에가베(控壁) 버트레스

히까에바시라(控柱) 가새기둥

히까에시쯔(控室) 대기실

히까에즈나(控綱) 스테이, 가이데릭

히끼가꾸(挽角) 제재목

히끼가나모노(引金物) 긴결 철물

히끼다데슨뽀(挽立寸法) 제재 치수

히끼다시(引出し) 서랍

히끼데(引手) 문고리

히끼시메네지(引締ねじ) 턴 버클

히끼와께도(引分戶) 쌍미닫이

히끼와리(挽割り) 돌켜기, 쪽나무

히끼이다(引板) 쪽나무

히끼찌가이도(引違戶) 미서기, 쌍미닫이

히끼찌가이마도(引違窓) 미서기창

히도가와아시바(一側足場) 외줄비계

히도스지(一筋) 외줄개탕

히라(平面) 면(벽돌의)

히라고오바리(平勾配) 지붕물매

히라끼(도)(開戶) 여닫이문

히라메지(平目地) 평줄눈

히라메지고데(平目地こて) 평줄눈흙손

히라뵤오(平鋲) 평리벳

히라야(平屋) 평장부

히로고마이(廣小舞) 평고대

히로고오다이(平高台) 평고대

히로이(拾い) 소요자재량 산출

히로이빠데(拾いパテ) 바탕땜질

히루이시(蛭石) 질석

히메가끼(姬垣) (낮은)울타리

히바다(桶端) 개탕 바깥테

히비와레(ひび割れ) 실금, 균열

히사시(庇, 廂) 차양

히야도이(日雇) 날품팔이, 일용 인부

히야메시(冷飯) 굳기 시작한 상태
　(콘크리트의)

히와레(干割れ) 목재의 갈림(건조)

히우찌도다이(火打土臺) 귀잡이토대

히우찌바리(火打梁) 귀잡이보

히우찌자이(火打材) 귀잡이

히즈꾸리(火造) 화조

히즈미(歪, 伸縮) 비틀림, 변형

히지끼(ひじ木) 첨차

힛꼬미(引込み) 안옥음

힛빠리(引張り) 당김공

MEMO

그림으로 보는
건축시공용어사전

1998. 4. 24. 초 판 1쇄 발행
2011. 9. 10. 개정증보 1판 1쇄 발행
2024. 1. 17. 개정증보 1판 7쇄 발행

지은이 | 건축시공용어연구회
옮긴이 | 김대연
펴낸이 | 이종춘
펴낸곳 | **BM** ㈜도서출판 **성안당**

주소 | 04032 서울시 마포구 양화로 127 첨단빌딩 3층(출판기획 R&D 센터)
　　　10881 경기도 파주시 문발로 112 파주 출판 문화도시(제작 및 물류)
전화 | 02) 3142-0036
　　　031) 950-6300
팩스 | 031) 955-0510
등록 | 1973. 2. 1. 제406-2005-000046호
출판사 홈페이지 | **www.cyber.co.kr**
ISBN | 978-89-315-6432-7 (91540)
정가 | **22,000원**

이 책을 만든 사람들
책임 | 최옥현
편집·진행 | 이희영
교정·교열 | 이태원
전산편집 | 이지연
표지 디자인 | 박원석
홍보 | 김계향, 유미나, 정단비, 김주승
국제부 | 이선민, 조혜란
마케팅 | 구본철, 차정욱, 오영일, 나진호, 강호묵
마케팅 지원 | 장상범
제작 | 김유석

■ **도서 A/S 안내**

성안당에서 발행하는 모든 도서는 저자와 출판사, 그리고 독자가 함께 만들어 나갑니다.
좋은 책을 펴내기 위해 많은 노력을 기울이고 있습니다. 혹시라도 내용상의 오류나 오탈자 등이 발견되면 **"좋은 책은 나라의 보배"**로서 우리 모두가 함께 만들어 간다는 마음으로 연락주시기 바랍니다. 수정 보완하여 더 나은 책이 되도록 최선을 다하겠습니다.
성안당은 늘 독자 여러분들의 소중한 의견을 기다리고 있습니다. 좋은 의견을 보내주시는 분께는 성안당 쇼핑몰의 포인트(3,000포인트)를 적립해 드립니다.
잘못 만들어진 책이나 부록 등이 파손된 경우에는 교환해 드립니다.